구르반굴리
베르드무하메도브

투르크메니스탄
약용식물 총람

III

존경하는 독자 여러분!

저는 ≪투르크메니스탄의 약용식물≫ 책 제3권을 사랑하는 투르크메니스탄 국민, 사람의 건강과 활동에 유익한 약용식물의 확고한 보물인 우리의 땅에 바치는 바이다.

신이 축복 내려주신 투르크멘땅은 약용식물로 풍부하다. 우리나라의 적합하지 않은 기후에도 불구하고 투르크메니스탄의 식물계는 다양하며 풍부하다. 특히 주로 코페트다그산을 비롯한 산악지대가 그렇다. 여기에는 야생식물 1600여종이 자생하며 그 중에서 약 330종이 우리 나라에서만 자라는 고유 식물이다.

새로운 르네상스 시대, 위대한 개혁의 시대에 투르크멘 민간요법에서 사용하는 약용식물을 다방면적으로 연구하는 가능성이 생겼다.

저는 약용식물 사용 전통과 우리 조상들이 민간요법에서 각이한 식물용 약 제조법을 과학적으로 연구한 결과 그리고 세계의 현대적 의학이 축적한 경험을 고려하여 ≪투르크메니스탄의 약용식물≫ 책 제1, 2권에 우리국민에게 우리나라의 약용식물의 특징과 치료 효과에 대하여 소개했다.

제3권에서는 근본적으로 투르크메니스탄 지역의 고유 식물, 소멸의 위협에 처해있는 식물 재배방법을 비롯해 약용식물을 이용한 민족의 치료법 유산에 대하여 널리 알리려고 한다. 또한 이 책에서는 전설에 의존하는 약용식물의 기원에 대한 자료들이 실렸다.

저는 과학응용의학에서 사용하는 약용식물에 대한 폭 넓은 자료와 수세기를 내려오면서 그 식물들을 사용한 처방에 대한 이 책을 투르크멘 국민에게 바친다.

이 책의 근본 목적은 약용식물의 구조, 자생 조건, 화학성분, 의학에서 실제적인 사용 그리고 약용식물의 채집 기한, 방법, 보관법에 대한 지식을 의료 종사자, 약용원료 채취자 및 약용식물을 다루는 모든 사람들에게 알리기 위한 책이다.

투르크메니스탄에서 살았던 유명한 학자이며 의사들인 아부 알리 이븐 씬, 아부 레이한 비루니, 쎄이트 이스마일 구르겐리, 무하메트 가이마즈 투르크멘과 무함메트 후세인은 자기들 저서에서 긍지를 갖고 우리나라에서 자라는 약용식물에 대하여 저술했다.

우리 새대의 중대하고 숭고한 의무는 투르크멘 민족의 의학술을 발전시킨 위대한 인물들의 과학 유산과 그들의 생애와 창조 활동을 연구하는데 있다.

세계사에서 처음으로 만족특성을 반영하는 ≪투르크메니스탄의 약용식물총람≫ 책은 의학술에 대한 깊은 과학적 견지에서 저술됐으며 투르크메니스탄 국민을 위한 의사의 창조적 작품이라고 하겠다.

존경하는 독자 여러분! 저는 이 책을 출판하면서 우리 국민이 투르크메니스탄의 경탄할만한 자연을 더 많이 이해하고 인간과 그의 건강에 있어서 식물계의 중요성을 알도록 도움이 될 것이라고 기대한다. 여러분들, 항상 건강하십시요!

구르반굴리 베르드무하메도프,

의학박사, 교수.

TÜRKMENISTANYŇ SAGLYGY GORAÝYŞ WE DERMAN SENAGATY MINISTRLIGI

새로운 변화와 부흥의 시대에 발전하는 투르크메니스탄의 보건 시스템

독립 20주년을 기념하고 있는 중립국인 우리나라는 국민 건강을 국가정책 중에서도 가장 우선 순위로 두고 있다. 보건체계 현대화 및 국가의 근본적인 변화를 위한 '사글릭' 정책은 투르크메니스탄의 오늘과 내일의 방향을 결정 지을 것이다.

지금 투르크메니스탄은 부흥의 시대를 맞고 있다. 수도를 둘러 싸고 있는 아름다운 주거 지역은 시민들이 편안하고 조용한 삶을 영위할 수 있게 건축되었으며, 각종 기관과 회사 건물도 시민들이 효율적으로 일할 수 있게 건축되었다. 이는 투르크메니스탄의 자랑거리이다. 사막의 흰꽃 수도라 불리는 아시하바드에는 셀 수 없이 많은 건물이 지어졌다. 오늘 날, 우리가 성공적으로 이루어낸 일들을 돌아보면, 우리 조국과 민족이 국제적 명성을 높이기 위한 완벽한 길을 선택하였다는 것을 알 수 있다. 우리에게 있어 가장 중요한 과제는 국가의 주요 자산인 국민의 건강, 미래 세대 및 국민 복지에 대한 관심이다. 이를 위하여 수도인 아시하바드 및 각 주에 종합병원과 전문 병원을 짓고 있다. 도시 지역은 병원 중심으로, 농촌 지역은 보건소 중심이다.

중심과 멀리 떨어진 농촌지역에는 개조한 보건소를 병원으로 이용한다. 예를 들어, 아할스키 주 루하바트 지역의 헤릭갈라 농촌, 알튼 아스르 지역의 차차 농촌, 카아힌스크 지역의 두삭 도시, 세라흐 지역의 다이한 연합 '아타' 및 테젠 지역의 '아갈란'에서 투르크메니스탄 독립 20주년의 가장 큰 선물인 현대화된 보건소를 이용 중이다. 발칸 주에서도 현대화된 보건소 시설을 짓고 있다. 이 주에는 130 병상 규모의 종합병원이 들어섰고, 베레케트 시 및 마흐툼쿨리 주의 호드자갈라 농촌 및 악 오바 농촌에는 보건소가 생겼다. 2011년부터 가라보가즈골, 에트레크, 나자르, 굼다크 지역 병원 및 보건소에서 향상된 보건 서비스를 제공하기 시작하였고, 에트레크 주의 마다프 시골에는 개조한 보건소를 이용하기 시작하였다.

투르크메니스탄의 가장 소중한 자산은 국민 건강으로, 현재 건설 중인 시설과 건강 정책이 이를 뒷받침 해준다. 독립 20주년 행사 즈음에 다쇼구스 주에 있는 구르반솔탄 에제 지역의 다이한 연합 '사잔'에 보건소가 생겼고, 아크데페 지역의 '몰라네페스', '아시가바트', 사파르무라트 투르크멘바시 지역의

GÖZ KESELLERINI BEJERIŞ HALKARA MERKEZI

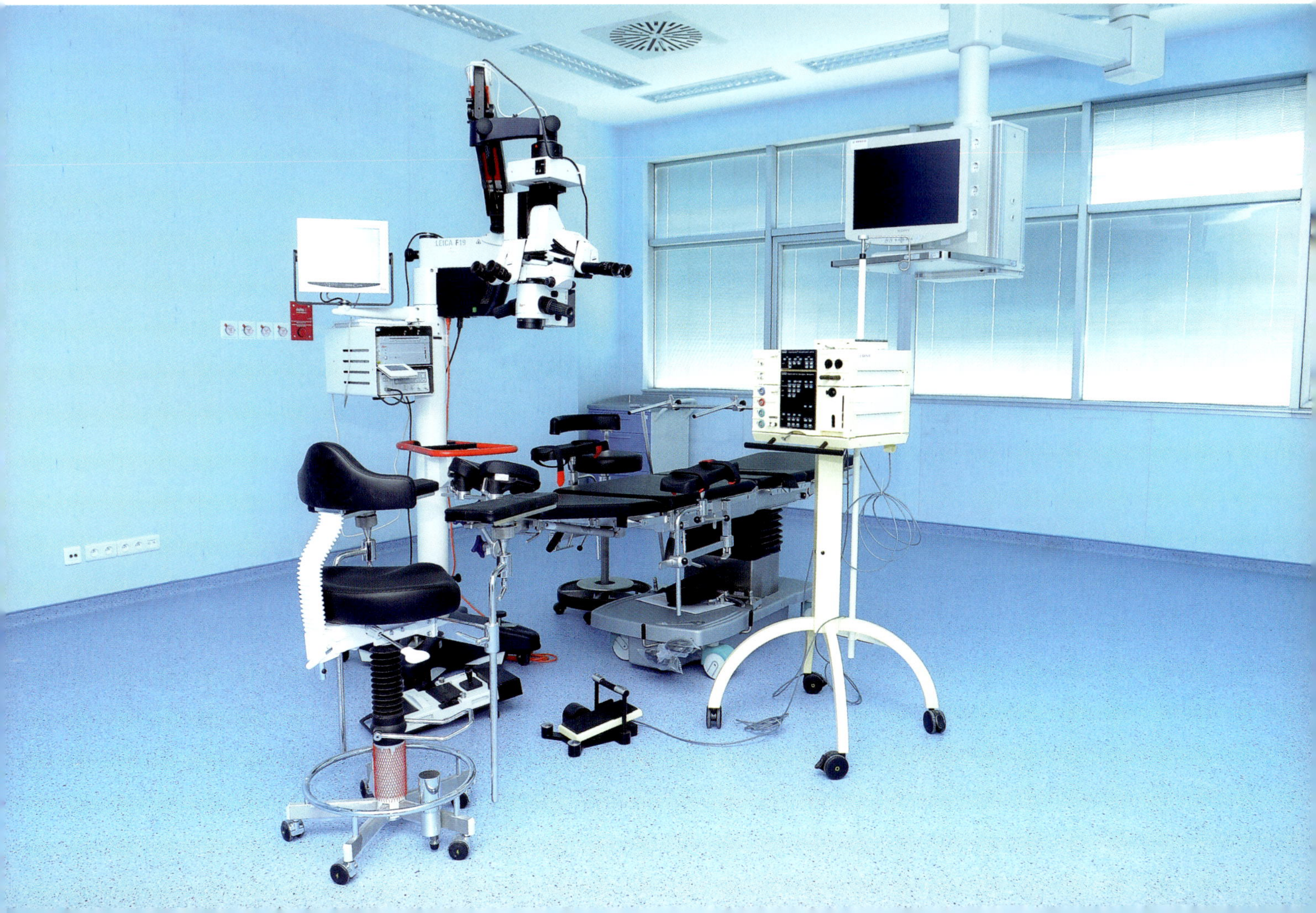

ŞIKESLERI BEJERIŞ HALKARA MERKEZI

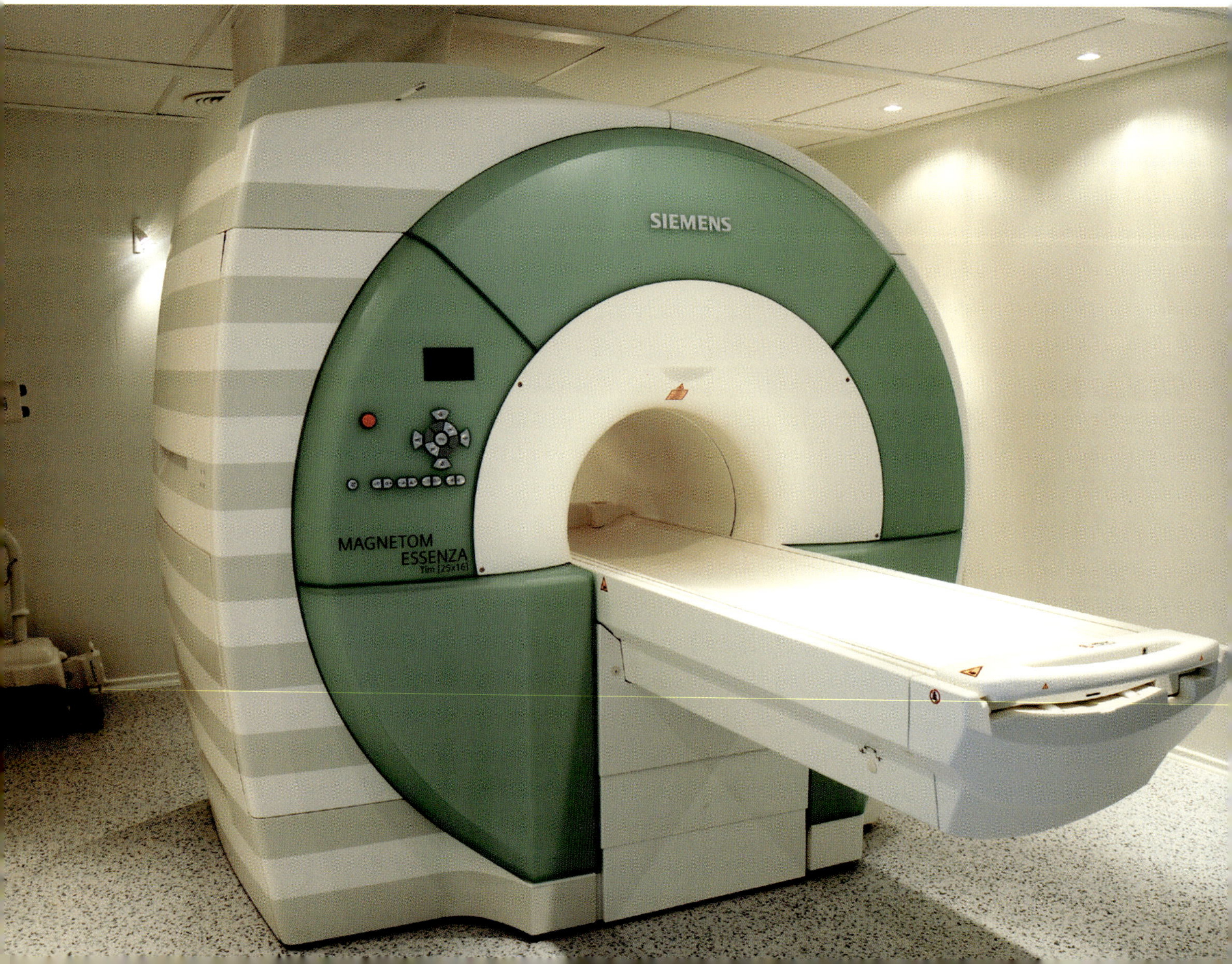
SIEMENS
MAGNETOM
ESSENZA

'비타라플릭', S.A 니야조프 지역의 샤틀릭, 게로글 지역의 악사라이 및 쿠냐우르겐치 지역의 에즈베르골 농촌에 보건소가 생겼다. 또한 볼둠사스 지역의 다이한 '자흐메트케시' 연합에 병원을 현대화 하였으며, 구르반솔탄 에제, 악제페, 사파르무라트 투르크멘바시, S.A. 니야조프, 게로글리, 볼둠사스, 구바다크에도 병원도 현대화 하였다. 이는 해당 주 시민에게 있어 가장 큰 선물이 되었다.

레바프 및 마리 주의 시민들도 20주년 선물을 받았다. 2011년 한 해 동안 레바프 주 도브레틀리지역의 다이한 연합 '악 알틴','코르칵','호드자고르룩' 및 '아슈가바트', S. 니야조프 다이한 연합 보건소에서 보건서비스를 제공하기 시작하였다. 또한, 마리이 주의 중심 지역인 마리, 가라구메, 무르가베, 사카르차카, 투르크멘갈라, 타크타바자레, 세르헤타바테 및 베킬바자레에 병원이 환자를 맞이하기 시작하였다.

투르크메니스탄 보건체계에서 다쇼구스, 마리이, 발칸, 레바프 주의 치료 및 진단 센터는 국제 기준에 맞는 최신 현대 장비를 사용하며, 유료 보건 서비스를 제공한다. 이러한 유료 보건 서비스 활동은 국민건강 보호, 예방 및 진단에 있어 가장 큰 기여를 하고 있다.

투르크메니스탄 보건 분야에서 전자 문서관리 시스템을 만들기 위한 첨단 IT 기술을 도입하고 있다. 또한, 업무 정비 및 방법론 현대화를 위하여 아시하바드 시 및 지역 보건 기관에서 전자문서 시스템 상용화 도입에 관한 업무 노력을 많이 기울이고 있다.

2011년에 투르크메니스탄의 수도인 아슈하바드 시에 120 병상 규모의 안과 질환 관련 국제센터와 180 병상 규모의 외상 관련 국제 센터를 열었고, 이는 국가가 국민 건강을 위하여 얼마나 염려를 하고 있는 지를 알 수 있는 분명한 사례라고 할 수 있다.

스포츠 및 체육을 전공하는 학생들을 위하여 '스포츠 의학' 전공을 신설하고, 투르크메니스탄 국립의대에 '스포츠 의학' 강좌를 개설하였으며, 2011년 9월에 첫 수업을 진행하였다.

'베르젠기','몰라가라' 요양소의 심장연구센터에 새로 설치된 첨단 장비 덕분에 다양한 질병 치료 및 최상의 건강상태를 찾는 것이 훨씬 수월해졌다.

국민 개개인과 치료 기관에 의약품을 완벽히 제공하는 것은 언제나 가장 큰 숙제이다. 이 문제 해결을 위하여 투르크메니스탄은 '투르크멘데르만세나가트' 연합을 창설하였으며, '사글릭' 제약회사, 농공업단지 '부얀', '투르크멘데르만 아드잔타 파르마 리미테드' 투르크-인도 합작회사가 그 구성원이다. 이들이 생산하는 제품의 생산량 및 종류는 매년 증가하고 있다. 현재 총 200개가 넘는 의약품을 생산 중이며, 이 중 30개는 지역 약초를 이용하여 제조한 것이다. 의약품 대부분은 의료보험 목록에 들어가며, 국제 기

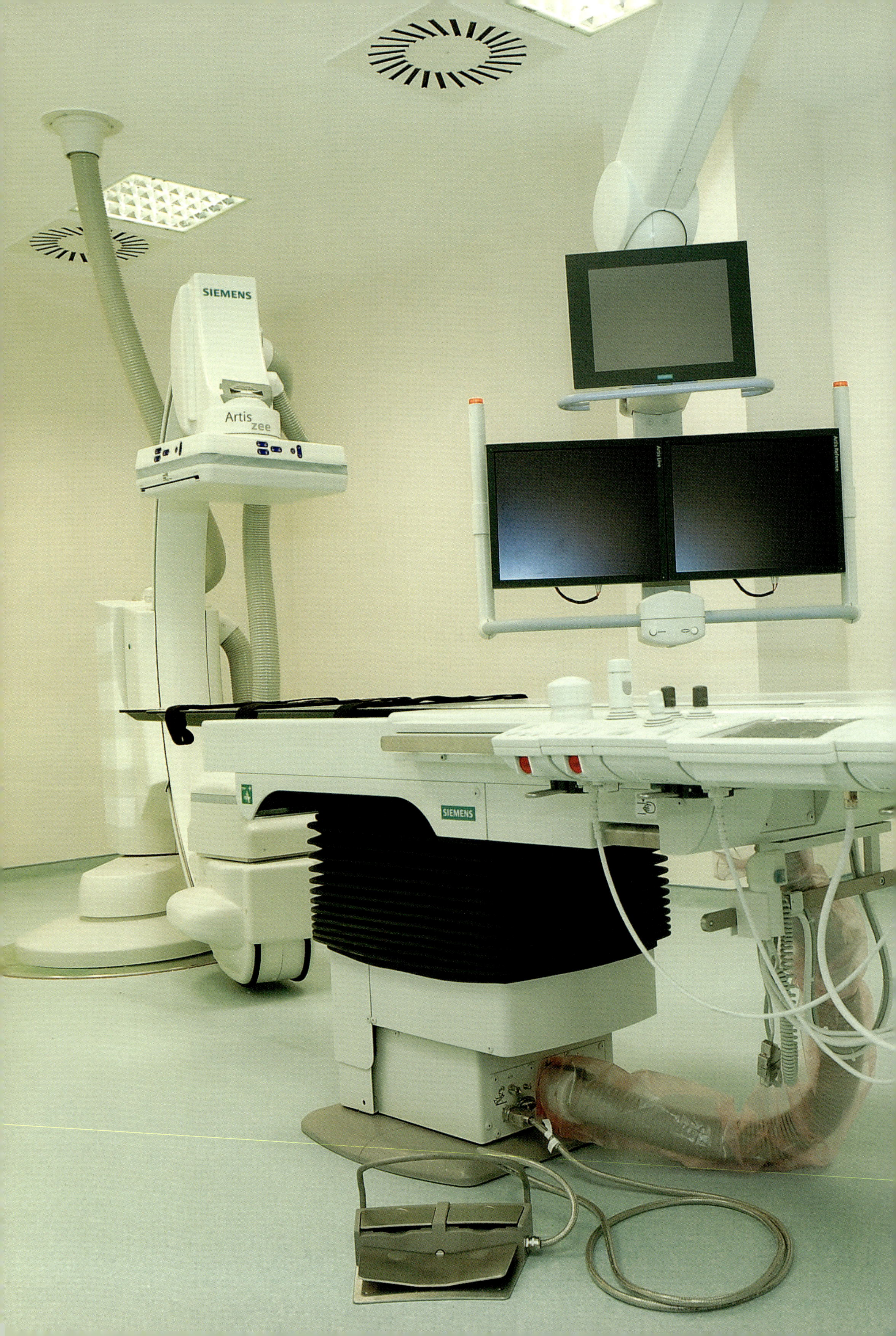
SIEMENS
Artis zee
SIEMENS

준에 맞는 품질 및 안정성, 약효를 만족시킨다.

관련하여, '2011-2015 의약산업 발전에 관한 국가정책'을 채택하였고, 이 정책이 실효를 거두게 되면 다음과 같은 결과를 기대할 수 있다.

'사글릭' 제약회사는 5% 요오드-알코올용액 생산시설을 열 것이다. 이 시설은 별도로 운영되나, 회사 안에 위치할 것이다. 이외에도 알코올 처리된 일회용 살균소독붕대 생산 시설이 들어서게 되며, 국제수준의 일회용 허브 차 생산시설도 들어설 예정이다. 약용식물 1권 및 2권에 소개된 약용식물로 만든 차는 일회용 포장에 담겨 국민들에게 전달될 것이다. 이외에도, 알약 생산시설 및 기타 판매 제품 생산시설 향상 및 제품 다양화와, 생산량도 늘릴 예정이다. 주사용 약품 생산 시설에는 2톤분량의 정수시스템을 설치할 예정이며, 관련 준비 작업이 진행되고 있다. 또한, 인도회사 'Akiriti Export Agencies'와의 협력으로, '코르발롤' 의약품 분류 시설 및 감초뿌리 시럽분류 및 생산 시 이 건설도 조만간 진행될 예정이다. 시설을 새로 열게 되면 '코르발롤' 및 감초뿌리 시럽 품질 향상, 생산량 증대 및 외국 수출용 제품 외관 향상도 기대할 수 있다. 이와 같이, 20주년 독립을 기념하여 보건 및 제약산업 모든 분야에 걸쳐 관련 업무가 진행되었다.

나는 짧은 시간 안에 우리 국민의 삶의 질을 높이고, 조국을 빠른 속도로 발전 시킬 수 있는 노력이 우리 국민과 국가의 영광을 더 한층 증대시키리라는 걸 믿어 의심치 않는다.

FARAP ŞYPAHANASY

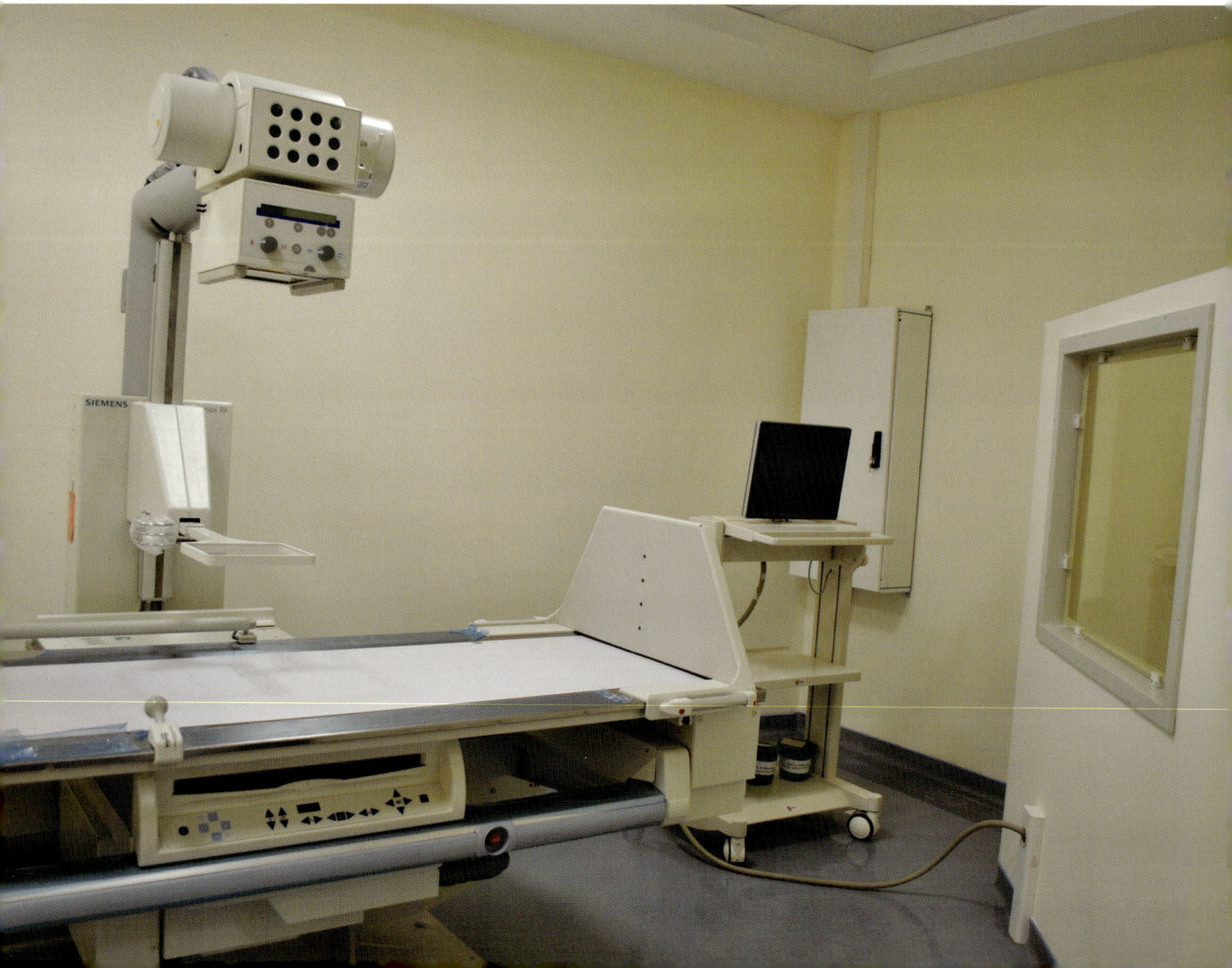
SIEMENS

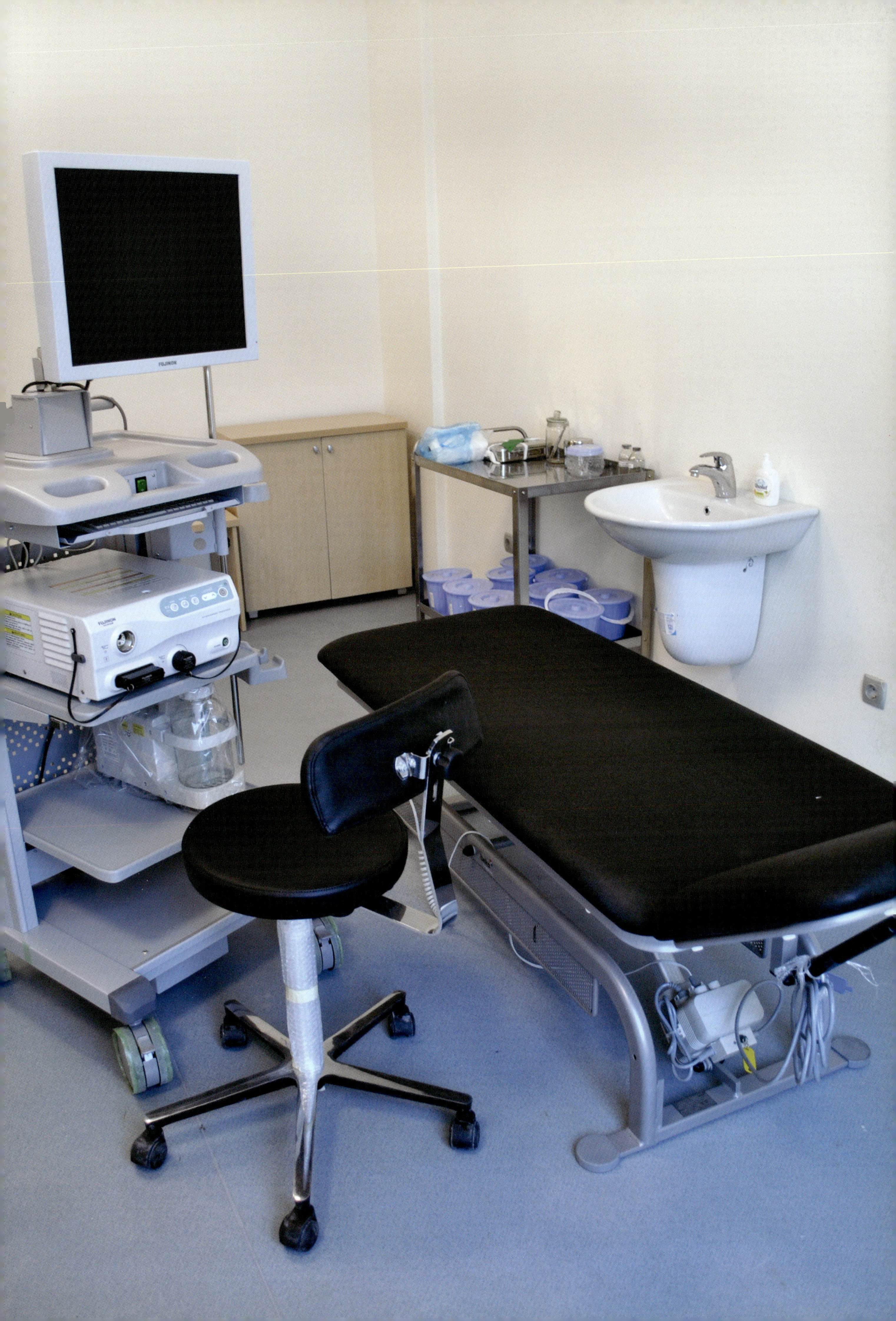

ÝYLY SUW

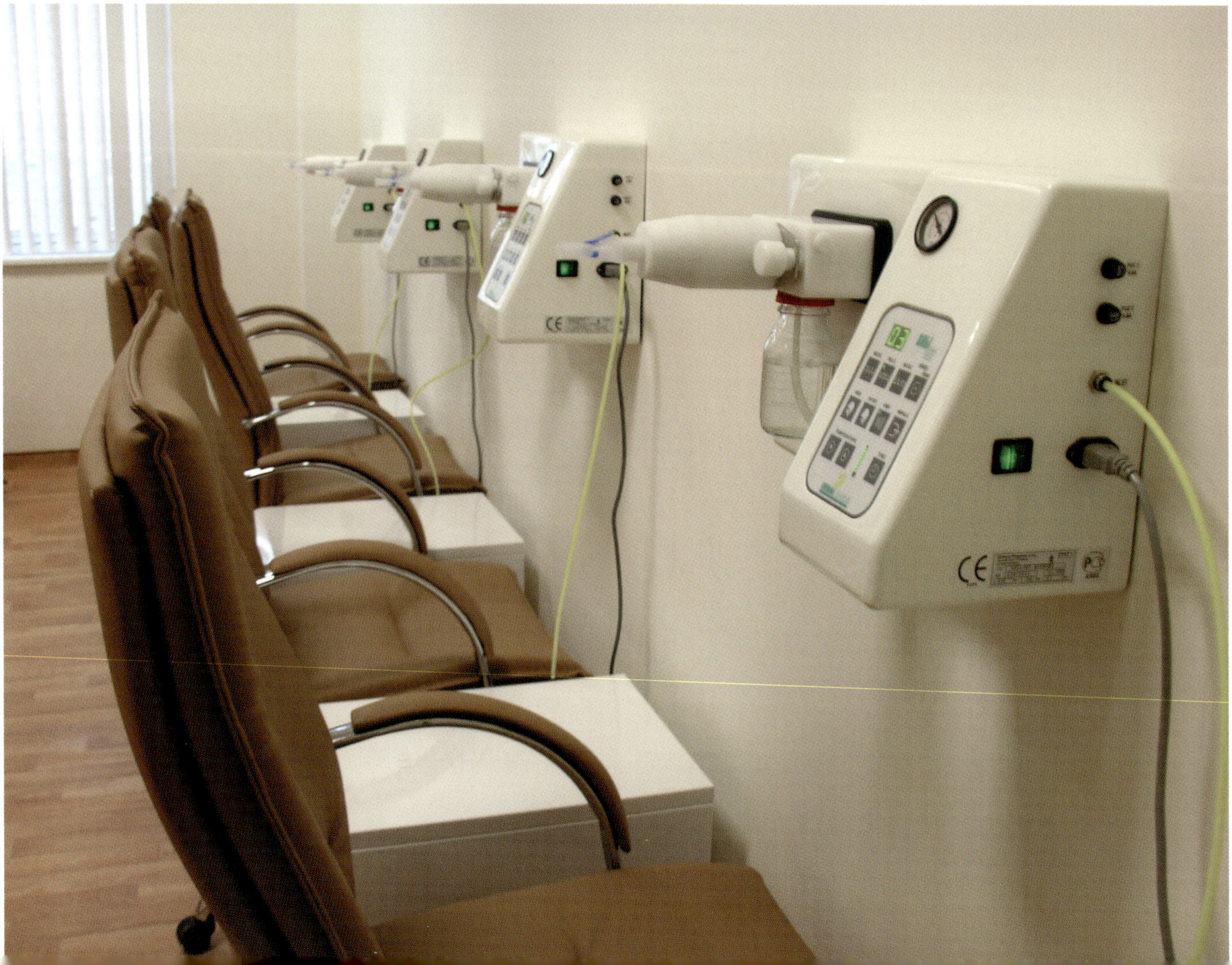

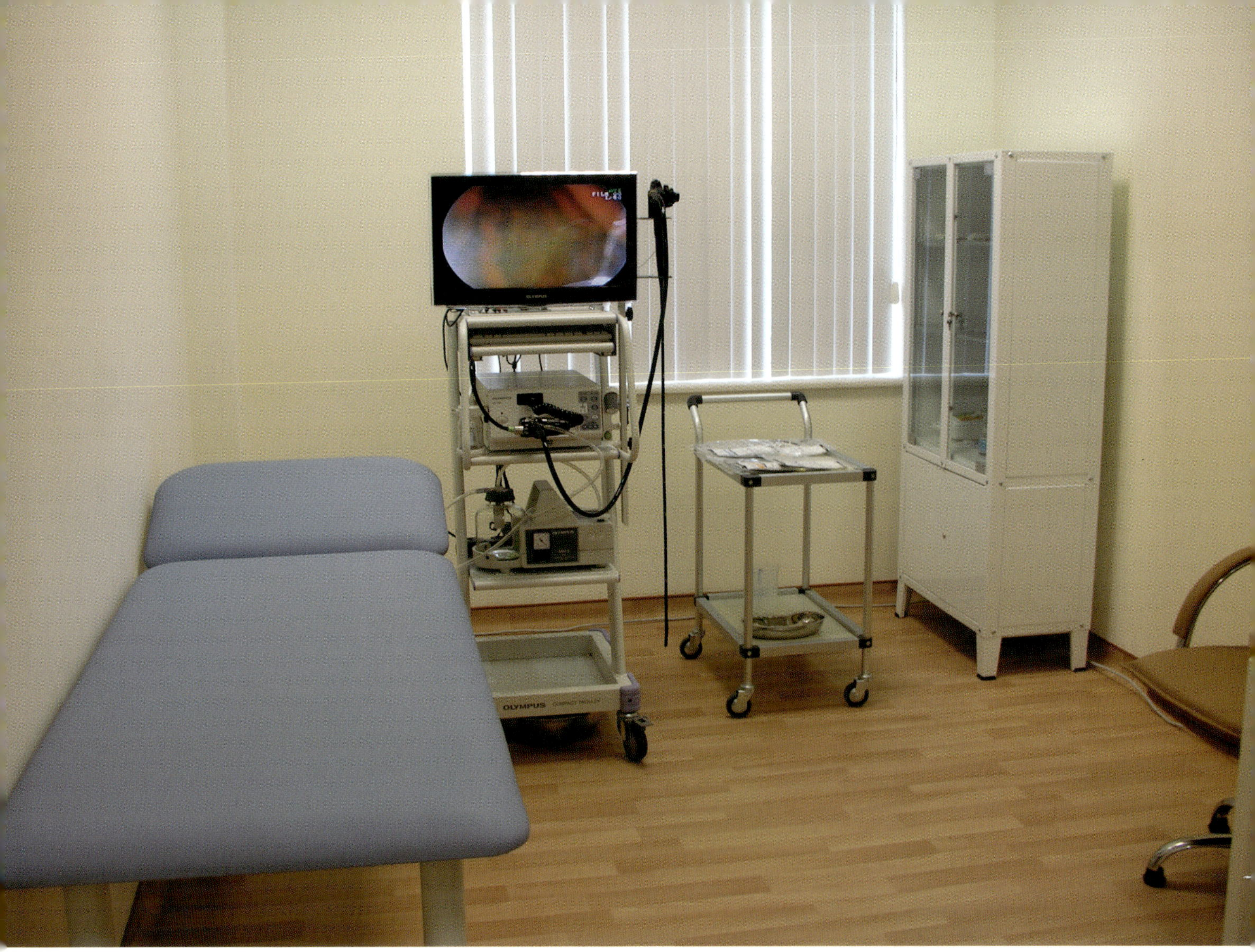

ÝOKANÇ KESELL

KEZLERI MÜDIRIÝETI

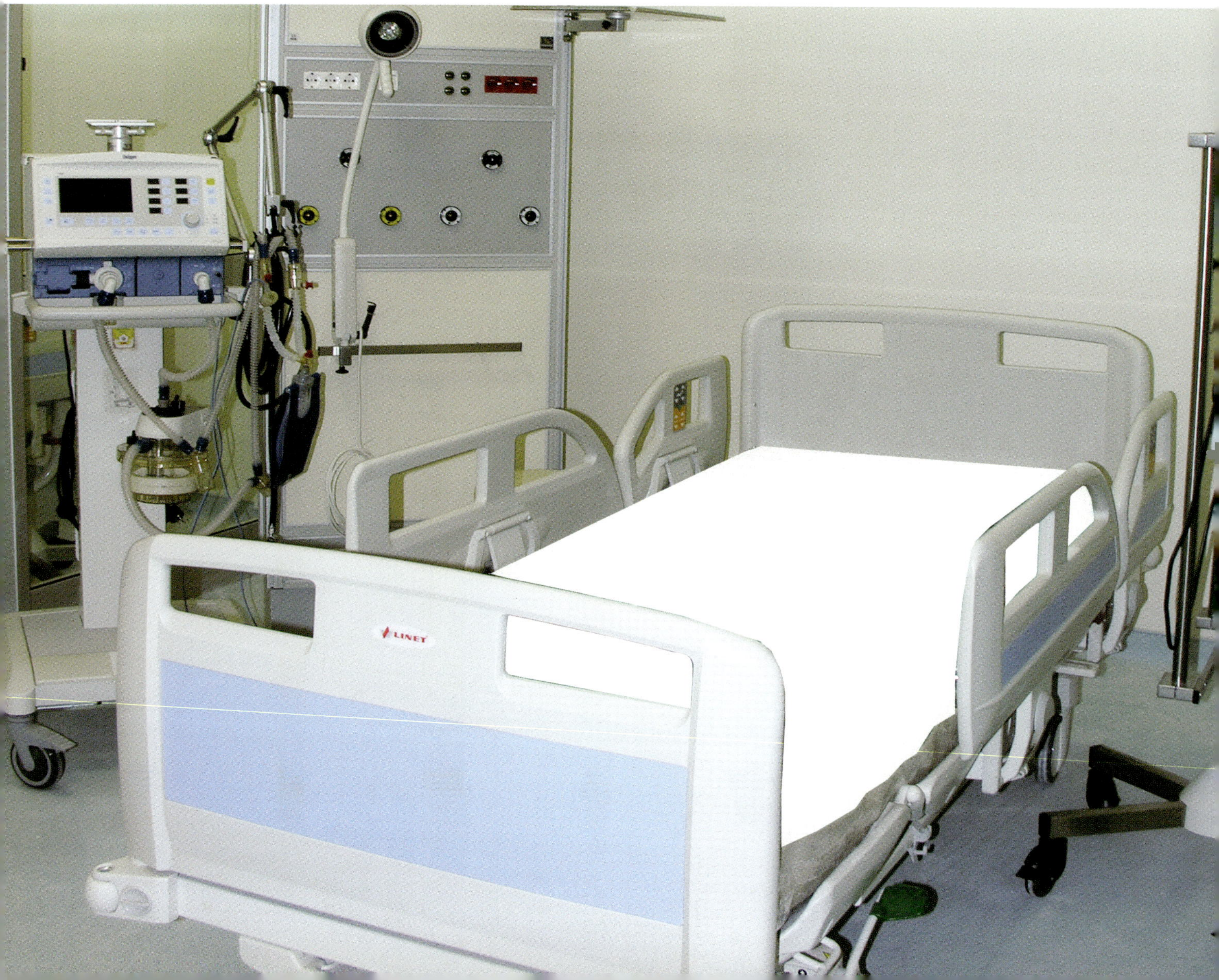

MERKEZLEŞDIRILEN BARLAGHANA

Leica
DELL

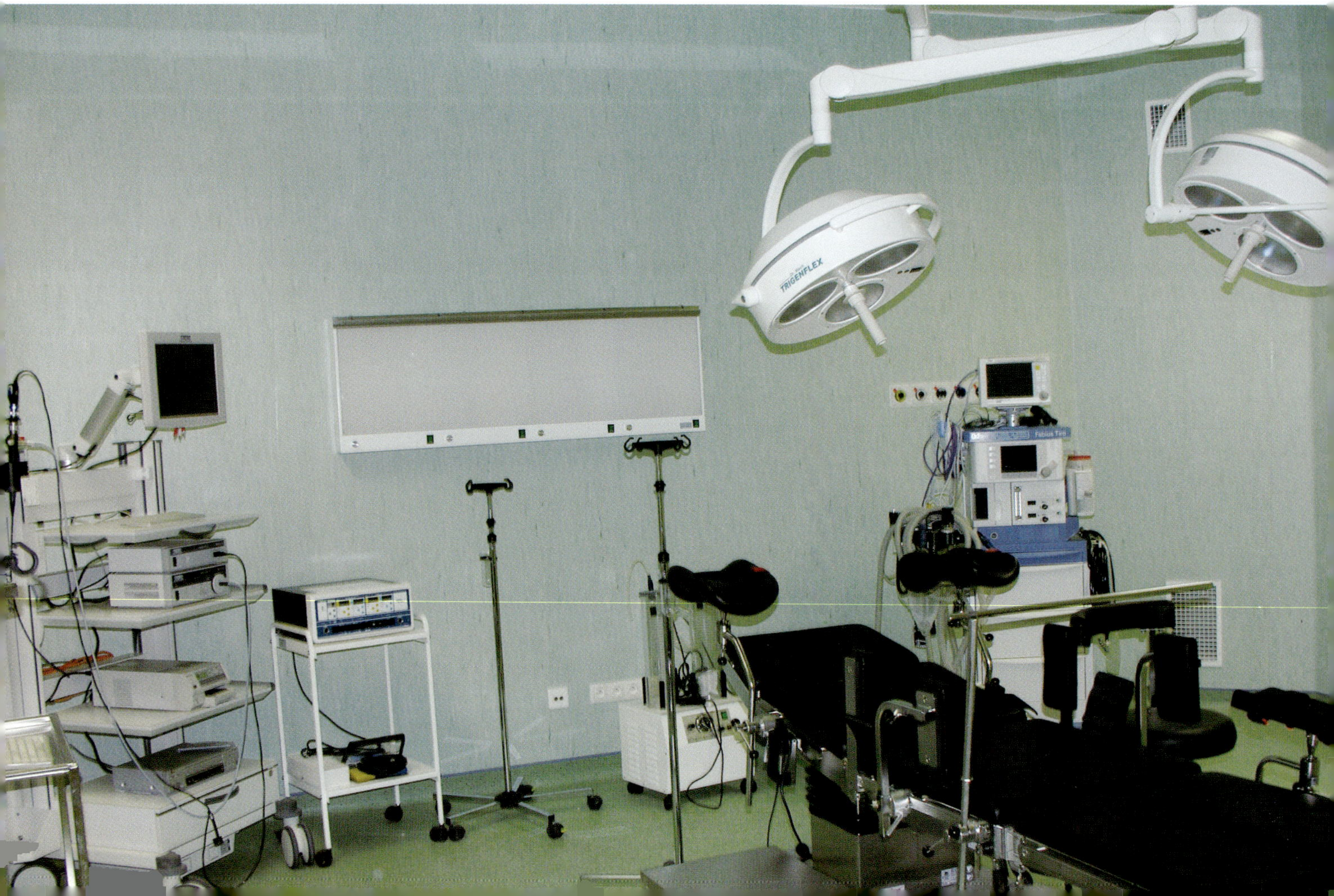
TRIGENFLEX

GAN MERKEZI

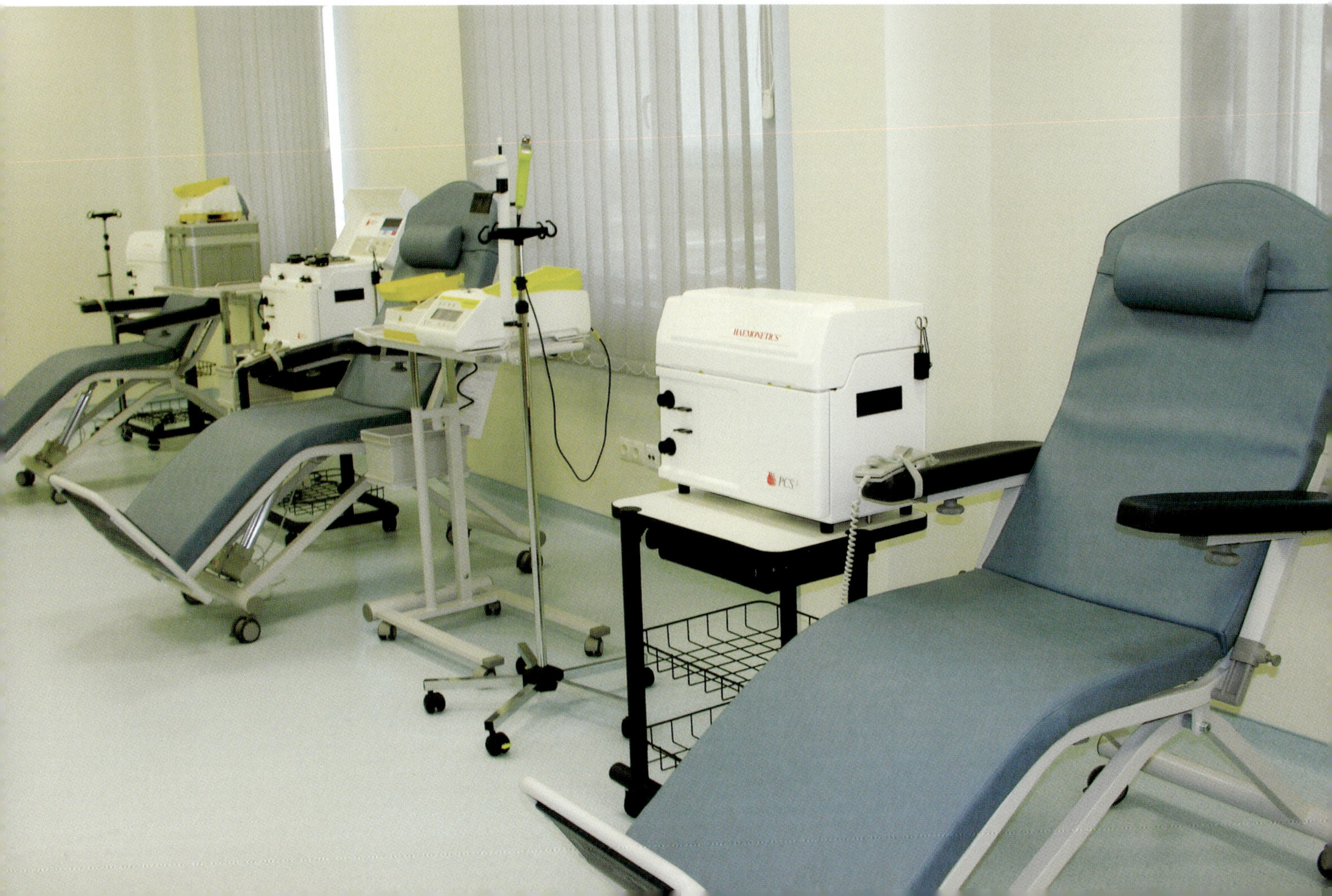
HAEMONETICS

MERKEZI DERI-WENEROLOGIÝA
HASSAHANASY

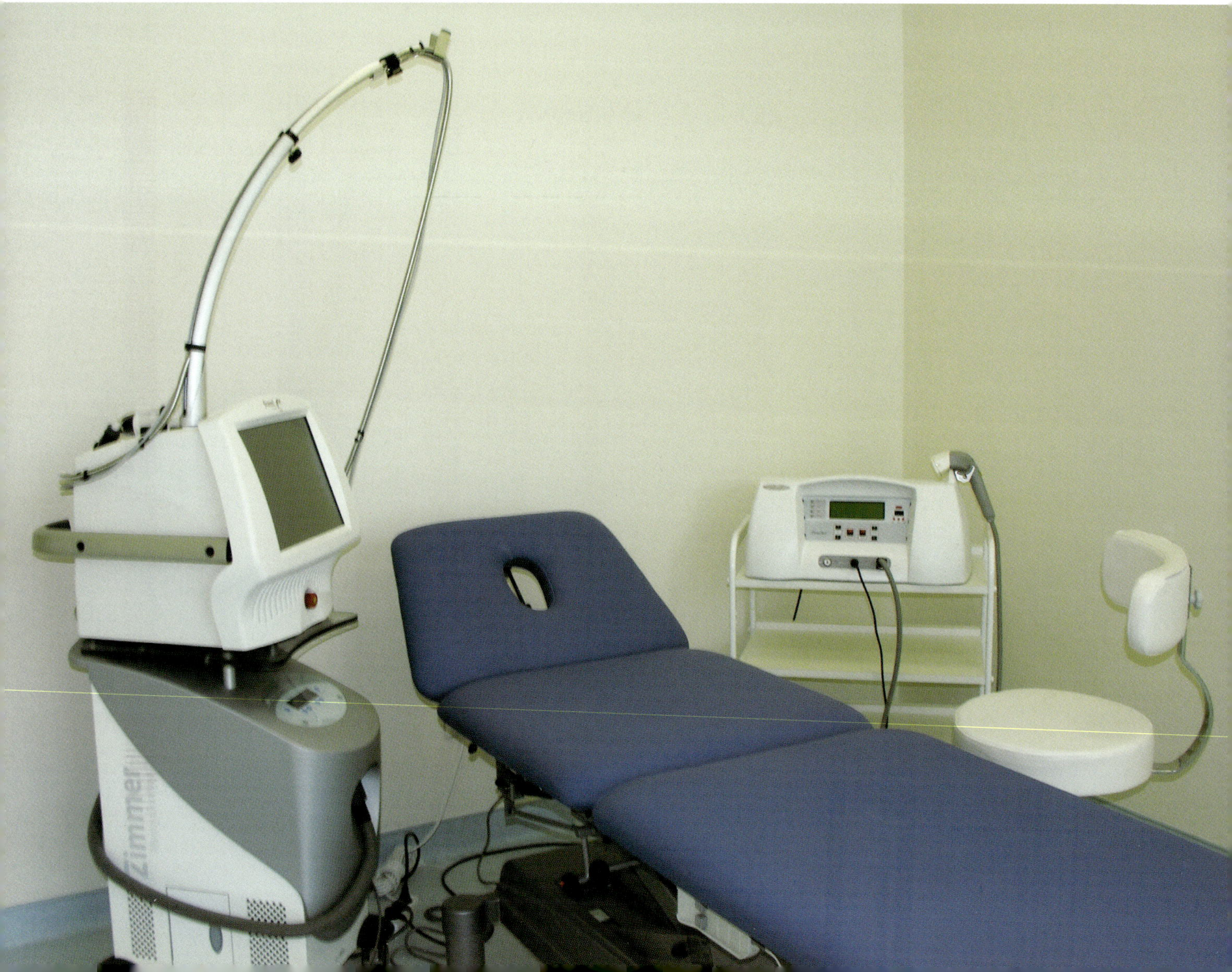
Zimmer

MILLI AIDS ÖŇÜNI
ALYŞ MERKEZI

AP BLOT
EKOFRIGOLAB 1500
biomedical division

TÜRKMENISTANYŇ
DÖWLET
LUKMANÇYLYK UNIWERSIT

NF 200

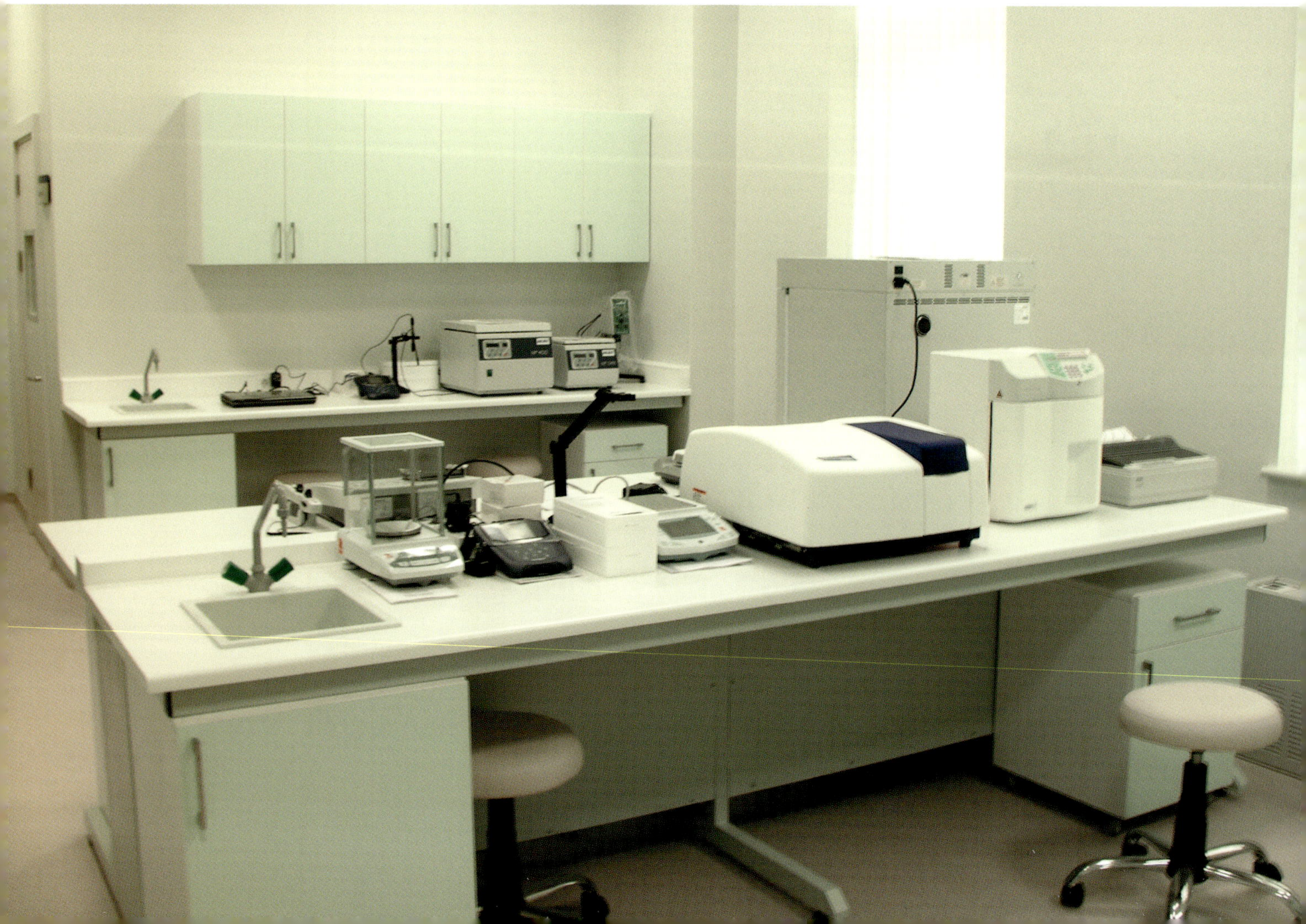

AMALY ŞYPAHANASY

DERMANHANA

BUÝAN
SAGLYK
"SENAÝY"
derman otlarynyň ýygyndysy

ФЕРВЕКС
EFFERALGAN
ФЕРВЕКС
СПАЗМОБРЮ
Гепабель Hepabel
ДИКЛОБРЮ
Brupharmexport

제 I 부
약용식물의 특성

알데아 카나비나
Kenepli çerbiýe
Althea cannabina

개요. 산악지대에서 자생하는 약용식물이다. 알데아 카나비나는 아욱과에 속하며 키는 0.5~2.0미터에 달하는 여러해살풀이다. 줄기는 곧게 자라고 가지가 많으며 표면에 짧은 별 모양털이 있다. 자루가 있는 잎은 3~5 갈래의 손바닥 모양이며 대마 모양이다.

잎각도 꽃은 한개(홑꽃) 또는 몇개의 10cm까지 달하는 꽃자루(꽃줄기)가 있다. 부꽃받침은 길이 5~10mm까지의 7~9개의 뾰족한 잎들이 있다. 꽃받침은 길죽하며 길이가 8~12mm. 꽃후광은 빨간 보라색. 꽃잎은 길이 10~20mm, 폭은 10~15mm 꽃받침보다 2~3배 더 길며 윗부분은 깊지 않은 홈이 있다. 열매는 지름이 7~9mm, 작은 열매 12~15개나 된다. 모든 길이 알몸이고 길이가 3.0~3.5mm 넓이는 2.5~3.0mm 씨앗은 신장형이며 길이가 2.5~3.0mm 폭은 2.0~2.5mm에 달하며 알몸이며 밝은 사마귀들로 덮여있다.

식물특징. 해발 400~1600미터에서 강가, 계곡 및 골짜기 축축한 곳에서 자생하며 6~8월에 꽃이 피며 7~10월 사이에 열매가 맺는다. 보통 씨앗으로 드물게 묘목으로 번식한다.

분포 · 산지. 서남부 코페트다그: 아이데레, 테아밀, 카라가츠데레; 중앙 코페트다그: 메르게놀렌, 쿠르쿨라브, 게르마브, 아르차빌, 곡데레, 반놉스키.

자연자원. 알데아 카나비나는 우리나라에서 드문 식물이 아니다. 약용식물 자원은 풍부하다. 재배를 추천한다.

약용자원. 약용원료로 알데아 카나비나의 뿌리와 근경을 수집한다. 원료 채집은 이른 봄(3월)이나 가을, 건조 작업은 일반 방법에 따라 옥외 차양 밑에서 한다. 뿌리는 흙을 털어내고 목질을 떼어난 다음 옥외에서 좀 말린다. 칼로 껍질을 깎은 다음 섭씨 40도 이하에서 노랗게 되지 않도록 천천히 말린다. 완성된 원료는 원통형 조각이나 2~4부분으로 세로 쪼개서 만들어 헝겁 및 종이 자루에 포장한다. 건조한 또한 공기가 잘 통하는 실내에서 보관한다. 뿌리는 흡수성이 높기 때문에 쉽게 축축해진다. 보관 기한은 3년이다.

화학성분. 식물에는 점액이 들어있다. 뿌리는 빨간 물감, 점액 35% 함유. 점액은 주로 펜토산, 객소산을 비롯한 다당류로 구성됐는데 가수분해시에 갈락토스, 덱스트로스, 펜토스로 분해된다. 전분 37%, 아스파라긴 2%, 설탕 약 10%, 베타인 4%, 펙틴물질 16%까지, 지방유 1.7%, 식물스테롤, 타닌물질, 정유. 잎과 꽃은 고체정유 약 0.02%, 점액, 아스코르브산, 카로틴 함유.

효능. 알데아의 약 성분은 오래 전 부터 알려졌다. 이에 대한 첫 자료는 가이 플리니 세쿤다(23~79년), 웨르길리(기원전 70년~19년), 코르넬리(신기원 1세기)의 저술에 기록되어 있다. 고대 그리스의 학자 페오파스트는 자기의 "식물에 대한 연구" 저서에서 "알데아의 뿌리는 골절에 기침에는 뿌리를 와인과 같이 쓰이며 올리브유와 종기에 바른다"고 기록했다.

고대 의사들은 알데아(그리스 단어 《althos》)의 치료 효능에 대해 잘 알고 있었다. 알데아의 꽃은 단 향기가 있기 때문에 꿀벌들이 모여든다. 동양의 위대한 의사이며 박식자인 아부 알리 이븐 씨나는 "의학 정전"에서 알데아의 항암 성분에 대하여 기록했다. 학자에 의하면 종기의 신속한 성숙을 촉진시키며 관절의 통증을 없애며 귀염증, 얼굴의 수종, 눈밑 지방을 제거한다. 잎은 유방염이나 폐렴에 권고하며 씨는 기침을 할 때 가래 제거 약으로 사용한다.

아부 레이한 비루니는 《의학에서 생약학》에서 많은 질병에 대한 알데아의 약효과에 대해 기록. 무함메트 가이마즈 투르크멘은 저서 《예언자의 주술사》에서 뿌리 달여서 설사에 수렴제로 사용한다. 민간요법에서는 알데아는 기관지염, 백일해, 기관지 천식, 폐렴, 소화관의 질환, 방광, 건선 그리고 거래 제거제, 항염증제로 사용한다.

뿌리의 탕약은 위장병, 위궤양, 십이지장 궤양, 위액 고산성, 황달병, 방광염에 사용한다. 목구멍 양치질, 눈씻기, 피부 질병, 잇몸 염증에 사용.

투르크멘 민간요법에서 뿌리와 근경의 탕약과 침출제는 가래 제거제로 위장 질환에 사용하며 피부병에 연고를 바른다.

의학에서 만성 기관지염, 후두염, 기관지 천식, 기관염에 완화제, 가래 제거제, 진통제, 항염증제, 보호제로 사용한다. 또한 알떼아 뿌리의 침출제는 목구멍 씻기, 찜질, 관장에 사용한다. 식물의 씨에서 기름을 빼고 줄기에서 섬유를 얻는다. 장식용, 식물용, 양봉 및 기술 식물이다.

용법용량 :

잘게 썬, 말린 뿌리 2티스푼(10g)을 유리병에 담고 끓는 물 1컵(200ml)을 부어 유리병을 에나멜 용기에 넣고 두껑을 닫은 다음 끓는 물에 가열시킨다. 10분동안 실내온도에서 식힌다. 걸러낸 즙에 끓은 물을 부어 200ml까지 채운다. 1일 3~4회, 1회 1/2~1/3컵(75~100ml)씩 복용한다. 잘게 썬 알떼아의 뿌리, 들국화, 감초를 같은 비율로 섞어 혼합물 2티스푼(10g)에 물 0.5l를 부어 8시간 동안 우려낸다. 걸러내어 하루에 3번 1/2컵(100ml)씩 복용한다. 잘게 썬 뿌리 비율 1:20으로 물을 부어 8시간 동안 우려낸다. 걸러낸 후 하루에 4~5번 2큰스푼(30ml)씩 복용한다.

뿌리 가루 100g을 낙타지방 100g과 잘 썩은 다음 유리병에 넣고 두껑을 밀집하게 닫고 10일동안 어두운 곳에서 보관하면서 주기적으로 휘젓는다. 연고는 하루 2번(아침, 저녁) 피부에 바른다.

암베르보아 암베르보이
Adaty pyşdyloty
Amberboa amberboi

개요. 산기슭에 자라는 약용 식물이다. 투르크매니스탄에 3종이 자생한다.

암베르보아 암베르보이는 높이 10-60cm, 국화과에 속하는 한해살이며 줄기가 있거나 줄기 없는 것도 있다. 줄기 밑부분에 가지가 많다. 잎은 길죽하며 피침형 밑에는 원형이며 위에는 선형 모양이다. 잎 모두는 절개-톱니형이며 드물게 윗줄 잎은 깃꼴로 갈라지거나 깃꼴로 절단됐다. 꽃받침은 긴 꽃자루가 있다. 턱잎은 털이 있으며 내부 잎은 피침형, 길죽한 달걀 모양.

꽃은 2색이며 파리한 노란색이 나중에 진홍색으로 변한다. 수과는 관모가 잘 발달됐다.

식물특징. 해발 400~1200m의 식물이 거의 안 자라는 염분이 많은 점토 산기슭에서 자생하며 개화기는 4~5월, 결실기는 5~6월이다. 씨앗으로 번식한다.

분포 · 산지. 볼쇼이와 말리 발한: 세키다그, 찰쑤브, 몰라카라, 쇼르자 계곡; 큐렌다그: 드제벨, 다나타, 테멘데레, 트르고이, 마르긔즈, 오보이, 젤리라, 아코바, 호스로우, 브키, 이스칸데르; 서남 코페트다그: 카미실리, 마흐툼쿨리, 알티토그단, 홑자칼라; 중앙 코페트다그: 아르츠만, 카라가츠, 아할테케; 동부 코페트다그: 샤믈리; 바드희제: 라바트 카샨, 아카르체쉬메; 카스피연안 사막 지대: 아흐차쿠이마, 차트, 아트렉; 코페트다그 지역 오아시스: 베레케트, 세르다르; 텐젠 오아시스: 텐젠.

자연자원. 보통 암베르보아 암베르보이는 우리나라에서 희귀한 식물에 속하지 않는다. 약용식물로서 분포량이 풍부하다. 연간 원료 채집량은 약 15~25톤이다.

약용자원. 약용원료는 개화기(4~5월)에 채집하며 건조작업과, 보관은 실외에서 보편적인 방법에 의해 한다. 생약은 헝겁 자루에 포장하며 건조하고 직선 광선이 들어오지 않은 곳에서 보관한다. 보관 기간은 1~2년이다.

화학성분. 일반 암베르보아 암베르보이의 화학 성분은 잘 연구되지 않은 상태다. 이 식물의 성분에는 세스키테르펜이 들어있다.

효능. 의학에서 세스키테르펜의 항균 및 항진 작용이 밝혔다. 장식용 및 양봉 식물이다.

암베르보아 투란니카
Turan pyşdyloty
Amberboa turanica

개요. 산기슭 및 평야에서 자생하는 약용식물이다. 암베르보아 투란니카는 높이가 60cm까지 국화과에 속하는 한해살풀이다. 대부분 지면위에 뻗어나가며 거의 줄기가 없거나 줄기의 밑부분에 가지가 있다. 잎은 잎자루가 있으며 뿌리잎과 줄기의 밑부분 잎들은 폭넓은 달걀 모양으로 부터 길죽한 달걀 모양까지. 가장자리는 세로 홈이 있고 잎의 기부는 쐐기형, 잎끝모양은 예첨형이다. 모든 잎들의 양측면은 털이 없고 녹색이다. 줄기 가지들 끝에 단독 꽃받침이 있다. 포피는 난형이나 폭넓은 달걀 모양, 황색이나 녹색-황색이다.

꽃은 황색. 수과는 원통형이며 대부분의 길이는 5~6mm, 검은 색, 세로 가는 선이 있으며 거의 보이지 않은 가로 주름, 부드러운 머리털이 있다. 관모는 붉고 짧은 톱날로 구성.

식물특징. 해발 400~1200m에서 찰흙 토양의 평야나 모래의 사막에서 주로 남오아시스의 기슭에서 자생. 개화기와 결실기는 4~6월. 씨로 번식한다.

분포 · 산지. 볼쇼이 발한(Bolshoi Balhan): 세키다그, 발라이셈; 말리 발한; 큐렌다그: 다나타, 트르고이, 이스칸데르; 서남 코페트다그: 마흐툼쿨리; 중앙 코페트다그: 쇼르수브, 쿠르쿨라브, 아르차빌, 곡데레, 두샥에레크다그, 반놉스키; 동부 코페트다그: 로베르곱스키, 쿠리호브단, 샤믈리; 바드희제: 타쉬코프리, 이샥-라바트-라파탁, 체메나바트; 코이텐다게: 차르샤가, 코이탄다그, 랄렘칸; 카스피연안 사막 지대: 에센굴리, 우스쭈르체; 서북 카라쿰: 투르크멘바쉬, 쿰셉센, 차길; 동부 카라쿰: 레페택, 카라울쿠이; 코페트다그 지역 오아시스: 아쉬하바드, 카우슈트; 텐젠-무르갑 오아시스: 텐젠, 게옥슈르.

자연자원. 우리 나라에서 희귀한 식물이 아니다. 약용식물은 충분하다. 자생하는 곳에는 무성하게 자란다. 연간 수집은 20~25톤 이상이다.

약용자원. 약용으로 암베르보아의 풀을 채집한다. 원료는 개화기(4~5월)에 채집하며 공기가 잘 통하는 차양 밑에서 보편적인 방법에 의해 말린다. 생약은 헝겁이나 종이 자루에 넣어 포장. 건조하고 직선 햇빛이 안 들어오는 곳에서 보관한다. 보관 기간은 1~2년이다.

화학성분. 암베르보아 투란니카의 성분은 잘 연구되지 않았다. 이 식물에는 세스키테르펜이 들어있다.

효능. 의학에서 세스키테르펜의 향균 및 향진 성분이 발견됐다. 장식용 및 양봉 식물이다.

암미 마유스
Gamy
Ammi majus

개요. 약용 재배 식물이다. 이집트의 닐강 하부가 원산지인 아미꽃, 전세계에 10종이 있는데 투르크메니스탄에는 1종이 있다. 높이가 30~140cm인 1~2년초이다. 주요 딱딱한 뿌리와 중간에서 가지가 벌어지는 직립 줄기. 잎은 어긋나며 많이 갈라지고 길이 5~9cm의 삼각형 모양이다. 꽃차례는 복수상 우산으로서(폭이 5~8cm), 20~60개의 우산, 매 우산에는 30~35개의 꽃이 핀다. 꽃받침은 수개로 갈라지고 열매는 건과이고 2개로 나뉜다. 열매는 쓴 맛이 있다.

식물특징. 가뭄과 추위를 잘 견디어 낸다. 눈 트고 3개월이 지나서 꽃이 핀다. 개화기는 6~8월, 결실기는 8~9월이다. 아미꽃의 특징은 고르지 못한 열매의 성숙이다. 처음에는 중심에 있는 더 큰 우산 열매가 성숙하며 그 다음엔 작은 우산 열매들 보통 그들은 잘 성숙되지 않는다. 씨앗으로만 번식된다. 1000개의 씨 무게는 0.5g이다.

분포 · 산지. 아할, 레밥 구역.

자연자원. 우리 나라에서 희귀한 식물이 아니다. 약용원료는 충분하다. 이 식물은 특별 농장에서재배한다.

약용자원. 약용 목적으로 풀과 열매를 채취한다. 풀은 개화기(6~8월), 열매는 식물 성숙기(8~9월)에 채취하며 공기가 잘 통하는 차양 밑에서 보편적인 방법에 의해 건조시킨다. 완성된 풀 원료는 헝겁 및 종이 봉투에 열매 원료는 종이 상자에 포장한다. 열매는 쓴 맛이 있으며 따끔하다. 건조하며 어두운 곳, 직선 햇빛이 안 들어오는 곳에서 보관한다. 건초 보관 기간은 1~2년이며 열매는 2~3년이다.

화학성분. 식물은 탄수화물과 탄수화물의 화합물인 마니트(0.86%)를 함유한다. 뿌리는 폴리아테틸렌 화합물; 쿠마린: 벤조피렌, 마르메신, 크산토톡신, 이소핌피넬린, 베르갑텐을 함유한다. 지상부는 플라보노이드: 이소람네찐, 크베르세틴, 일산 및 이산 크베르세틴, 일산-이산 켐프페롤 함유. 줄기는 쿠마린: 마르메신, 크산토톡신, 이소핌피넬린, 베르갑텐. 플라보노이드: 이소람네찐 3-글루코시드, 이소람네찐 3-루티노시드 함유. 잎은 쿠마린: 움벨리페론, 마르메신, 크산토톡신, 이소핌피넬린, 베르갑텐, 이소임페라토린; 플라보노이드: 이소람네찐 3-글루코시드, 이소람네찐 3-루티노시드 함유. 꽃차례는 쿠마린: 마르메신, 크산토톡신, 이소핌피넬린, 베르갑텐, 이소임페라토린, 임페라토린 함유. 꽃은 플라보노이드: 이소람네찐, 일산 및 이산 크베르세틴, 크베르세틴 일-이산 디글리코시드 함유. 열매에는 정유 0.08%(피페리톤, 순환성의 알콜); 쿠마린: 베르갑텐, 크산토톡신, 마르메시닌, 임페라토린, 마르메신, 이소임페라토린, 이소핌피넬린, 암미린, 암미놀, 알로임페라토린, 디기드로오로셀론, 움벨리프레닌; 플라보니드: 이소크베르세틴, 켐프페롤 7-0-글루코시드, 크베르세틴 7-0-글류코시드; 지방유 8.9~19.4%(미리스텔렌산, 팔리미틴산 4%, 스테린산 1%, 페트로셀린산 57.8%, 올레이노산 28.2%, 리놀레산 7.6%. 리놀레노산); 포스폴리피드: 포스파티딜세린, 레시틴.

효능. 의학에서 식물은 항종양 효과가 있으며 혈관을 강화하며 모세진정제, 이뇨제로 쓰인다고 알려졌다.

열매를 이용하여 제조한 《암미푸린》약은 베르갑텐, 이소핌피넬린, 크산토톡신을 비롯한 세가지의 푸로쿠마린의 혼합물이다. 이 약제는 백반의 경우 피부의 색소를 회복, 마른 버짐, 신경 피부염, 포진에 사용한다. 추출물은 저혈압재, 항류머티즘, 단복 고창에 사용. 알약과 50ml의 유리병에 담긴 0.3% 용액으로 제조한다.

암미푸린을 이용한 마른 버짐 환자는 점차 발진이 적어지며 백반 질환 환자는 식물화학 방법으로 치료할 경우 색소가 나타나면서 흰 점이 나타난다. 암미푸린으로 치료 받을 때 선그러스를 착용하고 직선 해빛을 피해야 한다. 암미푸린 복용시에 이따금 통증, 가려움, 구역절이 발생할 수 있다.

암미푸린은 피부 결핵, 고혈압, 티레오톡시코스, 피, 간, 신장, 심장혈관, 신경, 당뇨 질환에 그리고 양성 및 악성 종양, 임신에 금기가 있기 때문에 의료진과 상담하는 것이 좋다.

암미 볼샤야는 투르크메니스탄 국가약품 목록에 등록돼 있다.

장식용 및 양봉용 식물이다.

용법용량:

1일 3회 1~2정씩 복용하며 동시에 피부에 0,3% 용액으로 바르면서 자외선으로 쬔다. 알약은 위장을 염증을 방지하기 위해 식후에 복용 우유를 마신다. 피부애 작은 상처가 있을 때 암미루핀 용액으로 바르고 자외선으로 쬔다. 상처의 범위가 큰 경우 알약 복용하며 바르고 자외선 쬔다. 치료는 3단계를 걸쳐 하는데 매 단계는 21 내지 28번 치료를 포함. 알약은 자외선을 쬐이기 전 2시간 전에 마시며 1시간전에 바른다. 처음에는 자외선 쬐는 시간이 1분 다음에 1분씩 늘려 초대한 12분까지 한다.

안드라흐나 로툰디폴리아
Tegelek ýaprakly deregül
Andrachne rotundifolia

개요. 산기슭에 자라는 약용식물이다. 투르크메니스탄에 3종이 있다.

안드라흐나 로툰디폴리아는 높이가 20~40cm, 대극과에 속하는 반관목. 딱딱한 근경과 땅위를 기듯이 뻗어 나가며 상승하는 잎이 많이 달린 궁형 줄기다. 턱잎은 달걀이나 원형 모양이며 가장자리는 톱니가 고르지 않다. 잎줄기는 길이가 1~3mm로 작다. 잎모양은 원형이나 원형-타원형이며 길이가 2.5~12mm이며 잎의 기부는 둥글스름하거나 드물게 쐐기형이다. 잎 끝모양은 원형 아니면 미상형이다. 꽃은 2~3개 적으면 1개 잎각도에 있다. 수술은 길이가 0.3-2.5mm. 꽃받침은 길이가 1.5~1.75mm, 넓이는 1.0~1.25mm, 막상형, 타원형으로 갈색-녹색이며 넓고 흰 막상의 테를 두른다. 꽃잎은 타원형-침형이며 꽃받침의 3분의 1이다. 열매는 납작하고 둥근 모양으로 지름이 2.5mm. 씨앗은 길이가 1.5~2.0mm, 넓이가 1~1.75mm

이다.

식물특징. 해발 400~1600m에서 주로 돌과 자갈이 많은 경사진 산기슭에서 자생한다.

개화기와 결실기는 4~8월이다. 씨로 번식한다.

분포 · 산지. 볼쇼이 및 말리 발한: 카라부룬, 나자르-에케렘, 다쉴리데레, 카란자 계곡, 찰수브, 쇼르자, 토란갈리; 큐렌다그: 다나타, 테멘데레, 트르고이, 마르괴스, 오보이, 드젤리라, 두즐리차이, 브키, 이스칸데르, 카미쉴리; 서남 코페트다그: 유완칼라, 마흐툼쿨리, 숨바르 강, 파르하이. 홑자칼라, 차칸칼라; 중앙 코페트다그: 술류클리, 게르마브, 아르차빌, 긴지바르, 베크로바, 곡데레, 두샤케렉다그, 완놉스키, 쿠르투수브, 바바사브, 다기쉬, 호브단; 동 코페트다그: 로베르곱스키, 쿠리호브단; 받희제: 게즈갸댁, 노브루자바트, 아카르체쉬메, 세르헤타바트; 코이텐다게: 코이텐다그다리야, 불락네레 계곡, 오쿠즈불락, 카라나츠, 라렘칸; 카스피연안 사막: 세르다르, 케쉬, 아쉬하바드; 아무다리야 오아시스: 켈리프, 부르구치, 풀리신단.

자연자원. 우리 나라에서 희귀한 식물에 속하지 않는다. 약용원료는 충분하다. 연간 채취량은 30톤 이상이다.

약용자원. 약용으로 풀을 채취하며 즙을 수집한다. 원료 채집은 개화기(4~5월)에 건조 작업은 보편적 방법에 의해 공기가 잘 통하는 차양 밑에서 한다. 생약은 헝겁이나 종이 봉투에 포장. 건조하고 서늘한 곳에서 보관하며 보관 기간은 1~2년이다.

화학성분. 화학성분은 잘 연구되지 않았다. 식물에는 알칼로이드, 점액, 수액이 들어 있다.

효능. 민간요법에서 잎을 다린 약을 감기, 피부, 심장동맥 질환에 쓰이며 수액은 소화관 및 변비에 쓰며 옴, 굳은살, 가려움 때 바른다.

투르크메니스탄을 비롯한 중앙아시아 민간요법에서는 수액을 류머티즘, 벌레에 물린 상처 치료에 사용한다. 장식용 식물이다.

용법용량:

말린 잎 1큰스푼(15g)에 끓은 물 2컵(400ml)을 부어 에나멜 용기에 약한 불에 5~10분 끓인다. 걸러낸 후 하루에 3번 1/4컵(50ml)씩 복용. 잘게 썬 잎 2티스푼(10g)에 끓은 물 1컵(200ml)을 부어 한시간 다린다. 다린약을 하루에 3번 1큰스푼(15ml)씩 복용한다.

수액은 하루에 3~4번 식전 1티스푼(5ml)씩 복용한다. 피부 상처에는 하루에 2번(아침, 저녁) 바른다.

아르규토비움 옥시세드리
Arça arsewtobiumy
Arceuthobium oxycedri

개요. 산악지대에 자라는 약용식물이다. 투르크메니스탄에는 1종이 있다.

꼬리겨우살이과에 속하는 관목으로서 높이는 5~12(20)cm. 가지가 많이 벌어진 녹색 기생식물이다. 식물은 알몸이다. 가지는 나무처럼 딱딱하고 쇠스랑처럼 갈라진다. 잎은 작으며 비늘처럼 생겼으며 짝을 이루어 가지에 서로 마주 보며 달린다.

꽃은 수상꽃차례로 피고 단성화이며 쌍자 수술 꽃이다. 꽃밥은 무병이다. 암술대 꽃은 둘로 갈라진 화개. 허위 씨방은 달걀 모양이며 꽃술의 일부는 짧으며 원추형이다. 허위 열매는 장과 모양으로 하늘색이며 난형 이다. 열매가 익으면 화개는 가로 따개지면서 열매가 떨어진다.

식물특징. 해발 1200~1800m에서 자생하면서 투르크멘 노간주 나무에서 기생하고 있다. 개화기는 7~8월, 결실기는 8~9월이다. 씨로 번식한다.

분포 · 산지. 볼쇼이 발한: 아를란; 중앙 코페트다그: 미시네브, 초판다그, 씨비르, 룻자, 코이텐다게: 홑자카라울, 메이단.

자연자원. 우리 나라에서 희귀한 식물에 속하지 않는다. 약용원료는 충분하다.

약용자원. 약용으로 줄기와 잎을 사용한다. 원료 채취는 개화기(7~8월), 건조 작업은 공기가 잘 통하는 차양 밑에서 보편적인 방법에 의해 한다. 생약은 헝겁, 종이 봉투에 포장해 건조한 곳에서 보관한다. 보관 기간은 1-2년이다.

화학성분. 사포닌: 알칼로이드 0.7%; 페놀카르본산: 커피산, n-쿠마로브산; 플라보노이드: 미리쩨찐, 크웨르쩨찐; 레이코안토찌안: 안토찌안, 델리피니진, 찌아니진. 잎은 플라보니드:3-O-글루코시드 미리쩨찐. 열매는 지방유(34~49%), 지방산(8~15%):리놀레산, 올레산.

효능. 민간요법에서 잎과 줄기는 경련에 열매는 종기에 사용한다. 의학에서 이 식물 상단 부분의 원생생물적 성분이 발견됐다. 장식용 및 양봉 식물이다.

용법용량:

잘게 썬 줄기와 잎 1큰스푼(15g)에 끓은 물 2컵(400ml)을 부어 에나멜 용기에 넣고 약한 불에 10~15분간 끓인다. 걸러낸 후 탕약을 하루에 3번 1/4컵(50ml)씩 복용한다.

말린 풀 1큰스푼(15g)을 0.5l 보온병에 30분 우려낸다. 걸러낸 후 하루에 3번 1/2컵(100ml)씩 복용한다.

바르바리스 이베리카
Iberiýa zirki
Berberis iberica

개요. 산악지대에서 자라는 약용식물이다. 매자나무속의 관목으로 높이는 1.0~1.5m. 가지는 가시가 있으며 갈색이다. 잎은 피침형이고 긴 타원형이며 잎끝모양은 뾰족하다. 턱잎은 보통 아니면 3회로 갈라진다. 꽃차례는 송이 모양이며 길이는 3~5cm이다. 꽃은 노란색, 꽃받침, 꽃잎, 수술은 6개이며 과경 길이는 7~9mm, 열매는 설태가 끼며 씨앗은 검은 갈색이다.

식물특징. 해발 1200~1600m에서 건조한 돌이 많은 기슭, 관목숲에서 자생한다. 햇빛을 좋아하는 식물이다. 개화기, 결실기는 4~6월이다. 그늘이 있는 곳에는 열매가 안 맺는다. 씨로 번식한다.

분포 · 산지. 볼쇼이 발한; 중앙 코페트다그: 이파이칼라, 사림사클리, 메르게놀렌, 초판다그, 아르차빌.

자연자원. 희귀한 식물에 속한다. 약용으로 쓰는 식물은 많지 않다. 재배를 권한다. 국가에서 보호하는 식물이다.

약용자원. 약용 목적으로 뿌리 껍질, 잎과 열매를 사용한다. 뿌리 채취는 싹이 트기전, 이른 봄 3월이나 가을(9월)에 한다. 잎은 개화기(4~5월)에 열매는 식물 성숙기(7월)에 채취한다. 건조작업은 공기가 잘 통하는 실내에서 종이 3~4cm 두께로 깔아놓고 말린다. 뿌리는 흙을 제거한다. 뿌리는 길이 20cm 두께는 6cm로 잘라서 장만한다. 뿌리 껍질 원료는 종이 봉투나 상자에 포장, 잎은 헝겁 주머니, 열매 원료는 종이 상자나 유리병에 넣어 보관한다. 뿌리 껍질은 쓴 맛이며 잎과 열매는 신맛이 있다.건조하고 서늘한 곳에 보관한다. 보관 기간은 뿌리 껍질이 2~3년, 잎은 1~2년, 열매는 3~4년이다. 한 관목에서 수확은 5~7kg 정도가 난다.

화학성분. 10가지 알칼로이드: 베르베린, 옥시베르베린, 팔리마찐, 바르바민 및 기타. 뿌리는 베르베린(1~1.5%까지), 팔리마찐, 콜룸바민, 야트로리찐, 옥시아칸찐. 잎은 베르베린, 비타민 C, E, K1; 카로티노이드; 사과산, 구연산 및 기타 유기산. 열매: 당류 6~7%; 유기산: 사과산, 주석산, 구연산 6%까지; 펙틴, 가죽 이기기 위한 재료, 플라보니드; 비타민 C(25mg), 비타민 K1; 루틴, 칼륨(37mg/100g). 익은 열매는 더 많은 알칼로이드를 함유하고 있다.

효능. 바르바리스 이베리카는 쓴맛, 격분, 준엄성, 나쁜 기분을 의미한다.

식물의 약성분은 옛날에 고대 바빌론, 인도에서 알려졌다. 기원전 650년에 아슈르바니팔 앗시리아왕의 도서관에 붙어 있는 점토판에 식물의 열매는 사람을 젊어지게 하며 피를 막게 해준다고 쓰여있다.

중세기 의학학자 아부 알리 이븐 신의 "의학 정"에서 간과 위장 예방에 담즙 분비제, 지혈제를 추천한다. 아부 레이한 비루니는 "의학에서 약학"에서 관목의 치료 효과에 대하여 언급했다. 무함메트 가이마스 투르크맨은 "예언자의 마술" 저서에서 열매의 즙으로 얼굴을 문지르면 얼굴이 깨끗해지며 피부색을 개선한다고 말했다. 또한 이 식물은 간, 콜레라에 사용하며 목마름을 달랜다고 썼다.

동양의 위대한 학자이며 의사인 무함메트 후세인은 "약

보물"에서 "Berberis는 목마름을 달래고 위와 간, 심장을 강장하게 한다".

민간요법에서 식물의 외용물약을 딴딴한 종기에 대며 탕약은 당뇨에 침출제는 구역질, 구토에 사용한다. 열매는 식욕을 자극하며 이뇨제, 항염제, 담즙분비제로 쓰이며 반경화, 항독소 성분이 있다. 열매즙은 열병, 폐렴, 기침, 당뇨에 사용한다. 또한 Berberis는 간과 담즙관 질환에 담즙 분비제로 자궁 출혈에 사용한다.

투르크멘 민간요법에서 뿌리의 추출물을 눈병에 뿌리는 독사 및 독충에 물린 상처에 바른다. 계피와 꿀을 섞어서 수종, 간 폐쇄에 사용한다.

의학에서 《홀레리틴》약은 담석증, 담낭염, 황달에 복용하며 《베르베린 중유산염》약은 고혈압, 만성간염에 진정제, 이뇨제, 담즙분비제, 항염증제로 복용한다.

이 식물을 이용한 약을 복용하기 전 의사와 상담을 해야 한다.

장식용, 식물용, 양봉 및 염색용 식물이다.

용법용량:

잘게 썬 꽃 1티스푼(5g)에 끓은 물 1컵(200ml)를 부어 에나멜 용기에 약한 불에 10분 끓인다. 걸러낸다. 약탕을 1일 3회 1큰스푼(15ml)씩 복용.

말린 열매 2큰스푼(30g)에 끓은 물 1.5컵을 부어 2시간 우려낸다. 걸러낸다. 약탕을 1일 3회 1/2컵(100ml)씩 복용.

말린 열매 4티스푼(20g)에 끓은 물 0.5l를 부어 24시간 우려낸다. 약탕을 하루에 몇번 마신다. 잘게 썬 껍질이나 뿌리 1티스푼(5g)에 냉수 2컵을 부어 4시간 우려낸다. 걸러낸 약탕을 1일 4회 1/2컵(100ml)씩 마신다.

잘 썬 말린 잎에 1:20 비율로 끓은 물을 부어 유리병을 에나멜 용기에 넣고 15분 끓인다. 걸러낸 다음 약탕을 1일 3~4회 1큰스푼(15ml)씩 복용한다.

잘 썬 잎 1큰스푼(15g)에 70% 알코올 술 1/2컵(100ml)을 부어 유리병에 넣고 2주동안 어두운 곳에 둔다. 걸러낸 후 1일 3회 30방울씩 복용한다.

말린 풀을 1:5 비율로 40% 알코올술에 타서 어두운 곳에서 10일 우려낸다. 정기적으로 흔든다. 약술을 1일 2~3회 30~40방울씩 복용한다. 베리베리스는 지혈제로 쓰이며 간과 쓸게 질환에 사용한다.

핌피넬라 리트비노비
Litwinowyň anisi
Pimpinella Litvinovii

개요. 산악지대에 자라는 약용식물이다. 높이가 35~65cm, 우산과에 속하는 여러해살풀이다. 뿌리는 굵고 검은 갈색 뿌리 목에는 떨어진 잎의 자루들이 있다. 몇개의 줄기는 곧게 서고 윗분은 가지가 없고 중심 부분에서 밑으로 가지들이 벌어진다. 많은 뿌리잎들은 잎자루가 있는 길죽하고 깃털 모양이며 길이가 10~15cm 넓이는 1~2cm. 많지 않은 줄기 잎들은 더 작으며 길죽한 잎집에 앉아 있다. 산형화서는 4~6개 방사형으로 뻗어나가며 개화기에 지름이 약 1.5cm가 된다. 외피는 없다. 산형화서는 6~8가지 색갈이 있다. 열매는 달걀 모양이며 길이는 2.0mm, 너비는 1.2mm.

식물특징. 해발 1600~2800m에서 세토 및 작은 자갈의 산기슭 관목사이에서 자생한다. 개화기는 6~7월, 결실기는 7~8월이다. 씨앗으로 번식한다.

분포 · 산지. 중앙 코페트다그: 미씨녜브, 희르스데레, 헤이라바드, 차예크. 엔데믹.

자연자원. 이 식물은 우리나라에서 희귀한 식물이다. 약용자원은 많지 않다. 재배를 권한다. 국가에서 보호하는 식물이다.

약용자원. 약용 목적으로 뿌리, 잎, 열매를 채집한다. 뿌리 채집은 초봄(3월)이나 가을(9월), 잎은 개화기(6~7월), 열매는 결실기에 채집한다. 실외에서 보편적인 방법에 의해 말린다. 뿌리 생약은 헝겁, 종이 봉투에, 잎은 헝겁, 열매는 종이 상자에 포장한다. 건조하고 어두우며, 직선 해빛이 안 들어오는 곳에서 보관한다. 뿌리와 열매 보관 기간은 2~3년, 풀은 1~2년이다.

화학성분. 뿌리는 0.6%의 정유를 함유; 테르페노이드: 1,5-디메틸찌클로대카트리엔-1,5,7; 쿠마린. 지상부-정유. 잎-정유(0.16%); 쿠마린; 지방유(27%)(페트로셀린산 52.8% 함유). 열매-정유2~3%(아네톨 80~90%, 메틸하비콜 10%, 지방유 8~28%, 아니스 알데기드, 아니스 케톤, 아니스산).

효능. 고대 사상가들인 페오프라스트(기원전 370년~285년)와 디오스코리드(1세기)는 핌피넬라의 성분을 연구했다. 고대인들은 향기로운 씨를 향료를 만드는데 사용했다.

중세기의 유명한 학자이며 의사인 아부 알리 이븐 신은 핌피넬라는 땀분비를 줄이며 간, 신장, 비장, 방광의 폐색을 열고 호흡을 쉽게 하며 정력을 돋운다고 하였으며 또한 눈,귀 질환, 열병, 두통, 어지러움, 얼굴수종 그리고 이뇨에 사용한다고 《의료학의 기본원리에서》 언급했다.

아부 레이한 비루니는 《의학에서 생약학》 저서에서 간, 콩팥, 비장, 쓸개, 방광 질환에 식물의 치료 효과를 확인했다. 중세기 약사 무함메트 가이마즈 투르크멘은 《예언자의 주술사》에서 내과질환, 팽만, 유방분비선, 독으로 인한 여러가지 중독에 사용한다고 썼다. 꽃의 탕약은 시력 보존에 예방제로 쓰인다고 말했다.

민간의학에서 특히 감초와 같이 끓인 탕약을 가슴, 호흡곤란, 간,비장, 콩팥, 방광,수종 질환에 그리고 정력 증가에, 이뇨제 및 발한제로 사용한다.

핌피넬라의 달인 약은 후두염, 기관염, 기관지염, 폐렴, 기관지 천식을 비롯한 기관지 질환에 또 가래를 뱉는데 사용하며 위염, 신장결석, 수족통풍, 류머티즘, 유뇨증에 사용한다. 또한 소화기, 간, 췌장 기능 개선에도 사용한다. 이뇨제, 발한제, 진통제, 방부제로 사용.

장식요, 식물용 및 양봉 식물이다.

용법용량:

잘게 썬 말린 풀 1큰스푼(15g)에 끓인 물 1컵(200ml)을 부어 에나멜 용기에 약한 불로 15분 끓인다. 실내 온도까지 식힌 다음 탕약을 1일 3회 1티스푼(5ml)씩 복용한다.

말린 씨 1티스푼(5g)에 끓인 뜨거운 물 1컵(200ml)을 부어 유리병에 넣고 에나멜 용기에 15분 끓인다. 45분 식힌다. 걸러낸 다음 탕약에 200ml까지 끓인 물을 채운다. 1일 3~4회 식전 30분전에 1/4컵(50ml)씩 복용한다.

말린 씨 1티스푼(5g)에 끓인 뜨거운 물 1컵(200ml)을 부어10분 우린다. 걸러낸 다음 2번에 마신다. 산모에게 유효하다. 원료는 접촉 피부염을 초래한다.

매일 씨 6.5~15.5g까지 사용할 수 있다.

효스카무스 풀시러스
kiçi maňyrsak
Hyoscamus pusillus

개요. 사막에서 자라는 약용식물이다. 높이 10~45cm, 가지과에 속하며 1년초이다. 줄기의 밑부분은 가지가 많으며 윗부분은 털이 있다. 잎은 길죽하며 타원형 또는 피침형, 깃털-주걱형 모양이며 잎 전체는 잎줄기가 있다. 잎줄기는 털이 많다. 꽃은 나선형이며 개화 이후 길어진다. 꽃받침은 원추형이며 길이는 9~10mm 열매가 맺었을 때 20cm까지 달하며 삼각형 톱니의 모양이다. 꽃부리는 흰색이며 인두는 보라색, 약간 비뜰어진 5개 날개가 있는데 끝은 둥굴며 길이는 2mm. 꽃부리는 긴 통형이며 꽃받침보다 1.5~2배 짧다. 씨는 둥그래 신장형이다.

식물특징. 사막지대, 산기슭, 모래토양, 싹싸울숲, 미립성 토양에서 자란다. 개화기는 4~5월이며 결실기는 5~6월이다. 씨로 번식한다.

분포 · 산지. 볼쇼이 발한: 카라부룬, 쎄키다그, 쿠르반네페스, 다쉴레데르, 카란자체쉬메, 오글란듸, 움밸메스; 말리 발한; 큐랜다그: 테멘데레, 세키즈한, 마르긔즈, 젤료나야 돌리나 계곡; 서남 코페트다그: 마흐툼쿨리; 중앙 코페트다그: 메르게놀렌, 쿠르쿨라브, 세키샤, 아르차빌, 곡데레, 두샤케레그다그, 완놉스키; 코이텐다게; 카스피해연안 사막: 타샤르왓칼라, 투르크멘바쉬; 우스쭈르트; 보스토츠니: 레페텍, 카라울쿠이,이샨-라바트; 동남 카라쿰; 아트렉 오아시스: 드재벨,몰라카라; 프리코페트다그 오아시스: 바하를리, 게옥테페, 아쉬하바드, 카악하, 텐제노무르갑스키 오아시스: 텐젠, 마리, 웨킬바자르; 아무다리인스크 오아시스.

자연자원. 우리 나라에서 희귀한 식물이 아니다. 약용자원량은 충분하다.

약용자원. 약용으로 잎과 꽃을 사용한다. 원료는 개화기(4월), 건조한 날씨에 채집하며 섭씨 영상 40도에서 말린다. 비나 이슬 맞은 잎은 채집하지 않는 것이 좋다. 생약 원료는 마취 냄새가 나며 축축할수록 더 강해진다. 잎으로 완성된 원료는 헝겁 및 종이 봉투, 꽃원료는 종이 상자에 포장. 건조하고 공기가 잘 통하는 곳에서 보관한다. 보관 기간은 1~2년이다.

화학성분. 식물은 트로파노브열의 알칼로이드의 구성에 아포아트로핀, 아포기오스찐, 0.1%의 α 및 β-벨라도니, 글리코시드 기오스찝크린, 기오스찌레신, 메틸레스쿨린. 윗 부분은 0.09% 알칼로이드: 기오스찐, 기오스찌아민, 아포아트로핀, 트로핀, 아포기오스찐, 스코폴라민 포함. 잎은 페놀카르본산 등 플라보노이드, 루틴 포함. 씨는 34%까지의 지방기름 함유.

효능. 식물의 약 성분에 대하여 이미 코르넬리 쩰스(1세기), 플리니(23년~79년), 아풀레이(2세기), 아브렐리안(기원전 5세기) 고대 학자들이 기술하였다. 고대 약초 책에는 씨의 연기를 호흡한 사람은 현기증을 일으키며 상식을 잃는다고 언급됐다.

동양의 중세기 학자들인 아부 알리 이븐 씨나와 아부 레이한 비루니는 《의료학의 기본원리》, 《의학에서 생약학》 논설에서 많은 질병을 치료하는 약 효과에 대해 저술했다.

민간 요법에서 벨레나는 진통제로 사용하며 종기에 찐 잎을 댄다. 또한 민간요법에서 의사의 지도하에 수족통풍, 간, 치아 질환에 사용하며 위, 창자 경련에 진통제 및 경련 멎게 하는 약으로사용. 벨레나 잎이 들어있는 《아스마틴》, 《아스트마톨》은 기관지 천식에 식물에서 배출한 기름은 신경통 질환에 발라서 배개한다. 또한 진통제로 사용하기도 한다. 식물의 모든 부분은 독 성분이 있기 때문에 의사의 상담을 받아야 한다. 장식용 식물이다.

용법용량:

잘게 썬 말린 잎 1큰스푼(15g)에 끓은 물 1컵(200ml)를 부어 에나멜 용기에 넣고 약한 불에 5~10분 끓인다. 걸러낸 다음 약탕을 1일 3회 1티스푼씩 복용한다.

말린 꽃 1컵(15g)과 알콜 1컵(200ml)를 유리병에 부어 마개를 막고 어두운 곳에서 우려낸다. 정기적으로 흔들어준다. 걸러낸다. 약술을 아픈 자리에 바른다.

말린 잎과 꽃 1컵(15g)에 식유 1컵(200ml)를 부어 유리병에 넣어 마개를 막고 10일 어두운 곳에서 우려낸다. 정기적으로 흔든다. 연고를 하루 두번 아침과 저녁 아픈 자리에 바른다.

리구스트렘 불가레
Adaty birýuçina
Ligustrum vulgare

개요. 재배 약용 식물이다. 전세계에 약 40종이 있다. 투르크메니스탄에는 1종.

리구스트렘 불가레는 높이가 3.5m에 달하는 물푸레나무과에 속하는 관목이다. 늙은 가지의 껍질은 회색 갈색이며 나무 껍질에는 껍질눈이 있다. 잎은 홑잎 긴 타원형으로 마주나며 길이 3~7cm 정도이며 짙은 녹색이다. 잎자루는 짤막하다. 꽃은 작고 희색-크림색이며 향기가 나며 지름이 4~6mm. 열매는 검은 색이며 지름 5~10mm의 둥근 달걀 모양이며 1~4개의 2~3각형 씨앗이 있다. 과육은 회청색-보라색, 안료 성분이 있다.

식물특징. 재배 식물이며 투르크메니스탄의 전체 오아시스에서 재배한다. 개화기는 4월이며 결실기는 9~10월이다. 영양 생식한다.

분포 · 산지. 투르크매니스탄의 전체 오아시스에서 분포.

자연자원. 우리 나라에서 희귀한 식물이 아니다. 약용으로 쓰이는 원료는 충분하다. 이 종은 재배용으로 정원, 공원 및 전문 농장에서 재배한다.

약용자원. 약용원료로 잎, 꽃, 열매를 채집한다. 잎과 꽃은 개화기(4월), 열매는 성숙기(9~10월)에 채집하며 일반 방법에 따라 공기가 잘 통하는 실내에서 말린다. 완성된 잎 원료는 헝겁 자루에 꽃 및 열매 원료는 종이 자루나 상자에 포장한다. 건조한 서늘한 곳에서 보관한다. 잎, 꽃 보관 기간은 1~2년 열매는 4년이다.

화학성분. 식물 껍질은 수지, 페놀: 시린고시드; 타닌; 잎-탄수화물: 당; 알칼로이드 0.05~0.3%: 찐호닌, 찐호니진; 비타민 C; 카로티노이드; 타닌 6~10%; 플라보노이드: 루틴, 7-글루코시드 및 7-류테올린 루티노시드, 7-글루코시드 및 아피게닌 루티노시드. 꽃-정유. 열매-안토찌안: 3-글루코시드 및 찌아니딘 루티노시드, 3-루티노시드-5-말리비딘 글루코시드. 씨앗 – 지방유 18%.

효능. 민간요법에서 식물을 이질, 자궁출혈에 사용하며 잎과 꽃의 탕약은 지혈제, 항괴혈병제로 산부인과 질병, 후두염, 전분입질, 구강염에 사용한다. 와인에 담근 뿌리는 폐렴, 만성 기관지염에 사용한다. 투르크메니스탄을 비롯한 중앙아시아 민간요법에서 식물 지상 부분의 탕약은 심장질환, 오한에 사용하며 열매의 탕약은 만성 변비에 사용한다. 과학의학에서는 Staphylococcus aureus, Bacillus subyilis, Escherichia coli에 대한 가지 및 잎의 항균 활동, 탕약, 알콜추출액 저혈압, 항미생물, 살균력, 피톤찌드 성분이 입증됐다.

일부 전문가들은 이 식물의 탕약, 알콜 추출액을 저혈압제로 사용할 가능성이 있다고 한다. 잎, 특히 열매는 독성이 있기 때문에 의사와 상담할 필요가 있다. 꽃 정유는 화장품 생산하는데 나무 줄기는 물감을 만드는데 이용한다.

장식용, 식물용, 양봉, 기술용, 물감으로 쓰인다.

용법용량: 말린 잎과 꽃 1티스푼(5g)에 끓은 물 1컵(200ml)을 부어 에나멜 용기에 넣고 약한 불에 5-10분 끓인다. 1시간동안 식힌다. 걸러낸 약탕을 1일 3회 1티스푼(5ml)씩 복용한다.

잘게 썬 열매 1큰스푼(15g)을 0.5l 보온병에 넣고 20분 우린다. 걸어낸 후 우려낸 물약을 1일 3회 1티스푼(5ml)씩 복용한다. 효과적인 완화제이다.

풀리카리아 울리지노사
Batga bürelijesi
Pulicaria uliginosa

개요. 산악지대에 자라는 약용 식물이다. 투르크메니스탄에 4종이 있다.

풀리카리아 울리지노사는 국화과(합판화)에 속하는 다년초 식물이며 높이는 40~80cm. 짧고 회색의 털이 있으며 서식지는 늪, 관개, 하천이다. 줄기는 직립, 특히 그의 윗 부분에 가지가 많으며 잎은 심장이나 화살표 모양이며 좁은 타원형 길이가 3~8cm, 넓이는 0.5~1.0cm. 산방꽃차례로 모인 수많은 바구니는 반구형 높이는 7~8mm, 너비는 10~12mm이다. 외피는 부드럽고 수많은 선형 잎이 많다. 꽃받기는 유공성이며 혀모양의 꽃은 좁으며 길이가 4~5mm. 통모양 꽃부리는 길이가 3mm의 외피와 거의 같다. 관모는 2열: 외부열은 짧고 방막 잔모양이고 높이는 약 0.1mm; 내부열은 길이 3mm까지의 수많은 뻣뻣한 털(200개 까지)이 있다. 수과는 높이가 0.8mm 너비가 0.3mm의 위로 향한 털이 있다.

식물특징. 해발 400~2800m에서 주로 습지가 있는 곳 강 기슭, 관개수로에서 자란다. 개화기와 결실기는 6~10월이다. 씨로 번식한다.

분포 · 산지. 서남부 코페트다그: 투틀리, 코이네케시르, 규옌, 유완칼라, 카라가츠, 마흐툼칼리, 숨바르, 아르파클렌, 코쉬쩨미르, 이올데레, 차칸칼라, 시흐배대르; 중앙코페트다그: 카라알치, 사림사클리, 메르게놀렌, 게르마브, 세키샬, 아르차빌, 곡데레; 동부 코페트다그: 세를로크, 샤믈리, 히웨아바트, 아르친얀; 바드희세: 세르헤타바트; 코이텐다게.

자연자원. 우리나라에서 희귀한 식물이 아니다. 약용원료 보유량은 충분하다. 매년 채취량은 약 15~20톤으로 추정된다.

약용자원. 약용원료로 잎과 꽃을 채취한다. 원료 채집은 개화기(6~7월), 건조, 장만은 일반적인 방법에 의해 공기가 잘 통하는 장소에서 한다. 잎으로 된 완성된 원료는 헝겁 자루에 꽃 원료는 종이 자루나 상자에 보관한다. 직선 해빛이 안 들어오는 건조한 어두운 곳에서 보관한다. 보관 기간은 1~2년이다.

화학성분. 식물의 지하 부분은 합성아테틸렌 화합물 트리데카지옌-1,11-테트라인-3,5,7,9, 트리데카펜타인-3,5,7,9,11-온-2, 트리데쨴-1- 펜타인-3,5,7,9,11. 식물의 지상 부분은 - 탄수화물 4.5%, 유기산 2.4%, 정유 0.24%, 알칼로이드 0.1%, 타닌 5.1%, 쿠마린 0.94%, 플라보니드 1.3%, 비타민 C.

효능. 민간요법에선 잎과 꽃은 이질에, 수렴제, 완화제, 살충제로 사용한다. 그러나 독성 식물이기 때문에 악용하면 안 된다. 장식용 식물이다.

용법용량: 잘게 썬 꽃 2개의 티스푼(10g)에 끓은 물 2컵(400ml)을 부어 에나멜 용기에 부어 약한 불에 5~10분 끓인다. 걸러낸 후 탕약 1일 3회 식전 1티스푼(5ml)씩 복용한다.

말린 잘게 썬 잎에 끓은 물을 부어 보온병에 넣고 20분 우려낸다. 걸러낸 탕약 식전 1티스푼(5ml)씩 1일 3회 복용한다. 말린 꽃 1티스푼(5g)에 끓는 물 1컵(200ml)을 부어 1시간 우린다. 걸러낸 다린 약 1일 2- 3회 1큰스푼(15ml)씩 복용한다.

풀리카리아 불가리스
Adaty bürelije
Pulicaria vulgaris

개요. 평지에 자라는 약용식물이다. 풀리카리아 불가리스는 높이 20~40cm, 국화과에 속하는 한해살풀이다. 식물은 회색이며 부드러운 솜펠트가 있다. 줄기는 곧개 서고 맨 밑으로부터 가지가 벌어지며 약간 고랑이 있으며 부드러운 짧은 털러 덥혔다. 잎은 타원형이며 짧고 뾰족하며 부드러운 양날잎, 약간 톱니바퀴, 파도 모양. 길이 1~2cm, 폭이 4~6mm. 밑에 있는 잎들은 좁아지며 나머지 잎들은 앉아있다.

많은 반구형 바구니들은 높이 56mm, 넓이 7~10mm 원추 꽃차례를 구성하여 가지들의 끝에 달려 있다. 꽃받침 잎들은 기와 모양. 3~4열로 배열됐으며 선형-피치형이며 뾰족하고 가장자리 끝에는 눈섭 모양이다. 외부열 잎들은 길이가 약 2mm 이며 내부열은 길이가 3~4mm 넓이가 0.2mm 가장자리는 박막형이다. 혀모양 꽃은 노란색 길이가 2.5mm 거의 꽃받침과 같다. 혀는 둥글며, 1x1mm, 1.5mm 길이의 원통, 관모(강모)-2mm, 암술대-2.2mm. 통모양 꽃부리는 양성이며 길이는 2.5~3.0mm. 수과는 갈색으로 길이는 1.0mm까지 폭은 0.3mm 넓은 피침형 모양 털이 있으며 관모의 길이는 2.0~2.5mm.

식물특징. 산록지대 평원에서 해발 400~800m에서 주로 산악 강기슭에서 자란다. 개화기와 절실기는 7~10월이다. 씨로 번식한다.

분포 · 산지. 프리코페드다그 오아시스: 케시, 바기르, 악데페.

자연자원. 풀리카리아 불가리스는 우리 나라에서 희귀한 식물이다. 약용원료 보유량은 많지 않다. 재배를 권한다.

약용자원. 약용으로 잎을 채집한다. 채취는 개화기(7~8월)에 건조 작업은 공기가 잘 통하는 차양 밑에서 말린다. 생약은 헝겁이나 종이 자루에 포장한다. 직선 광선이 안 들어오는 어두운 곳에서 보관한다. 보관 기간은 1~2년이다.

화학성분. 뿌리는 정유; 폴리아테틸렌 화합물: 트리데카디옌-1,11-테트라인-3,5,7,9, 트리데첸-1-펜타인-3,5,7,9,11를 함유. 지상 부분은 탄수화물 7.3%; 유기산 12.4%; 정유 0.3%; 알칼로이드 0.1%; 플라보니드 2%; 비타민 C. 잎은 정유; 모노테르페노이드: 코스멘; 폴리아테틸렌 화합물: 4100-피그멘트(색소)(트리데첸-1-펜타인-3,5,7,9,11). 꽃차례는 알칼로이드, 씨는 정유 함유.

효능. 민간요법에서 잎을 결핵, 이질에 그리고 이뇨제로 사용함. 탕약은 아이들을 위한 강화제로 쓰인다. 침출제는 완화제로 치아 통증, 치질에 사용한다. 풀은 독성이 있기에 의사의 상담이 필요.

의학에서 잎과 꽃의 살충성 작용이 입증됐다. 장식용 및 양봉 식물이다.

용법용량:

잘게 썬 마른 풀 1큰스푼(15g)에 뜨거운 물 1컵(200ml를 부어 에나멜 용기에 부어 약한 불에 5분 끓인다. 걸러낸 다음 탕약을 어린이 목욕에 쓰인다. 잘게 썬 풀 1큰스푼(15g)에 끓는 물 1컵(200ml)를 부어 4시간 우린다. 걸러낸 침출제를 1일 3~4회 1큰스푼(15ml)씩 복용하며 관장을 한다.

풀리카리아 그나팔로데스
Köpetdag bürelijesi
Pulicaria gnaphalodes

개요. 산기슭에서 자라는 식물이다. 풀리카리아 그나팔로데스는 키가 20~40(50)cm인 국화과에 속하는 한해살 풀이다. 지면에서부터 가지가 무성하게 뻗치며 구상 모양이다. 줄기는 무성한 흰색 털이 덥혀있다. 잎은 길죽한 삽모양이며 뭉턱하고 줄기를 둘러싼 길이가 1.0~1cm 폭이 3~4mm. 잎 가장자리는 파도-곱슬 모양이다. 잎의 윗 표면은 울퉁불퉁하며 이면은 입맥이 툭 튀어나온다. 땅위 줄기에 달린 잎은 길이가 5~7mm 폭은 2~3mm. 꽃의 새싹 끝잎은 작으며 길이는 2mm까지 폭은 0.5mm.

꽃자루는 짧은 오랜지-노란색 머리털로 무성하게 쌓였다. 수백개의 두상 꽃차례가 하나씩 많이 분기한 정점 싹에 앉아 있다. 열매의 총포는 높이가 4~5mm, 폭이 7~8mm 잎들은 길고 흰색의 헝크러진 머리털로 무성하게 덮혔다. 총포는 3~4열로 외부 잎들은 길이가 2.0mm 넓이는 0.5mm, 중심 내부 잎들은 길이가 4.0mm까지 넓이가 0.5mm. 혀모양 꽃들은 거의 보이지 않으며 많지 않고 2.0-2.5mm 길이의 꽃부리 1.5mm의 혀, 1mm의 관이 있다. 디스크의 통모양 꽃은 양성이며 꽃부리는 길이가 3~4mm 관모 털보다 짧거나 같다. 수과는 길이가 2.0mm 넓이는 0.5mm. 관모는 2열로 외부 강모는 짧으며 길이는 0.2~0.3mm 내부열 강모는 길이가 4mm까지 눈섭모양이다.

식물특징. 해발 400~800m, 계곡의 역암 토양에서 자란다. 개화기와 결실기는 8~11월이다. 씨로 번식한다.

분포 · 산지. 볼쇼이 발한: 데쉬클리다쉬 계곡, 카미신자, 쿨렛제; 말리 발한; 큐렌다그: 테멘다레, 트르고이, 율마쿠이, 포르쉬야만, 이스칸데르, 세르다르 남쪽; 서남 코페트다그: 마흐툼쿨리, 이올데레; 중앙 코페트다그: 노후르, 아르바즈, 타가레브, 메르게놀렌, 쿠르쿨라브, 게르마브, 아르차빌, 카란키, 곡데레, 두샤케렉다그, 쿠르투수브, 다쉬토이; 바드희제: 세르헤타바트.

자연자원. 풀리카리아 그나팔로데스는 우리 나라에서 희귀한 식물이 아니다. 약용원료 보유량은 충분하다. 매년 채집량은 15~20톤이다.

약용자원. 약용 목적으로 풀을 장만한다. 원료 채취는 개화기(8~9월)에 건조 작업은 공기가 잘 통하는 실내에서 방수포나 종이에 깔아 한다. 생약은 헝겁아나 종이 자루에 포장한다. 건조하고 직선 광선이 안 들어오는 곳에서 보관한다. 보관 기간은 1~2년이다.

화학성분. 식물의 지상 부분은 정유 0.47%; 세스크비테르페노이드: 찌스이소게라네바야산, 카지나지엔-1(10), 4-올-8α, 카지나지엔4,10(14)-올-8β, 무우우로라디엔-4,10(14)-올-8β, 카지나지엔4,10(14)-올-8α, 무우우로라디엔-4,10(14)-올-8α, α-코파예놀-8α, 1,8-옥시도카디넨-4, 10-에피-1,8-옥시도카디넨-4, 찌스-γ-쿠르쿠메놀-12, 찌스-γ-쿠르쿠메놀-12 정유, 메틸정유2-(이소부티리록시)티몰, β-셀리녜놀-2α(야타몰 A); 플라보니드: 크웨르쩨찐, 크웨르쩨찐 3-메틸 정유, 6,7-디메틸정유, 3,6,7-트리메틸정유, 3,6,3'-트리메틸정유, 크웨르쩨타게틴의 3,6,7, 3' 테트라메틸정유, 에리오직티올, 에리오직티올 7-메틸정유, 알리파트산; 디테르페노이드: 쌀빈, 쌀비닌; 탄수화물 6.3%; 유기산 3.7%; 알칼로이드 0.07%; 비타민 C; 타닌 5%.

효능. 민간요법에선 탕약, 탕액, 연고를 항생제, 이뇨제, 상처 치료제로 사용한다.

투르크메니스탄의 민간요법에서 이 식물을 살충제, 살균제로 사용한다. 장식용 및 양봉 식물이다.

용법용량:

잘게 썬 말린 풀 1큰스푼(15g)에 뜨거운 물 1컵(200ml)을 부어 에나멜 용기에 담아 약한 불에 5분 정도 끓인다. 걸러낸 약탕을 몸의 상처가 있는 자리에 1일 2회(아침, 저녁) 바른다.

잘게 썬 풀 1큰스푼(15g)에 뜨거운 물 1컵(200ml)을 부어 4시간 우린다. 걸러낸 다음 탕액을 1일 3~4회 1큰스푼씩 복용한다. 말린 풀 1티스푼(5g)에 뜨거운 알콜 1컵(200ml)을 부어 유리병에 넣고 어두운 곳에서 10~15일 우려낸다. 정기적으로 흔들어줘야 한다. 걸러낸 다음 탕액을 1일 3회 1티스푼(5ml)씩 복용한다.

가루상태로 만든 풀 1큰스푼(15g)을 약타기름 100g과 썩어 유리병에 넣고 10일 동안 어두운 곳에 둔다. 정기적으로 휘어준다. 연고는 상처가 난 피부에 1일 2회(아침, 저녁) 바른다.

서양가시엉겅퀴
Adaty galgan
Cirsium vulgare

개요. 약용 잡초이다. 전세계에 200종이 있는데 투르크메니스탄에는 8종이 있다.

서양가시엉겅퀴는 높이가 60~80cm로 국화과에 속하는 여러해살이풀이다. 무성히 잎이 달린 줄기는 윗부분에 고랑이 있으며 길죽한 가시 날개 모양. 엽신은 우상 갈라졌으며 윤곽이 길죽한 선형이며 잎의 윗면은 작은 가시 강모가 있고 잎의 하부면은 2~3번 갈라진 달걀 모양이다. 근생엽과 하부 줄기 잎은 길이가 25cm까지로 우상으로 달걀-삼각형 모양이다. 줄기잎은 기부로부터 흘러 내린 날개가 뚜렷하게 있으며 날개의 톱니 끝에 예리한 황백색의 가시가 있다. 꽃은 두화로 가지 끝에 1 또는 2~4개가 피며 총포는 폭은 2.5~3.5cm이다. 수과는 길이 3.5~4㎜이며, 회백색으로 표면에 얼룩 무늬가 보인다.

식물특징. 해발 400~1200m 평원에서 자란다. 잡초이다. 개화기와 결실기는 6~9월이다. 씨로 번식한다.

분포 · 산지. 서남 코페트다그: 아이데레, 투틀리칼라, 아르파클렌; 중앙 코페트다그: 데쉬트, 카라울, 데기르멘리, 메르게놀렌, 초뿌르치나리, 아르차빌, 하냐일라, 쿠르투수브; 동부 코페트다그: 세를록; 코이텐다게; 프리코페트다그 오아시스: 바미, 베우르마, 바기르.

자연자원. 서양가시엉겅퀴는 우리 나라에서 희귀한 식물이 아니다. 약용원료는 보유량은 충분하다. 서식 지역에서 많이 자라며 매년 15톤 이상 채집한다.

약용자원. 약용 목적으로 뿌리와 풀을 채집한다. 뿌리 채취는 초봄(3월)이나 가을(9월)에 풀은 개화기(6~7월)에 하며 건조 작업은 차양밑에서 한다. 뿌리 생약은 종이 봉투나 상자에, 풀 생약은 헝겁 자루에 포장한다. 건조하고 서늘한 곳에서 보관한다. 뿌리 보관 기간은 2~3년, 풀은 1~2년이다.

화학성분. 서양가시엉겅퀴의 화학성분은 아직 충분히 연구되지 않았다. 식물에는 탄성 고무 성분이 들어 있다.

효능. 위대한 아부알리 이븐 신 의학학자는 원고 《의료학의 기본 원리》에서 본 식물은 지혈, 일반 건강 강화에 효과가 있으며 각망 작용, 위장 폐색, 만성 이질에 유리하다고 언급됐다. 잎을 달인 약은 치통, 뿌리는 폐 출혈, 씨는 근육 운동 지장에 사용한다. 민간 용법에서 뿌리를 달인 약을 창자, 신장, 간 통증 호흡기관 감염에 사용하며 경련제, 진정제, 발한제, 항염제로 쓰인다. 지상 부분의 달인 약은 아동 노이로제 위 토증에 사용한다.

투르크멘 민간요법에선 잎의 달인 약과 침출액은 혈전성 정맥염, 류머티즘, 치질, 이질, 악성 종양 잘 치료되지 않는 상처에 사용한다. 싱싱한 꽃은 입안의 냄새를 제거한다.

과학의학에서는 씨 추출물의 알코올 탕액은 산화 방지제로 알려졌다. 동양 요리를 위해 새싹과 잎을 향을 내기 위해 요리에 첨가한다.

장식용, 식물용 및 양봉 식물이다.

용법용량:

잘게 썬 뿌리 1큰스푼(15g)에 뜨거운 물 1컵(200ml)을 부어 애나멜 용기에 넣고 약한 불에 10분 끓인다. 식힌 다음 걸러낸 달인 약을 1일 3회 3큰스푼(45ml)씩 식전 복용한다.

잘게 썬 잎 1큰스푼(15g)에 뜨거운 물 1컵(200ml)을 부어 애나멜 용기에 넣고 약한 불에 5분 끓인다. 걸러낸 달인 약을 1일 3회 1/2컵(100ml)씩 식전 복용한다. 또한 외용약으로 쓰기도 한다. 말린 풀 2티스푼(10g)에 끓인 물 1컵(200ml)을 부어 40분 우려낸다. 걸러낸 탕액을 1일 3회 1/4컵(50ml)씩 식전 30분전에 복용한다.

시르시움 인카넘
Çal galgan
Cirsium incanum

개요. 산기슭 토지에서 자라는 약용 잡초다. 높이 50~100cm 국화과에 속하는 여러해살풀이다. 원뿌리는 긴 곁가지가 있으며 발달된 뿌리잎이 있다. 상승하는 줄기는 고랑이 있으며 윗부분에는 가지가 많으며 백색 거미 털이 있다. 뿌리잎은 길죽하거나 타원형 모양이며 길이는 8~10cm, 넓이는 2.5~6.0cm 새의 깃처럼 생겼으며 잎의 하부면은 흰색 펠트 윗면은 녹색, 거미줄 모양이며 잎끝모양은 뭉툭하며 기초에는 짧은 자루로 뾰족해진다. 줄기잎은 넓은 피침형이나 타원형으로 길이가 10~18(25)cm, 넓이가 2~6cm 거의 중간까지 깃털 모양. 줄기의 윗부분 잎들은 보통 전연엽이며 대폭 축소된 모양이다. 두상화서는 길이가 1.5~2.0mm 넓이가 10mm까지 줄기와 가지들의 정점에 2~4개씩 산방화서를 이룬다. 총포의 잎은 푸르스름한 진홍색 하단에는 거미줄-털이 있다. 외부 및 중간 잎은 달걀 모양이며 내부 잎은 선형-피침형이다. 꽃은 붉으스레-연보라색이며 길이는 15mm까지 달한다. 수과는 길이가 3mm. 관모는 진흙-백색이다.

식물특징. 해발 400~800m, 산악 강 따른 계곡과 노는 밭에 자라며 관개 밭에서 잡초로 자란다. 개화기와 결실기는 5~8월이다. 씨로 번식한다.

분포 · 산지. 서남부 코페트다그: 숨바르, 벰데센, 찬듸르; 중앙 코페트다그: 사림사클리, 희르스데레, 메르게놀렌, 쿠르쿨라브, 아르차빌, 고쉬스, 곡데레, 두샤케렉다그, 반놉스키; 아트렉 오아시스.

자연자원. 시르시움 인카넘은 우리나라에서 희귀한 식물이 아니다. 약용 자원이 충분하다. 매년 채취량은 약 15톤이다.

약용자원. 약용원료로 뿌리, 풀, 잎, 꽃 및 열매를 채집한다. 뿌리 채집은 초봄(3월)이나 가을(9월)에 풀, 잎, 꽃은 개화기(5~6월), 열매는 식물 성숙기(6~8월)에 채집한다. 원료는 공기가 잘 통하는 곳에서 말린다. 풀과 잎으로 된 생약은 헝겁 자루, 뿌리, 꽃, 열매로 된 생약은 종이 봉투나 상자에 포장한다. 건조한 서늘한 곳에서 보관한다. 뿌리 보관 기간은 2~3년이며 풀, 잎, 꽃은 1~2년, 열매는 3~4년이다.

화학성분. 시르시움 인카넘의 화학성분은 아직 미지의 연구 상태다. 식물의 지상 부분은 플라보노이드: 리니린, 펙토리나린(펙토리나나리게닌7-루티노시드)을 함유.

효능. 민간요법에선 황달병, 염증을 비롯한 간, 담즙분비 질환에 사용하며 뿌리는 호흡기관, 폐렴, 기관지 확장, 폐농양, 객혈에 잎은 피부 질환에 사용한다.

투르크멘 민간요법에선 풀과 꽃을 달인 약과 탕액은 담즙분비, 위염, 장염, 결핵, 기침, 신경쇠약 질환에 열매는 산부인과 질환에 사용한다.

장식용, 식용, 양봉 식물이다.

용법용량:

잘게 썬 말린 풀 1큰스푼(15g)에 끓은 물 1컵(200ml)을 부어 에나멜 용기에 넣고 약한 불에 5분 끓인다. 걸러낸 다음 달인 약을 1일 3회 식전 1/2컵(100ml)씩 복용한다.

잘게 썬 뿌리 1티스푼(5g)을 0.5l 보온병원에 1시간 담겨 둔다. 걸러낸 다음 탕약 1일 3회 식전 1큰스푼(15ml)씩 복용한다.

말린 풀 2티스푼(10g)에 끓는 물 1컵(200ml)을 부어 40분 우린다. 걸러낸 탕약을 1일 3회 식전 30분전에 1/4컵(50ml)씩 복용. 말린 잎 2큰스푼(30g)에 끓는 물 1컵(200ml)을 부어 1시간 우린다. 걸러낸 탕약을 피부의 상처에 바른다.

차에로필럼 불보섬 (산형과)
Gültagt
Chaerophyllum bulbosum

개요. 산악지대에서 자라는 약용식물이다. 전세계에 약 40종이 있는데 투르크메니스탄에는 3종이 있다.

차에로필럼 불보섬은 높이가 40~60cm로 산형과에 속하는 다년초 또는 2년초 식물이다. 구근은 지름이 1.0~1.5cm, 공모양이거나 길죽한 공모양이다. 줄기는 홀로 곧게 서고 둥글며 밑부분은 아래로 향한 2mm 길이의 흰 빳빳한 털이 뻗혔다. 뿌리잎과 하단 줄기잎은 잎자루가 길면서 점차 길죽한 피침형 엽초부(주머니)로 변하면서 일찍히 시든다. 잎자루가 짧은 중간 줄기 잎은 즉시 넓은 엽초부로 넘어가며 엽신은 3번 우상엽이다. 첫번째 자엽은 자루가 있고 두번째 자엽은 짧은 자루 아니면 무병엽, 달걀 모양의 작은 떡잎 형태로 깊게 잘렸는데 길이는 7~10mm 너비는 3~5mm. 상단 잎들은 잎이 3장씩 짧은 넓은 엽초부(주머니) 앉아 있으며 끝자엽은 달걀이나 길죽한 모양으로 길이 0.5~1.5cm 너비 2~5mm. 뭉턱하다. 정점 우산들은 미지며 측면 우산들은 길이가 같지 않은 5~7선으로 구성. 방사상으로 8~10개 꽃이 달렸다. 총포는 5개의 피침-선형, 직립 잎들이 있다. 꽃잎은 흰색이며 길이가 약 1mm. 열매는 길죽한 원통 모양이며 길이가 5mm 너비는 1.0~1.5mm. 암술대는 젖혔으며 수평으로 펴졌다. 반열매들은 5개의 두터운 늑골과 검은색 애로가 있다.

식물특징. 해발 1200~1600m에서 계곡 관목 사이에서 자생한다. 개화기는 5~6월이며 결실기는 6~7월이다. 씨로 번식한다.

분포 · 산지. 서남 및 중앙 코페트다그: 포르데레, 데쉬트, 싸이완(케세이올라 북쪽 기슭), 하티나가, 엔데믹.

자연자원. 우리 나라에서 희귀한 식물에 속한다. 약용원료 보유량은 그리 많지 않다. 재배를 권유한다. 국가에서 보호한다.

약용자원. 약용 목적으로 뿌리, 풀과 씨를 채집한다. 뿌리는 초봄(3월)이나 가을(9월)에 풀은 개화기(5~6월), 씨는 식물 성숙기(6~7월)에 채집한다. 공기가 잘 통하는 그늘 밑에서 말린다. 뿌리 및 풀 생약은 헝겁이나 종이 자루에 씨원료는 종이 상자나 유리병에 포장한다. 건조하고 어두운 서늘한 곳에서 보관한다. 뿌리, 씨 원료는 2~3년, 풀 원료는 1~2년 보관한다.

화학성분. 식물은 정유 0.44~0.48%; 비타민C; 쿠마린 0.54~1.58% 함유. 뿌리는 정유(찌스-오치멘 27.3%, 트란스-오치멘 17.6%, 리모넨 13.5%, α-피넨 12.4%, γ-테르피넨 10%, n-찌몰 8.2%). 지상 부분은 정유 0.15% 함유. 줄기는- 지방족 탄화수소: H-노나코산. 잎, 꽃-플라보니드: 크웨르쩨찐, 켐프페롤. 익은 열매-정유 (트란스-오치멘 85.2%, 찌스-오치멘 5.4%, γ-테르피넨 2.4%, β-피넨 1.8%, 테르피놀렌 0.7%, α-피넨 0.6%, 미르첸 0.5%, 리모넨 0.2%, 사비넨 0.1%, 캠퍼, Δ3-카렌, α-펠란드렌, β-펠란드렌). 익지 않은 열매: 정유 0.81%, 플라보니드: 3-크웨르찌텐 루티노시드, 7-글루코시드 및 7- 류테올인 디글루코시드; 지방유 15.2%.

효능. 민간요법에서 상처치료제, 지혈제, 건강 강화제 그리고 비타민 결핍증, 피부, 신경 질환에 사용한다.

장식용, 식용 및 양봉 식물로 쓰인다.

용법용량:

찧어서 부스러진 씨 1큰 스푼(15g)에 끓는 물 1컵(200ml)를 부어 에나멜 용기에 넣고 약한 불에 5~10분 끓인다. 걸러낸 다음 달인 약을 1일 3~4회 1티 스푼(5ml)씩 복용한다.

잘게 썬 뿌리 2큰 스푼(30g)에 끓는 물 1컵(200ml)를 부어 2시간 우려낸다. 걸러낸 탕약을 1일 3회 식전 1/3컵(75ml)씩 복용한다.

말린 풀 1큰 스푼(15g)에 끓는 물 1컵(200ml)를 부어 30분 우려낸다. 걸러낸 약탕을 1일 3회 1/2컵(100ml)씩 복용한다.

발레리아나 치오노필라
Saglygoty
Valeriana chionophila

개요. 산악지대에서 자생하는 약용식물이다. 세계적으로 200종 이상이 있는데 투르크메니스탄엔 1종만 있다.

발레리아나 치오노필라는 높이가 20~40cm 마타리과에 속하는 다년초이다. 뿌리는 구근형 배 모양이다. 줄기는 직립 나체 모양이다. 줄기 하부의 잎은 거꿀달걀 피침형이며 길이는 5~9cm, 넓이는 1.5~2.5cm. 줄기 잎은 다양하다. 길죽한 것부터 선형, 불규칙한 톱니 모양까지. 꽃차례는 길이가 2~3cm로 열매와 같이 길이가 5~10cm까지 달한다. 포엽은 선형 끝에는 뾰족하며 길이는 약 5~6cm. 꽃부리는 장미빛이며 길이는 10mm. 열매는 길이가 5~7mm 폭넓은 달걀 모양이다. 꽃받침은 15~20개의 깃꼴 털이 있으며 길이는 약 10mm.

식물특징. 해발 1200~2800m 산기슭이나 계곡의 미립성 토양에서 자란다. 개화기는 3~4월, 결실기는 5~6월이다. 뿌리 줄기(근경)로 번식한다.

분포 · 산지. 코이텐다그.

자연자원. 우리나라에서 희귀한 식물에 속한다. 약용원료는 그리 많지 않다. 국가에서 보호한다.

약용자원. 약용원료로 발레리아나 치오노필라의 뿌리, 뿌리줄기(근경), 풀을 채집한다. 뿌리와 근경은 생물학적으로 가장 많은 작용을 일으키는 가을(9월)에, 풀은 개화기(3~4월)에 채집한다. 건조 작업은 직선 광선을 피하고 공기가 잘 통하는 실내에서 한다. 땅에서 파낸 뿌리는 흙을 털고 찬물에 씻는다. 근경 원료는 종이 봉투나 상자에, 풀은 헝겁 자루에 포장한다. 건조하고 어두운 곳에서 근경은 2~3년, 풀은 1~2년 보관한다.

화학성분. 식물의 지하 부분은 왈트라트, 디기드로왈트라트를 비롯한 이리도이드를 함유. 근경과 뿌리는 저유(쥐오줌풀-보르네오 에테르, 이소쥐오줌풀산, 보르네오, 피넨, 알콜, 1-미르테놀); 알칼로이드: 발레린, 하티닌 및 기타; 글리코시드(발레로시드); 타닌; 당; 유기산: 개미산, 팔리미틴산, 스테아린산, 초산, 능금산. 지산 부분은 왈트라트, 디기드로왈트라트를 포함한 이리도이드; 페놀카르본산, 플라보노이드. 줄기, 잎, 꽃부리는 - 플라보노이드: 7-0-β-D-류테올린의 글류코시드, 아카쩨찐,아피게닌, 디오스메틴, 류테올린, 크웨르쩨찐.

효능. 발레리아나 치오노필라는 약용식물중 중요한 한 식물이다. 그의 치료 성분은 고대로부터 잘 알려졌다. 오래전 부터 《사람의 생각을 관리하며 좋은 기분을 북돋아주고 편안한 마음을 조성해 주는》약이라고 생각했다. 학명인 발레리아나(valeriana)는 라틴어 valere는 '건강하다'에서 유래한다.

중세기에 발레리아나는 동양 나라들에서 큰 인기가 있었다. 중세기 학자이며 의사인 무함메트 후세인은 고전 논문 "약보물"에서 "발레리아나는" 폐색을 제거하며 증발물을 없앤다고 했다. 말린 뿌리를 씹거나 달인 탕약을 감기, 옆구리 통증 비장 질환에 사용한다.

민간요법에서 식물은 이뇨제로 쓰이며 월경을 불러일으키며 신경을 진정시키고 심장 혈관을 확장시키며 수면을 정상화한다. 발레리아나는 해독제, 진정제 성분이 있으며 경련을 멎게 하는 효과가 있다. 발레리아나의 약탕은 조충을 없애며 또한 피로, 심장 통증, 월경 때 고혈압, 감기에 복용한다. 발레리아나를 이용하여 만든 멘톨의 용액, 발로코르미드, 바로세단을 비롯한 발로코르딘, 탕약, 알약은 신경쇠약, 정신쇠약, 심장혈관 노이로제, 협심증, 고혈압, 위장 질환에 쓰인다.

의학에서 수면 장애, 신경 흥분, 히스테리아, 편두통, 불면증에 다른 약과 함께 사용한다. 또한 중앙신경통을 진정시키며 심장 기능, 동맥 혈액순환을 개선시키며 위장 분비 기능을 강화하며 담즙 분비 성분이 있다. 발레리아나를 이용하여 제조한 침액, 발레리아나정, 방울약, 멘톨용액 등 약은 가벼운 신경질, 월경, 심장동맥 노이로제, 혈압, 소화기관 질병에 사용한다.

장식용, 양봉 식물로 쓰인다.

용법용량:

굵게 썬 말린 뿌리에 1:20대 비율로 끓은 물을 부어 에나멜 용기에 약한 불에 30분 끓인 다음 2시간 동안 우린다. 걸러낸 다음 달인 약을 1일 3~4회 1큰스푼(15ml)씩 복용한다.

잘게 썬 뿌리 1큰스푼(15g)에 더운 물 1컵(200ml)을 부어 애나멜 용기에 약한 불에 15분 끓인다. 식히고 걸러낸 다음 달인 약 1큰스푼(15ml)씩 1일 2~3회 복용한다.

유리병에 말린 뿌리 2큰스푼(10g)에 끓인 물 1컵(200ml)을 부어 애나멜 용기에 15분 끓인다. 45분 식힌다. 걸러낸다. 찌꺼기를 짜낸다. 탕액에 끓인 물 200ml까지 부어 묽게 한다. 1일 3~4회 식후 30분 2~3큰스푼(30~45ml)씩 복용한다.

잘게 썬 말린 근경 2티스푼(10g)에 찬물 1컵(200ml)을 부어 8~10시간 우려낸후 덮힌다. 탕액을 취침 30분전 복용한다. 잘게 썬 뿌리와 근경 1큰스푼(15g)에 끓인 물 1컵(200ml)을 부어 8~12시간 우려낸다. 걸러낸 다음 탕약을 1일 3~4회 1큰스푼(15ml)씩 복용한다.

잘게 썬 뿌리에 70% 알콜을 1:5비율로 부어 유리병에 넣어 1주일 어두운 곳에 둔다. 정기적으로 흔들어준다. 탕액을 1일 2~3회 20~30방울씩 복용.

발레리아나 뿌리의 매일 복용량은 4.5~9g까지 달한다.

센터우리아 앤드로스비
Androsowyň daşkekresi
Centaurea androssvii

개요. 산기슭에 자생하는 약용식물이다. 센터우리아 앤드로스비는 높이 80~100cm 국화가에 속하는 여러해살풀이다. 줄기는 직립, 가지가 많고 기부 엽액에는 약간 털이 있다. 잎은 굵고 길이가 20~40cm 줄기잎은 무병엽, 우상엽삼각형 모양이다. 줄기의 끝 부분 잎들은 다 굵으며 길죽한 타원형이며 길이가 3~5cm 너비가 8~12cm, 아래로 뻗는다. 측면 부분 잎들은 거의 다 좁으며 길죽하며 밑 부분 잎들은 자루가 있으며 약간 털이 있다. 꽃차례는 단독이며 줄기는 길다. 총포는 거의 원통형으로 길이는 25~30mm, 지름은 20.0-27.5mm 알몸이다. 외면 잎들은 반원형이며 중간 잎들은 길죽한 달걀 모양 내면 잎들은 길죽하며 뭉툭하다. 꽃부리는 누르스름하며 길이는 35~40mm 꺾여진 부분은 8~10mm, 관모는 톱날 모양이다.

식물특징. 해발 400~1200m, 북쪽측 산기슭의 미립자 및 미립자자갈 토양에서 자생한다. 개화기는 5월 결실기는 6~7월이다. 씨로 번식한다.

분포 · 산지. 중앙 코페트다그: 아쉴마(훈차 2)가 유일한 곳이다. 고유종.

자연자원. 우리 나라에서 아주 드문 식물이다. 약용원료는 충분하지 않다. 재배를 권유한다. 코페트다그 국립보호림에서 보호한다. 투르크메니스탄의 적색목록(1999, 2011년)에 기입되있다. 생물생태학적 중요성을 고려 국제자연보전연맹(1998년) 붉은 명단에 기입됐다.

약용자원. 약용원료로 입과 꽃을 채집한다. 원료는 개화기(5~6월)에 채집한다. 차양 밑에서 말린다. 완성된 잎 원료는 헝겁자루에 꽃 원료는 종이봉투나 상자에 포장한다. 직선 광선이 안 들어오는 건조한 곳에서 보관한다. 보관 기간은 1~2년이다.

화학성분. 센터우리아 앤드로스비의 성분은 잘 연구되지 않은 상태다. 식물은 알칼로이드, 플라보니드, 사포닌, 타닌 성분을 함유한다.

효능. 위대한 아부알리 이븐 신 의학학자는 원고 《의학의 기본 원리》에서 식물은 카타르, 객혈, 늑막염, 비장 질환에 치료 효과가 있으며 상처를 소독하며 월경을 불러일으키며 간 폐색을 없애며 만성 궤양과 상처를 치료한다. 또 좋은 이뇨제, 구충제로 쓰인다. 풀에서 짜낸 생즙에 꿀을 섞어 만든 분말 혼합물은 누선과 누관 염증 부위에 바른다.

민간요법에서 식물의 침액은 감기, 기관지, 통증으로 인한 해열제로, 눈 각막, 붉어진 눈 꺼풀을 씻는데 사용한다. 꽃 침액은 신장 및 방광 질환이 있을 때 이뇨제로 쓰이며, 식욕이 없을 때 소화관 불편, 위 출혈에 사용한다. 그리고 간 및 담즙관에 담즙분비제로 사용한다.

의학에서 신장 결석제, 신우염, 방광염, 요도염에 꽃이 들어있는 이뇨, 위 화합물을 사용한다. 장식용, 양봉 식물이다.

용법용량:

꽃 2큰스푼(30g), 민들레 1큰스푼(15g), 칼렌둘꽃 4큰스푼(60g), 쐐기풀 뿌리 1큰스푼(15g), 전동싸리 1티스푼(5g)으로 수집된 혼합물 1큰스푼(15g)을 1l의 보온병에 1시간 우려낸다. 탕액을 1일 4~5회 1컵(200ml)씩 복용한다.

잘게 썬 말린 꽃 1큰스푼(15g)에 끓는 물 1컵(200ml)를 부어 2시간 우린다. 걸러낸다. 탕액 1일 3~4회 1/4컵(50ml)씩 복용한다.

말린 꽃 3큰스푼(45g)에 끓인 물 1컵(200ml)을 부어 2시간 우린다. 걸러낸다. 탕액은 빨가진 누꺼풀, 눈의 다래끼를 씻는데 사용한다.

말린 꽃잎 4티스푼(20g)에 알콜 1컵(200ml)을 부어 유리병에 넣고 어두운 곳에서 10일 우려낸다. 정기적으로 흔들어준다. 탕액을 온수 1큰스푼(15ml)에 20~30방울을 타서 1일 3~4회 복용한다.

센터우리아 이베리카
Iberiýa daşkekresi
Centaurea iberica

개요. 산 기슭에 자라는 약용식물이다. 센터우리아 이베리카는 높이가 20~80cm, 국화가에 속하는 가시수레국화 한해살풀이다. 줄기는 직립, 중간에서 또는 기부에서 많이 벌려졌으며 늑골 모양, 꽃차례까지 잎이 많이 달렸다. 잎들은 녹색이며 수많은 뻣뻣한 머리털이 있다. 근생엽은 짧은 자루에 깃털 모양으로 잘라졌으며 길죽하며 피침-선형이다. 경생엽은 무병이며 깃털 모양으로 잘라졌다. 상단 잎들은 전연, 뾰족한 톱니 모양이다. 가지 끝 꽃차례는 길이가 1~5cm. 총포는 달걀 모양, 나체형 길이가 13~16mm, 너비는 10~14mm. 총포의 중간 잎들은 달걀 모양, 가시가 (10)15~30mm 손바닥 모양의 짧고 가늘한 가시. 외면 잎들은 둥글고 – 달걀 모양이며 짧은 가시가 있다. 내면 잎들은 길죽한 달걀 모양이며 길죽하고 둥글거나 넓은 타원형 작은 부속들이 달렸다. 꽃은 분홍-보라색이다. 수과는 타원형이나 길죽한-타원형이며 갈색-반점이 있으며 처음엔 약간 털이 나며 익은 이후 반들하며 길이가 3~4mm 너비가 1.2~1.5(1.7)mm이다. 관모는 흰색이며 2열로 됐으며 빳빳하다. 외부 열은 길이가 2~2.5(3)mm; 내부 열은 아주 짧다.

식물특징. 해발 400~1200m의 골짝, 산강 기슭, 산악 평지에서 자생한다. 개화기와 결실기는 5~8월이다. 씨로 번식한다.

분포 · 산지. 큐렌다그, 다나타, 테르사칸; 서남부 코페트다그: 마흐툼쿨리, 보군다르, 파르하이, 홑자칼라, 숨바라 및 찬듸라 강 골짝; 중앙 코페트다그: 데쉬트, 카라울, 노후르, 메르게놀렌, 쿠르쿨라브, 게르마브, 헤이라바드, 초판다그, 아르차빌, 곡네레, 두샤에레크다그, 반놉스키, 야블로놉스키; 동부 코페트다그: 로배르곱스키, 쿠뤼호브단, 샤믈리, 카담가, 초를로흐; 코이텐다그: 홑자필아타; 프리카스피 사막: 치키슬랴르, 우츠테켈레르, 아트렉; 아트렉 오아시스; 프리코페트다그 오아시스: 세르다르, 바하를리, 아쉬하바드, 바기르; 무르가브 오아시스: 무르가브.

자연자원. 가시수레국화는 우리나라에서 드문 식물이 아니다. 약용원료 보유량은 충분하다. 매년 원료 채집은 약 3~5톤이다.

약용자원. 약용원료로 뿌리, 잎, 열매를 채집한다. 뿌리는 초봄(3월)이나 가을(9월)에 잎은 개화기(5~6월), 열매는 식물 성숙기(7~8월)에 채집한다. 건조 작업은 공기가 잘 통하는 차양 밑에서 한다. 뿌리 원료는 종이 봉투에 잎 원료는 헝겁 자루, 열매 원료는 종이 상자에 포장한다. 건조하고 서늘한 곳에서 보관. 뿌리는 2~3년, 잎은 1~2년. 열매는 3년 보관한다.

화학성분. 식물 성분에는 티테르페노이드: 우르솔산; 스테로이드; 알칼로이드; 플라보니드: 5-기드록시-6,7,3', 4'-테트라메톡-시플라본, 아피게닌, 크웨르쩨찐, 루틴, 스쿠텔프레인, 스쿠텔라리. 식물의 상단 부분은 세스크위테르페노이드: 크니찐 0.16%; 탄성고무; 알칼로이드 0.47%. 잎은 세스크위테르페노이드 0.1%, 페놀카르본산 및 그의 화합물: 커피산 0.65%, 흘로로겐산 0.51%; 플라보노이드 0.09-0.25%.

잎과 꽃은 플라보노이드: 아피게닌, 크웨르쩨찐, 류테올린. 꽃차례-사포닌 0.8%; 타닌 1.28%, 쿠마린 42%, 플라보니드 11-0.41%; 안토찌안이 들어 있다.

효능. 민간요법에서 뿌리 탕액과 침액은 복수병, 위장 출혈에 잎의 탕액과 침액은 말라리아에 사용되며 그리고 뿌리, 잎, 열매는 이뇨제 성분이 있다.

의학에서 항염증 및 소독 성분이 발견되어 결막염, 눈 피로, 담즙 분비 장애로 인한 간, 담즙관에 사용한다. 식물의 상단 부분은 항균 성분이 있다.

식물을 이용하여 제조한 약제는 신장 및 배뇨관의 만성염증에 사용하며 신장과 심장동맥 질환으로 인한 부종에 쓰인다.

장식용, 양봉 및 사료용 식물이다.

용법용량:

센터우리아 이베리카의 말린 뿌리, 서양톱풀, 쇠뜨기 혼합물 2큰스푼(30g)에 물 0.5l를 부어 에나멜 용기에 넣고 약한 불에 액체가 300ml까지 줄어들 정도로 끓인다. 걸러낸 다음 탕액을 한시간 마다 2큰스푼(30ml)씩 복용. 지혈이 된 다음 2일 하루에 2큰스푼씩 복용한다.

Centaurea의 말린 풀 1큰스푼(15g)에 끓은 물 1컵(200ml)을 부어 유리병에 넣고 에니멜 용기에 15분 끓인다. 45분 식힌 다음 걸러낸다. 탕액에 끓은 물을 200ml까지 채운다. 따뜻한 탕액을 1일 3회 1큰스푼(15ml)씩 복용한다.

해란초, 센터우리아 이베리카의 꽃, 접골목 꽃 혼합물 4티스푼(20g)에 끓는 물 2컵(400ml)을 부어 8시간 우려낸다. 걸러낸다. 침액을 하루에 1~2방울씩 사용한다.

풀 100g에 올립유나 해바라기유 2컵(400g)을 유리병에 부어 20일 해빛이는 곳에 두고 우린다. 정기적으로 흔들어 준다. 걸러낸 다음 침액을 하루에 한번 아침 식전에 1타스푼(5ml)씩 복용한다. 심근 경색 등 심장 질환에 권유한다.

센터우리아 일지니
Ilinin̆ daşkekresi
Centaurea iljinii

개요. 산악지대에 자생하는 약용식물이다. 센터우리아 일지니는 높이가 15~25cm, 국화과에 속하는 여러해살풀이다. 식물은 회색이며 펠트는 밀착돼 있다. 기부에서 오르는 수많은 줄기들은 단순하고 고랑이 얕으며 두상꽃차례 밑부분은 좀 두꺼워진다. 잎들은 단단하며 약간 긴-타원형이며 약간 긴 피침형이며 뾰족하고 보통 가장자리가 미끈하고 드물게 밑부분에 1~2개의 톱니가 있다. 많은 근생엽들은 자루가 길다. 자루가 있는 중간 잎들은 길이가 3.0~6.5cm 너비는 0.5~1.5cm. 줄기 끝에 꽃차례들은 하나씩 달려 있다. 총포는 달걀 모양이며 약간 거미줄이 있으며 중립 크기로 길이는 15~18mm 너비가 10~15mm이다. 잎들은 가죽 같으며 두껍고 녹색-누르스름하며 아주 짧은 털이 있다. 외부 잎은 달걀 모양이며 중간 잎은 약간 긴 달걀 모양이나 약간 긴 피침형이다. 톱니모양- 뻣뻣한 부가물 눈썹들은 같으며 총포의 내부 잎들은 피침형-선형. 그들의 부가물은 막상형이며 술이 있는 눈썹이 있다.

꽃은 흙빛-노란색-분홍색이며 길이가 17~20mm이다. 수과는 약간 긴-타원형이며 압착됐으며 노르스름하며 백색-크림색이고 익으면 나체 모양이며 번쩍이며 길이가 7~8mm 너비가 3.0~3.7mm. 관모는 약간 적황색이며 2열이다. 외부열은 수과와 같으며 길이는 7~8mm, 수많은 좁은 박막이 있으며 내부 열은 박막 12개가 있다.

식물특징. 해발 1200~1600m, 약간 경사진 산기슭의 미립자 및 미립자자갈 토양에서 자생한다. 개화기와 결실기는 5~7월이다. 씨로 번식한다.

분포 · 산지. 서남부 코페트다그: 아이데레와 데쉬트 사이의 분수계; 중앙 코페트다그: 싸이완, 노후르. 고유종이다.

자연자원. 센터우리아 일지니는 우리 나라에서 희귀한 식물에 속한다. 약용 원료 보유량은 충분하지 않다. 재배를 권유한다. 순트-하사르다그스크 및 코페트다그 국립보호림에서 보호한다. 투르크매니스탄 적색목록에 기장됐다.

약용자원. 약용원료로 풀과 꽃을 채집한다. 원료는 개화기(5월)에 채집한다. 풀을 이용한 생약은 헝겁 자루에 꽃 생약은 종이 자루나 상자에 포장한다. 건조하며 직선 광선이 안 들어오는 곳에서 보관한다. 보관 기간은 1~2년이다.

화학성분. 화학성분은 잘 연구되지 않았다. 식물 성분에는 알칼로이드, 플라보니드, 사포닌이 들어 있다.

효능. 민간요법과 의학에서 탕약과 침액은 해열제, 간 및 담즙관 질환에 담즙 분비제 그리고 이뇨제로 사용한다.

장식용 및 양봉 식물이다.

용법용량:

꽃 2큰스푼(30g), 민들레 뿌리 1큰스푼(15g), 칼렌둘라 꽃 4큰스푼(60g), 쐐기풀 뿌리 1큰스푼(15g), 전동싸리 1티스푼(5g) 썩어서 만든 혼합물을 1l의 보온병에 넣고 1시간 우린다. 설탕을 넣고 맛을 맞춘다. 침액을 1일 4~5회 1컵(200ml)씩 복용한다.

말린 꽃 1큰스푼(15g)에 끓은 물 1컵(200ml)을 부어 2시간 우린다. 걸러낸다. 침액을 1일 3~4회 1/4컵(50ml)씩 복용한다.

말린 꽃잎 4티스푼(20g)과 알콜 1컵(200ml)을 유리병에 넣고 어두운 곳에서 10일 우려낸다. 정기적으로 흔들어 준다. 침액 20~30방울 더운 물 1큰스푼(15ml)에 넣고 1일 3~4회 식전에 복용한다.

센터우리아 코펫다겐시스
Köpetdag daşkekresi
Centaurea kopetdaghensis

개요. 산악지대에 자라는 약용식물이다. 높이 25~40cm, 국화과에 속하는 여러해살풀이다. 희색–녹색, 찢어진 거미줄 모양 식물이다. 줄기들은 많으며 직립 가지들이 잘 벌어지지 않았으며 늑골 모양이며 줄기 정점까지 잎이 달렸으며 두상꽃차례의 밑부분은 좀 두꺼워진다. 잎들은 단단하며 길죽한 타원형이며 피침형이고 뾰족하며 거의 다 가장자리가 미끈하고 점차 짧은 자루로 넘어간다. 중간 잎들은 자루와 함께 길이가 4~8cm 너비는 0.5~2.0(3.0)cm 상단 잎들은 무병엽이며 더 잘다. 꽃차례는 줄기와 긴 가지의 끝에 하나씩 달렸다. 총포는 약간 긴–타원형 또는 약간 긴 모양. 다만 기부에서 약간 거미줄이 있다. 총포의 잎들은 가죽 같으며 두껍고 녹색–누르스름하며 나체형이다. 외부잎들은 잘고 둥근–달걀 모양 중간 잎들은 달걀, 약간 긴 달걀 모양. 외부나 중간 잎들은 막상의이며, 삼각형, 삼각–피침형 부가물들이 총포의 잎 아래로 뻗는다. 부가물의 눈썹은 흰색 짤막한 톱니모양–뻣뻣하며 보통 중심 부분의 지름 보다 짧다. 내부 잎들은 선형이며 막이 있고 털–눈썹, 타원형이나 약간 긴 타원형 모양의 갈색, 흰색 부가물이 있다.

꽃은 황색이며 길이가 15~20mm; 가장자리는 꽃부리에 숨겨 있는 흰색 헛수술이 있으며 깊게 (5)~6(7)개로 분리됐다. 수과는 약간 긴 타원형이며 크림색 아니면 황색–크림색, 평평하며 약간 광채가 난다. 길이는 7~8mm 너비는 3.2~4.0mm이다. 관모는 흰색이며 이중열 외부열은 수과보다 짧으며 길이가 3~4mm 수많은 좁은 강모들이 있다. 내부열은 넓은 톱니–꺼칠꺼칠한 12~14개의 막상의 강모들이 있다.

식물특징. 해발 1200~1800m 산기슭의 미립자자갈 토양, 두송밭, 초원 식물 가운데서 자란다. 개화기와 결실기는 (5월)6~7월이다. 씨로 번식한다.

분포 · 산지. 서남 및 중앙 코페트다그: 마흐툼쿨리와 나아를리 사이, 하사르다그, 아르와즈, 타가레브, 고유종이다.

자연자원. 우리 나라에서 희귀한 식물에 속한다. 약용원료는 충분하지 않다. 재배를 권유한다. 순트–하사르다그스크 및 코페트다그 국립보호림에서 보호한다. 투르크메니스탄 적색목록에 기장됐다.

약용자원. 약용 목적으로 풀을 채집한다. 원료 채집은 개화기(5~6월)에 건조 작업은 공기가 잘 통하는 곳에서 한다. 생약은 헝겁 자루에 포장한다. 건조하고 직선 광선이 안 들어오는 곳에서 보관한다. 보관 기간은 1~2년이다.

화학성분. 화학 성분은 잘 연구되지 않았다. 센터우리아 코펫다겐시스 성분에는 알칼로이드, 사포닌, 플라보니드 비타민 C가 들어있다.

효능. 민간요법에서 침액은 눈 질환에 쓰인다. 감기, 열병, 염증, 소화 개선에 그리고 해열제, 진정제, 이뇨제, 담즙 분비제로 사용한다. 투르크메니야 민간용법에서 찧어서 부스러진 씨앗은 사마귀를 제거하는데 사용한다. 장식용 및 양봉 식물이다.

용법용량:

잘게 썬 말린 꽃 1티스푼(5g)에 끓는 물 1컵(200ml)을 부어 20분 우려낸다. 걸러낸다. 침액을 1일 3~4회 식전에 1/4컵(50ml)씩 복용한다.

꽃 2큰스푼(30g), 민들레 뿌리 1큰스푼(15g), 칼렌둘라 꽃 4큰스푼(60g), 쐐기풀 뿌리 1큰스푼(15g), 전동싸리 1티스푼(5g) 썩어서 만든 혼합물을 1l의 보온병에 넣고 1시간 우린다. 설탕을 넣고 맛을 맞춘다. 침액을 1일 4~5회 1컵(200ml)씩 복용한다.

해란초 4티스푼(20g), 센터우리아 코펫다겐시스꽃, 접골목 꽃을 썩어 끓은 물 2컵(400ml)을 부어 8시간 우려낸다. 걸러낸다. 침액을 하루에 여러 번 1~2방울씩 사용한다. 침액은 염증, 고름을 없애고 시력을 개선한다.

센터우리아 데프레사
Ýepbeşik daşkekre
Centaurea depressa

개요. 산악지대에서 자라는 약용식물이다. 센터우리아 데프레사는 높이가 20~40(50cm), 국화과에 속하는 한해살풀이다. 식물은 쥐색이며 빽빽한 거미줄 모양이나 펠트 모양. 줄기들은 직립이며 조금 거칠하고 기부에서 또는 중간에서 가지들이 옆으로 윗 방향으로 많이 벌어졌다. 줄기들은 단순하거나 가지들이 적게 달리거나 거칠다. 근생엽과 하단 경생엽은 전연이며 적은 옆 잎날개들이 있으며 피침형이며 잎자루가 짧고 상단 잎들은 선-피침형이며 무병엽, 약간 긴 달걀-날개 모양이다. 나머지 잎들은 무병이며 약간 길며 정점에 짧은 날카로운 끝이 있으며 보통 전연이며 중간 잎들은 길이가 2.5~6.0cm 너비가 0.5~1.2cm이다. 가지들의 끝에 두상꽃차례가 원추형이나 방패형이다. 총포는 나체형 달걀 모양이며 길이가 15~17mm 너비는 10~11mm이다. 총포 잎들은 가죽 같으며 두껍고 노란색이다. 외부잎들은 달걀 모양이며 내부 잎들은 피침형 둥그레-삼각형 부가물이 있다. 총포의 외부 및 중간 잎들의 부속물들은 중간 부분에서 검은 또는 거무스름한-갈색의 삼각형 점이 있으며 가장자리가 흰색을 띤다. 내부 잎들 부가물들은 아주 작고 갈색이다.

꽃들은 청색이나 청색-보라색이며 깊게 5~8개로 갈라진 약간 긴 달걀 또는 피침형 모양의 잎날개가 있다. 중간 꽃들은 보라색이다. 수과는 타원형-거꿀 달걀 모양이며 갈색-황록색, 길이가 5.0~5.5mm 너비 2.5~2.8mm의 반들하며 흰 긴머리송이가 있다. 관모는 이중열이며 외부열은 불그스레하며 수과보다 길며 길이가 6~7mm 수많은 좁은 강모들이 있다. 내부열은 흰색이며 20~23개의 약간 긴 주걱 모양의 2개의 잎날개로 베어진 박막으로 이루어졌다.

식물특징. 해발 800~1600m, 주로 노는 밭, 건조한 산 기슭, 골짝에서 자생한다. 개화기는 (4월)5~6월, 결실기는 6~7월. 씨로 번식한다.

분포 · 산지. 큐렌다그; 코페트다그: 아이데르, 웨르흐니 숨바르, 테세타플란, 마흐툼칼라, 케세다그, 하사르다그, 훝자칼라, 순트, 찬디르; 중앙 코페트다그: 데쉬트, 사이완, 카라울, 노후르, 아르바스, 희르스데레, 데기르멘리, 술류클리, 메르게놀렌, 쿠르쿨라브, 게르마브,헤이라바드, 스톨로바야산, 아르차빌, 볼시예 및 말리예 카란키, 곡데레, 두샤케렉다그, 완놉스키, 야블로놉스키, 쿠르투수브, 아쉴마, 호브단; 받희세: 세르헤타바트, 칠두흐타르; 키스피연안 사막: 카라다쉴리, 아트렉.

자연자원. 센터우리아 데프레사는 우리나라에서 희귀한 식물이 아니다. 약용원료는 충분하다. 매년 채집량은 약 10톤에 달할 수 있다.

약용자원. 약용원료로 풀, 꽃을 채취한다. 원료 채집은 개화기(5~6월)에 건조 작업은 공기가 잘 통하는 차양 밑에서 한다. 완성된 풀 원료는 헝겁 자루 꽃 원료는 종이 상자에 포장한다. 건조하고 직선 광선이 안 들어 오는 자리에서 보관한다. 풀 및 꽃 보관 기간은 1~2년이다.

화학성분. 식물에는 탄성 고무; 알칼로이드; 스쿠텔라린, 아피게닌, 크웨르체친, 글류코시드 아피게닌 성분이 있다. 뿌리는 페놀카르본산과 그의 유도체들: 커피산 0.32%, 흘로로겐산 0.21%을 함유. 식물의 상단 부분은 세스크위테르페노이드; 타닌 물질; 사포닌 0.27%; 쿠마린 0.5%; 플라보노이드 0.27%: 스쿠텔라린, 크웨르체친, 아피게닌 함유. 잎은 플라보노이드 0.21%. 꽃은 비타민 C; 쿠마린 0.5%, 플라보노이드 0.05-0.36%: 이소크웨르치트린, 스쿠텔라레인, 스쿠텔라린, 5-β-D-글류쿠로니드 스쿠텔라라레인, 5-글류코시드 스쿠텔라레인, 7-β-D-글류쿠로니드 스쿠텔라레인, 3,7-디글류코시드 크웨르체친, 안토치안 4.8%.

효능. 민간요법에서 식물은 감기, 결막염, 안검염에 사용하며 그리고 상처 치료제, 이뇨제, 발한제, 담즙 분비제로 쓰인다. 피부 질병에는 약초를 욕조에 넣어 사용한다.

투르크메니스탄을 비롯한 중앙아시아 민간요법에서 꽃은 황달병에 담즙 분비제로 신경질환, 눈병, 수종에 사용한다. 의학에서 항생제, 이뇨제 성분이 발견됐다.

장식용 및 양봉 식물이다.

용법용량:

말린 꽃잎 1티스푼(5g)에 끓는 물 1컵(200ml)을 부어 1시간 우려낸다. 걸러낸 다음 침액을 1일 3회 식전 30분전에 1/2컵(100 ml)씩 복용한다.

꽃과 감초 뿌리 1:1 비유로 된 혼합물 1큰스푼(15g)에 끓는 물 1컵(200ml)을 부어 20분 우려낸다. 걸러낸 다음 침액을

1일 3회 1큰스푼(15ml)씩 복용한다.

건조화 2큰스푼(30g), 금진화, 제비꽃, 스웨로보이 3큰스푼(45g), 센터우리아 데프레사 1큰스푼(15g)을 섞은 혼합물 2큰스푼(30g)에 끓은 물 1리터를 보온병에 부어 밤내 우려낸다. 침액으로 1일 3~4회 얼굴을 바른다.

말린 꽃 1큰스푼(15g)에 식유 1/2컵(100ml)을 부어 우려낸다. 걸러낸다. 침액에 솜 탐폰을 적신 후 15~20분 동안 눈썹위에 놓는다.

말린 꽃잎 4티스푼(20g)에 알콜 1컵(200ml)을 부어 유리병에 넣고 마개를 닫은 후 어두운 곳에 10일 우린다. 정기적으로 흔든다. 침액을 1일 3~4회 식전에 온수 1큰스푼(15ml)에 20~30방울을 타서 복용한다.

센터우리아 솔스티셜리스
Şöhleli daşkekre
Centaurea solstitialis

개요. 산악지대에서 자라는 약용식물이다. 센터우리아 솔스티셜리스는 높이 30~100cm, 국화과에 속하는 한해살풀이다. 식물은 쥐색, 거미줄–펠트 모양. 줄기는 싱글, 직립, 대부분 중간에서 또는 그 보다 밑에서 많은 긴 가지들이 올라간다. 상단 부분은 1/3~1/2정도가 가지들이 적으며 늑골, 좁은 날개가 있는 모양이며 꽃차례까지 가지가 있다. 잎 가장자리는 짧고 뾰족한 가시로 거칠하며 잎의 전면, 후면에 희색 거미줄–펠트 모양이다. 줄기의 하단 잎들은 자루가 짧으며 리라형–잘라졌으며 톱니가 잘거나 측면 부분이 미끈한데 보통 양쪽에 2 내지 6개가 있다. 나머지 잎은 피침–선형, 뾰족하며 줄기에 따라 아래로 뻗어지는 전연엽이다. 줄기 끝 두상화는 싱글이며 그들은 많지 않다. 총포는 약간 거미줄이 있으며 달걀모양–원추형이며 길이는 13~15(18)mm 너비는 7~12(15)mm. 총포의 중간 잎들은 달걀 모양이며 탄탄하고 긴 노란색 가시(길이 12~30mm)로 연장되며 잎의 기부에 깃 모양으로 가늘한 가시(길이 2.5~4.0mm)들이 있다. 외부 잎은 대부분 가늘고 짧은 길이 4~7mm의 가시들이 있다. 내부 잎은 약간 긴 피침형 또는 길며 방막의 투명한 작은 부속물이 있다.

꽃은 노란색이다. 가장자리는 중간 것 부터 짧으며 뒤집은 부분의 좁은 피침–선형 열편이 있다. 수과는 약간 긴 타원형이나 약간 긴 거꿀달걀 모양이며 갈색이고 처음에는 흩어진 털모양이며 너체형, 반들하며 길이가 2.5mm 너비가 약 1mm, 외부열은 관모가 없고 나머지는 흰색, 이중, 뻣뻣한 관모가 있다. 외부관모는 수과 보다 두배나 길고 길이가 5mm 내부관모는 몇배나 짧다.

식물특징. 해발 400~1200m, 주로 경사진 산기슭의 미립자 및 미립자자갈 토양에서 자생한다. 개화기는 5~7월 결실기는 6~8월이다. 씨로 번식한다.

분포 · 산지. 볼쇼이 및 말리 발한; 큐렌다그: 다나타; 서남 코페트다그: 아이데르, 코이녜케씨르, 테아밀, 마흐툼쿨리, 숨바르, 훌자칼라, 순트, 이올데레, 찬드르, 차칸칼라; 중앙 코페트다그: 카라울, 노후르, 아르부스, 타가레브, 데기르멘리, 술류클리, 메르게놀렌, 쿠르쿨라브, 게르마브, 아르차빌, 긴지와르, 볼시예카란키, 곡데레, 두샤케렉다그, 완놉스키, 야블로놉스키, 쿠르투수브, 바바사브, 다기쉬, 다쉬토이, 아쉴마, 호브단; 동부 코페트다그: 로베르곱스키, 쿠뤼호브단, 세를록, 샤믈리, 악수브, 히웨아바트, 아르친얀, 카라티켄; 받희제: 세르헤타바트; 코이텐다그: 마르구쉬; 프리카스피 사막: 아트렉; 아트렉 오아시스; 프리코페트다그 오아시스: 바하를리, 게옥테페, 케시, 아쉬하바드, 바기르, 갸우르스, 카아아흐카.

자연자원. 우리나라에서 희귀한 식물이 아니다. 약용원료는 충분하다. 매년 원료 채집은 약 15~20톤이다.

약용자원. 약용 목적으로 뿌리, 잎, 꽃을 채취한다. 뿌리는 초봄(3월)이나 가을(9월), 잎과 꽃은 개화기(5~6월) 채집. 건조작업은 공기가 잘 통하는 곳에서 한다. 뿌리 및 잎 생약은 각각 종이, 헝겁 봉투에 꽃 생약은 종이 봉투나 상자에 포장한다. 뿌리는 2~3년 잎과 꽃은 1~2년 보관한다.

화학성분. 식물에는 탄수화물과 그의 유도체들: 아라비노사, 자당, 지방족 알코올; 정유; 세스크위테르페노이드: 챈타우레펜신 0.005%, 솔스티티알린, 솔스티티알린 A, 레핀, 수블류테올리드, 아크롭틸린, 야녜린, 치나로피크린, 솔스티티올리드, 에피솔스티티올리드, 스티졸리친; 티테르페노이드; 탄성고무; 말칼로이드; 비타민 C; 타닌물질; 플라보니드; 복소환식 산소함유 화합물: 5–기드록시메틸–2–푸르푸르알데기드; 지질: 정유 지방유가 들어있다. 뿌리는 폴리아체칠렌 화합물: 트리데카디엔–1,11–테트라인–3,5,7,9. 상단 부분은 탄수화물 2.1%; 세스크위테르페노이드: 스티졸리친; 트리테르페노이드; 스테로이드; 알칼로이드

0.05~0.65%; 비타민 C; 페놀카르본산; 타닌물질 1.8%; 쿠마린; 플라보노이드를 함유. 줄기와 잎은 세스크위테르페노이드: 솔스티티알린 A, 아세타트 솔스티티알린, 찌나로피크린, 데사찌틸 찌나로피크린; 트리테르페노이드: 타락사스테롤; 플라보노이드: 고모오리엔틴, 오리엔틴, 샤프토시드, 7-글류코시드 크웨르체틴, 3-글류코시드 크웨르체틴. 잎은 세스크위테르페노이드 0.6%: 솔스티티알린, 아세타트 솔스티티알린, 스카비올리드 함유. 꽃은 탄수화물 8.44%; 정유 0.2%; 알칼로이드 0.03%; 비타민 C; 타닌물질 3.34%; 플라보노이드: 오리엔틴, 고모오리엔틴, 샤프토시드, 3-글류코시드 크웨르체틴, 7-글류코시드 크웨르체틴, 스피나체틴, 악실라린, 파툴레틴 함유.

효능. 투르크메니스탄을 비롯한 중앙아시아 민간요법에서 뿌리는 수렴제, 위약, 강화제로 사용하며 꽃은 해열제로 쓰인다. 의학에서 잎과 꽃의 정유 및 아세톤 추출물의 항생균 성분을 발견. 식물은 호흡, 혈액 순환을 자극하는데 뿌리는 위액 초과분비, 꽃은 수종, 열병 그리고 식욕을 줄이기 위해 사용한다.

장식용 및 양봉 식물이다.

용법용량:

말린 꽃 1~2티스푼(5~10g)에 끓은 물 1컵(200ml)을 부어 1시간 우려낸다. 걸러낸다. 침액을 1일 3회 식전 10~15분전에 1/4컵(50ml)씩 복용.

꽃 1티스푼(5g)에 끓은 물 1컵(200ml)을 부어 우려낸다. 걸러낸다. 침액을 식전 30분전에 복용한다.

피소카울리스 노도서스
Tumargül
Physocaulis nodosus

개요. 산악지대에서 자라는 약용식물이다. 투르크메니스탄에 1종이 있다.

높이가 40~60cm 미나리과에 속하는 한해살풀이다. 줄기는 마디에서 구부러졌으며 속이 비고 마디 밑 부분은 빳빳한 털이 덮혔다. 잎들은 얇으며 윗면과 하부면은 솜털이 있다. 하단 잎은 자루가 있으며 엽신은 두번 우상형 또는 약간 긴 타원형으로 세번 잘라진다. 산형화서는 꽃자루가 짧으며 잎이 마주나며 총포가 없다. 산형화서는 두껍고 거칠한 2~3개의 방사상선이 있다. 산형화서는 총포가 있는 5-1형 꽃들이 달렸다. 꽃은 암술과 암수 두 꽃이 있다. 꽃잎은 오부에 강모로 덮였다. 열매는 길이가 9~10mm로서 약간 길며 윗 부분은 좁으며 빳빳한 털이 있다.

식물특징. 해발 800~1600m에서 골짝이나 나무와 관목이 무성한 곳에서 자생한다. 개화기는 5~6월, 결실기는 6~7월. 씨로 번식한다.

분포 · 산지. 서남 코페트다그: 마흐툼쿨리, 순트, 이올데레; 중앙 코페트다그: 데쉬트, 노후르, 볼쉬예 카란키, 곡데레, 다기쉬, 아쉴마' 동부 코페트다그: 로베르곱스키.

자연자원. 피소카울리스 노도서스는 우리나라에서 드문 초본 식물에 속한다. 약용원료로서 그리 많지 않다. 재배를 권유한다. 순트-하사르다그 및 코페트다그 국가 보호림에서 보호한다.

약용자원. 약용 목적으로 풀과 열매를 채집한다. 풀은 개화기(5~6월), 열매는 결실기(6~7월)에 채집하며 차양 밑에서 일반 방법으로 건조한다. 완성된 원료는 강하고 날카로운 냄새가 나며 쓴 맛이 있다. 풀 생약은 헝겁 자루, 열매는 조이 상자나 마개가 있는 유리병에 보관한다. 건조하고 어두운 곳에서 보관한다. 풀 보관 기간은 1~2년이며 열매는 2~3년이다.

화학성분. 식물은 정유 성분이 있다. 뿌리와 잎은 폴리아세틸렌 화합물을 함유. 열매는 플라보노이드: 3-루티노시드 크웨르체찐; 지방유 8.3%(페트로셀린산이 들어있음)를 함유한다.

효능. 민간요법에서 풀과 열매 탕약, 침액은 피부, 호흡기관, 기침 질환에 사용한다. 장식용, 식물용, 양봉 식물이다.

용법용량:

말린 풀 1큰스푼(15g)과 끓은 물 1컵(200ml)을 에나멜 용기에 부어 약한 불에 5~10분 끓인다. 걸러낸 다음 탕액을 1일 3회 식전에 1큰스푼(15ml)씩 복용한다.

잘게 썬 열매 4티스푼(20g)에 끓는 물 1컵(200ml)을 부어 20분 우려낸다. 걸러낸 다음 탕액을 1일 3~4회 1/3컵(65ml)씩 복용한다. 피부 상처에 하루 2번 발라도 된다.

흑자색 포도
Adaty üzüm
Vitis vinifera

개요. 흑자색 포도는 약용식물이다. 전세계에 약 700종이 있다. 투르크메니스탄에는 2종이 있다.

흑자색 포도는 길이 15–20m, 덩굴식물로 포도과에 속한다. 새싹은 줄기의 마디에 부풀었다. 껍질은 반들반들하고 백–갈색이다. 잎은 단순하며 어느정도 날개형이다. 새싹과 잎은 솜털 같으며 때로는 나체형이다. 낡은 잎들은 나체형이며 반들반들하고 밑에는 나체형이나 거미줄–솜털 같다.

꽃은 잘고 복합 송이는 단성이나 양성이다. 꽃잎은 캡 모양으로 떨어진다.수술은 5개다. 암술대는 하나며 짧으며 윤생 암술머리다. 열매는 즙이 많으며 검은색에서 흰색, 빨간색에 이르기까지 다양한 색갈이며 표면에 하얀 가루로 덮여 있다. 씨앗이 1~4개다. 씨앗은 두개의 늑골이 있는 배 모양이다.

식물특징. 포도의 많은 종류는 재배되고 있다. 또한 야생 포도는 계곡, 강변, 샘물 옆에서 자란다. 개화기는 4~5월, 8~9월에 열매를 맺는다. 씨로 번식하며 영양 번식한다.

분포 · 산지. 서남부 코페드다그: 아이데레, 호즐뤼, 투틀뤼, 규옌, 쿠라티, 테아밀, 카라가츠, 이올데레, 포르데레, 바흐차; 중앙 코페트다그: 말리 니야짐, 이파이데레, 사림사클리, 게르마브, 아르차빌, 곡데레; 동부 코페트다그: 켈찌치나르, 쿠뤼호브단, 쉐를록, 스테파노비츠 샘물, 바흐차.

자연자원. 흑자색 포도는 우리나라에서 희귀한 식물이 아니다. 약용원료를 위한 포도는 충분하다. 특별 동장과 밭에서 재배한다.

약용자원. 약용 목적으로 포도의 잎과 열매를 채집한다. 앞은 개화기(4~5월), 열매는 결실기(8~9월)에 채집하며 건조작업은 차양밑에서 일반적 방법에 의해 한다. 잎 원료는 헝겁자루에 열매는 종이 자루, 상자나 유리병에 포장한다. 직선 광선이 안 들어오는 건조한 곳에 보관한다. 잎은 1년 열매는 3~4년 보관한다.

화학성분. 식물에는 탄수화물: 포도당, 자당, 과당; 수분 80%; 질소 물질; 유기산: 사과산, 주석산, 구연산, 호박산, 수산; 타닌 물질; 펙친이 들어있다. 잎은 플라보나드; 타닌 물질; 홀린; 유기산을 함유. 열매는 탄수화물 20%이상 그의 유도체들: 포도당, 과당; 유기산: 주석산, 구연산, 사과산; 색소; 타닌 물질; 플라보나드: 켐프페롤, 크웨르체친 및 기타; 안토치안, 비타민 B, C, P, PP; 효소; 칼륨, 철, 인, 마그네슘 광물염; 미량원소: 망간, 코발트, 및 기타. 씨앗: 지방유; 타닌 물질.

효능. 포도의 약 성분은 옛적부터 알려졌다. 이에 대한 첫 자료는 플리니(신기원23–79년)와 콜루멜(신기원 1세기)의 고전 저술에 기입됐다. 중세기에 동양 학자들도 포도의 치료 성분에 대하여 저술했다. 아부 알리 이븐 신의 《의학의 기본 원리》에서 건포도는 창자, 신장, 방광 질환에 사용했다고 기록됐다. 아부 레이한 비루니도 《의학에서 생약학》에서 포도의 이익에 대하여 섰다.

세이트 이스마일 구르겐리는 《호레즘샤흐의 보물》 저술에 따르면 포도는 우울증, 두뇌병에 백내장 제거에 사용하며 신 포도즙은 신경질에 진정제로 사용한다.

무함메트 가이마즈 투르크멘은 《예언자의 주술사》에서 담낭 질환에 포도가 유효하며 포도즙은 구토 예방에 사용한다.

무함메트 포도는 후세인 약사는 《약 보물》에서 《포도는 영양성이 많으며 호흡 기관지, 폐의 상태를 개선하며 신장의 지방조직을 형성한다.》

민간요법에서 고혈압의 초단계, 저혈압, 기관지 천식, 페렴, 동맥경화, 치질, 수족 통풍, 만성 신장염, 신장 결석, 간 질환, 신경통에 사용한다. 또한 이뇨제, 담즙 분비제, 완화제, 가래 제거제로 쓰이며 적혈구 형성을 촉진하며 신진 대사를 강화하며 식욕을 돋아주며 혈압을 안정시키며 방사누클레이드를 제거한다. 한편 비만, 심한 심장장애, 위궤양, 당뇨에 포도는 권유하지 않는다. 또 치아를 파괴할 수 있으니 포도를 섭취한 이후 양치질해야 한다. 잎 침액은 후두염에 목구멍을 양치질한다.

투르크멘 만간용법에서 건포도를 치료하는데 널리 사용한다. 기침, 후두염, 방광 질환, 치질에 사용하며 완화제로 쓰이기도 한다. 황달과 비장 종기에 건포도를 포도식초에 우려낸 침액을 사용한다. 주물러 부드럽게 한 건포도를 지방과 썩어 종기를 삭히며 부스럼을 절개하는데 사용한다.

의학에서 포도씨는 알츠하이머병을 치료할 수 있다는 사실이 밝혀졌으며 포도씨는 노년기에 두뇌의 쇠퇴를 줄일 수 있다. 포도를 가공하여 즙, 건포도, 와인, 코냑을 만든다.

장식용, 식물용, 양봉용 및 사료용 식물이다.

용법용량:

건포도 100g에 끓은 물 1컵(200ml)을 부어 에나멜 용기에 약한 불에 10분 끓인다. 걸러낸다. 탕약은 1일 3~4회 1/3~1/2컵(75~100ml)씩 복용한다. 가래제로 기침약으로 사용한다. 말린 흰 포도 2큰스푼(30g)에 끓은 물 1컵(200ml)을 부어 에나멜 용기에 약한 불에 10~15분 끓인다. 거기에 양파즙 1큰스푼(15ml)을 첨가한다. 걸러낸다. 탕약을 1일 3~4회 1/3컵(75ml)씩 복용한다. 꿀과 함께 복용할 수 있다. 쉰 목에 사용한다. 건포도 2큰스푼(30g)에 끓는 물 1컵(200ml)을 부어 에나멜 용기에 약한 불에 10분 끓인다. 1시간 식힌다. 탕약을 1일 3회 1/3컵(75ml) 씩 복용한다.

주물러 부드럽게 한 건포도 100g에 양지방 200g을 섞어 유리병에 넣고 어두운 곳에서 10일 둔다. 정기적으로 흔들어 준다. 연고를 상처가 있는 피부에 하루에 2번 바른다.

즙은 1일 3회 식전 1시간전에 1컵(200ml)씩 복용한다. 1달-1달반 복용한다. 동맥경화에 복용한다.

3개월 포도 치료 코스는 다음과 같이 한다. 포도즙을 1일 2회 식전 1시간전에 복용한다: 3일1/4컵(50ml)씩; 5일 1/2컵(100ml)씩; 5일 3/4컵(150ml)씩; 5일 1컵(200ml)씩; 5일 1¹/₄컵(250ml)씩. 수족의 통풍에 사용한다.

1~1.5개월 치료 코스는 다음과 같이 한다. 매일 신선 포도를 200g부터 시작해 점차 1.5~2kg까지 늘려서 섭취한다. 식전 1.5~2시간전에 섭취한다.

야생 포도
Tokaý üzümi
Vitis sylvestris

개요. 산지 및 산기슭에서 자라는 약용식물이다. 야생 포도는 포도과에 속하는 덩굴성 식물로 리아나 길이가 10m까지 달한다. 잎은 길이가 6~9cm, 둥그스름한, 가로 타원형이거나 거의 콩팥 모양형, 가장자리는 거의 전연엽이나 또는 3~5 갈래로 된 손바닥 모양이다. 잎자루 결각은 대부분 넓으며 밑바닥이 뭉툭하다. 윗 결각은 길지 않으며 가장자리는 고르지 않게 뾰족한 큰 톱니가 잇다. 피복은 다양하다: 주로 잎의 밑면에 강모로 인한 거미줄 모양. 드물게 나체 모양의 잎. 잎자루는 드물게 뻣뻣한 털이 있거나 거의 나체 모양이다.

꽃은 자웅이주. 열매는 작은 씨 1~4개가 있으며 길이는 3.5~6mm 폭은 3~4mm, 달걀 모양이며 회색-붉으스름한 또는 회갈색이다. 부리는 짧으며 길이가 1mm까지이다. 폭이 넓은 씨의 합점은 둥글하며 좁은 씨의 합점은 어느 정도 타원형이다. 결실기에 송이의 길이는 15cm까지며 부숴지기 쉬우며 과경은 길이가 4~7mm, 열매는 지름이 10mm 열매는 검은 색갈로 푸르스름한 가루가 덮여 있다. 껍질은 두꺼우며 과육은 부드러우며 투명하다.

생물특징. 해발 800~1200m, 샘 및 산에서 흐르는 강 근처의 계곡에서 자생한다. 개화기는 5월이며 결실기는 8~9월이다. 씨와 영양생식으로 번식한다.

분포 · 산지. 서남 코페트다그: 규옌, 쿠라티, 아르파클렌, 이올데레; 중앙 코페트다그: 이파이.

자연자원. 우리나라에서 희귀한 식물에 속하지 않는다. 약용 원료는 충분하다. 재배를 권한다.

약용자원. 포도의 잎과 열매는 약용으로 쓰인다. 잎 채취는 개화기(5~6월), 열매는 결실기(8~9월)에 채취한다. 채취한 재료는 그늘 밑 공기가 잘 통하는 곳에서 건조시킨다. 완성된 잎 재료는 헝겊 자루, 열매 재료는 종이 상자나 두껑이 있는 유리병에 포장한다. 건조하고 직선 해 빛이 안 들어오는 곳에 보관한다. 잎의 유효 기한은 1~2년이며 열매는 4~5년이다.

화학성분. 열매는 탄수화물과 덱스트로자, 펙친을 비롯한 화합물; 주석산, 사과산, 구연산을 비롯한 유기산; 색소를 함유. 씨는 지방유를 포함하고 있다.

효능. 노인 플리니(기원 23~79년)와 콜루멜라(기원 1세기)는 포도의 약 효능에 대해 저술했다. 중세기의 의사이며 자연과학자인 무함메트 후세인은 《《약품 보물》에서 건포도는 생포도와 상당한 차이가 있다. 건포도 섭취는 신경에 강장 효과가 있다》고 기록했다. 민간요법에서 포도 열매는 콩팥, 폐, 간 질환에 쓰이며 이질, 통풍, 고혈압 치료에 이용하며 일반 강장제, 발한제로 사용한다. 침출액은 후두염, 치조농루에 사용. 그러나 당뇨, 비만, 위염 질환자들은 섭취를 제한해야 한다.

투르크멘 민간요법에선 포도 잎을 방부제, 지혈제, 항염증제, 상처 치료제로 사용한다. 과즙은 이질, 통풍, 만성변비에 사용하며 홀레스테롤, 체온, 혈압을 낮추게 한다. 향료로 하여금 덩굴, 싹눈과 잎은 고기와 다른 요리에 조미료로 이용한다.

장식용, 식료품용, 양봉, 기술용, 사료용, 물감으로 쓰인다.

용법용량:

건포도 100g에 끓은 물 1컵(200ml)을 부어 에나멜 용기에 넣고 약한 불에 10분 끓인다. 걸어낸 후 약탕 1일 3~4회 1/3~1/2컵(75~100ml)씩 가래 제거 및 기침에 복용한다.

건포도 1큰스푼(15g)에 끓는 물 1컵(200ml)을 부어 2시간 우려낸다. 걸러낸 다음 구강과 목구멍을 양치질한다.

신맛이 나는 생즙 1/2컵(100ml)에 뜨거운 진한 차 1/4컵(50ml)을 부어 거기에 설탕 4티스푼(20g)을 넣어 녹인다. 준비된 음료를 한꺼번에 마신다.

주물려 부드럽게 한 포도 100g을 양지방(200g)과 섞어서 유리병에 넣고 어두운 곳에서 10일 담가 놓는다. 정기적으로 휘저어주어야 한다. 만든 연고를 피부 상처에 하루에 2번(아침, 저녁) 바른다.

말린 잎을 가루로 만들어 1일 3회 복용한다.

포도즙을 1일 3회 식전 2컵(400ml)씩 2달 완화제로 복용하다.

세라서스 슈도프로스트라타
Köpetdag üljesi
Cerasus pseudoprostrata

개요. 산악 지대에서 자생하는 식물이다. 세라서스 슈도프로스트라타는 높이가 10~40cm 장미과에 속하는 관목이다. 키가 작고 가지가 많으며 짧은 연모가 덮인 누르스름한 어린 가지들이 있다. 1년생 어린 가지들은 누르스름한 회색이며 오랜 가지들은 회색이다. 턱잎은 잎자루 보다 길며 피침형-침형 모양이다. 잎자루는 아주 짧으며 길이가 1.5mm이다. 잎의 윗면은 짧은 털모양이며 잎의 하부면은 도란형 또는 달걀-타원형 모양이며 가장자리는 대부분 톱니가 고르지 않으며 짧은 어린 가지에 달렸으며 길이는 3.5~10mm, 폭이 2.5~7.0mm 이다.

꽃은 보통 1~2개씩 달린다. 꽃자루는 아주 짧으며 길이는 1.0~2.5mm 부드러운 털이 덮였으며 외면에는 부드러운 털이 있으며 내면의 윗부분은 털이 있으며 장미색을 띠고 있다. 꽃받침은 길이가 1~3mm, 폭이 0.8~1.25mm이며 길죽하고 삼각형-피침형 모양이며 뾰족하며 안에는 펠트가 있다. 꽃잎은 장미색이며 도란형 모양이다. 핵과는 적색, 신맛이 나며 약 8~9mm, 달걀-구상 모양이며 나체형이다. 씨는 달걀-구상 모양이다.

식물특징. 해발 400~1600m, 돌이 많은 사면과 계곡에서 자생한다. 개화기는 4~6월이며 결실기는 7~8월이다. 씨로 번식한다.

분포 · 산지. 이 식물은 볼쇼이 및 말리 발한에서 자란다. 바쉬모구르, 세키다그 산맥의 진맥과 사면, 발라지 우물 근처; 큐렌다그: 드제벨 철도역 근처, 트르고이 산, 손구다그, 이스칸데르, 세르다르; 남서 코페트다그: 테제플란, 홀자칼라; 중앙 코페트다그: 바미, 노후르, 모나만 산, 카라얄치, 아르츠만, -데기르멘데레, 에이세예크 산 동쪽 사면, 아르바즈, 켈랴타, 사림사클리, 데기르멘리, 술류클리, 미시네브, 헤이라바드, 초판다그, 야블로놉스키, 쿠르투수브, 바바자브 계곡, 다기쉬, 다쉬토이, 호브단, 나그다우; 동코페트다그.

자연자원. 우리나라에서 희귀한 식물에 속하지 않는다. 약용 원료는 충분하다. 재배를 권한다. 매년 채취량은 약 3~5톤에 달한다.

약용자원. 약용 목적으로 껍질, 잎과 열매를 채취한다. 껍질은 이른 봄(수액 유동 전) 잎은 개화기(4~6월), 열매는 결실기(7~8월) 수집한다. 건조 작업은 그늘 밑에서 공기가 잘 통하는 곳에서 한다. 껍질과 잎으로 완성된 재료는 헝겊 자루에 열매는 종이 상자 아니면 유리병에 보관한다. 건조하고 햇빛이 맞지 않는 곳에서 보관한다. 껍질 유효 기한은 2~3년, 잎은 1~2년, 열매는 3년이다.

화학성분. 껍질은 글리코시드를 비롯한 타닌 성분이 있다. 잎은 구연산, 타닌물질; 쿠마린; 아미그달린 등. 열매는 당류 15%: 포도당, 과당 및 기타; 펙틴 11%까지; 비타민 B, PP, C, 카로틴; 유기산: 구연산, 사과산; 펙틴; 카로티노이드; 광물질: 칼리염, 철염, 마그녜슘염, 구리염; 미량원소. 씨는 지방유 약 25~30%; 정유, 글리코시드 아미그달린.

효능. 동양의 위대한 학자 아부 레이한 비루니는 "생약학"에서 벚나무의 치료 효과에 대해 해명했다.

중세기 의사 무함메트 후세인은 "약품 보물"에서 "버찌는" 목마름을 달래며 구역질을 진정시키며 설사를 중지시키며 위장과 간을 증진시킨다. 말린 버찌의 증진 성분은 신선한 것보다 더 강하다". 민간요법에서 신선한 잎을 지혈제로 사용하며 과경 탕약은 수종에 과육과 즙은 기관지 질환에 항염증제. 가래 제거제로 감기에 발한제로 사용한다. 중앙아시아의 민간요법에서는 이뇨제 신장결석 질환에 이뇨제로 사용하며 설사를 멎게 한다.

의학에서 벚나무의 열매는 비타민이 부족할 때 그리고 빈혈, 중앙신경통에 사용한다.

버찌는 식물성 가치가 있다.

장식용, 식료품용, 비타민 보충, 양봉 식물이다.

용법용량:

잘게 썰어 말린 잎 2개 스푼(30g)에 끓은 물 1컵(200ml)을 부어 에나멜 용기에 담아 약한 불에 20분 끓인다. 걸러낸 다음 탕약을 1일 3~4회 식전 30분전에 1큰스푼(15ml)씩 복용한다.

과경 2 큰 스푼(30g)에 끓인 물 1컵(200ml)을 부어 에나멜 용기에 유리병을 담아 15분 끓인다. 1시간 우려낸다. 걸러낸 다음 탕약 1일 3회 1/2컵(100ml)씩 복용한다.

말린 열매 1 큰 스푼(15g)에 끓는 물(200ml)을 부어 2시간 우린다. 걸러낸 다음 탕약을 취침전에 복용한다.

즙과 과육은 1일 3회 식후 1/4컵(50ml)씩 복용한다.

잎은 잘 썰어 코피가 나올 때 사용한다. 벚나무 열매 매일 사용량은 20알까지.

세라서스 미크로카르파
Ownuk miweli ülje
Cerasus microcarpa

개요. 산악지대에 자생하는 식물이다. 세라서스 미크로카르파는 장미과에 속하는 높이 2.0~2.5m까지 달하는 관목이다. 1년생 어린 가지들은 가늘고 나체형, 갈색이며 굴절이 많다. 가지 껍질은 쥐색이다. 잎은 밝고 잎 양측이 나체 모양이며 윗면에 짧은 털이 있으며 외형은 길죽-타원형 달걀 모양이다. 짧은 가지에 달린 잎은 0.8~3.0cm, 폭은 0.5~1.8cm이다. 긴 가지에는 잎 길이 5.5cm까지 폭은 4.5cm이다. 잎자루는 엽신보다 2.5~3배 짧으며 나체 모양이나 짧은 털이 덮여 있다. 턱잎은 선형-송곳, 깃털이 있으며 베낸 모양이다. 꽃은 잎이 퍼지거나 동시에 핀다.

꽃봉오리는 2개씩 있으며 꽃자루는 길이가 3~10mm이며 짧은 털이 드물게 덮여 있다. 꽃받침은 벌려 있으며 길이는 1.5~2.0mm이다. 꽃잎은 길이가 4~6mm이며 잎의 하부면은 연보라-장미색이며 윗면은 흰색, 장미빛 또는 파리한-장미색이다. 암술대는 나체 모양. 씨방은 녹색이며 나체 모양이다. 수술은 높이가 다르며 흰색이며 나체 모양이다. 꽃부리는 지름이 1.0~1.2cm. 열매는 타원형이며 길이는 6.5~8.0mm 지름이 5~6mm이며 달콤하고 점착하다. 핵은 길죽-타원형이며 뾰족하며 반들하다.

식물특징. 해발 400~1200m 계곡이나 돌이 많은 사면에서 자란다. 개화기는 3~4월, 결실기는 6~7월이다. 씨로 번식한다.

분포 · 산지. 볼쇼이 발한: 바쉬모구르 샘 근처, 다쉴레데레; 말리 발한; 큐렌다그: 다나타 계곡, 드지기르데클리, 손구다그, 베레케트역 근처, 이스칸데르, 젤료나야 돌리나, 세르다르와 카뮈쉴리; 서남 코페트다그: 투틀뤼빌, 유완칼라, 마흐툼쿨리 남쪽, 숨바르강, 순트 산, 이올데레계곡; 중앙 코페트다그: 노후르, 카라얄치, 아르와즈, 켈랴타, 사림사클리, 데기르멘리, 술류클리, 미시녜브, 메르개놀렌, 쿠르쿨라브, 게르마브, 헤이라바드, 산다클리 계곡, 카란키, 두샤켁다그, 완놉스키, 야블로놉스키, 쿠르투수브, 바바자브 계곡, 다기쉬, 다쉬토이, 아쉴마, 호브단; 동코페트다그: 켈테치나르 계곡, 세를록, 샤믈리, 훌자 계곡.

자연자원. 작은 열매 벚나무는 우리 나라에서 희귀한 식물에 속하지 않는다. 약용 목적으로 쓰기 위한 원료는 충분하다. 재배를 권한다. 연간 채취량은 10~15톤 이상이다.

약용자원. 약용 목적으로 껍질과 열매를 수집한다. 껍질은 수액 유동전에 열매는 성숙기 6~7월에 채취한다. 건조 작업은 그늘 밑에서 공기가 잘 통하는 곳에서 한다. 완성된 껍질은 헝겁 자루에 열매는 종이 상자나 유리병에 포장. 건조하고 햇빛이 안 들어오는 곳에서 보관한다. 껍질과 열매 원료의 유효 기간은 2~3년이다.

화학성분. 식물은 쿠마린, 플라보노이드, 탄수화물 및 그들의 유도체로 구성. 열매는 펙친, 유기산: 구연산, 사과산, 타닌물질, 비타민 C, PP, B 및 카로틴, 미량원소, 당류를 함유한다. 씨는 지방유를 함유.

효능. 민간요법에선 열매를 만성 변비에 완화제로 또는 가래 제거제, 혈당 강하제, 소독약으로 사용한다. 과경은 이뇨제, 지혈제로, 잎과 가지는 진정제로 즙과 과육은 곤절염과 늑막염에 사용한다.

의학에서 이 식물의 강장, 항염, 가래 제거, 지혈, 이뇨, 상처 치료 효과를 밝혀냈다.

벚나무는 풍부한 비타민 공급원이며 식료품으로 가치가 있다.

장식용, 식료품용, 비타민 공급용, 양봉용 식물이다.

용법용량:

말린 열매 2큰 스푼(30g)에 끓은 물 1컵(200ml)을 부어 에나멜 용기에 담아 작은 불에 15분 끓인다. 걸러낸 다음 탕1일 3회 1큰 스푼(15ml)씩 복용.

과경 1티 스푼(5g)에 끓는 물 1컵(200ml)을 부어 30분 담가 놓는다. 걸러낸 다음 탕을 1일 3회 식전 2큰 스푼(30 ml)씩 복용.

말린 열매 1큰 스푼(15g)에 끓는 물 1컵(200ml)을 부어 복용한다. 2시간 담가 놓는다. 걸러낸 다음 취침전에 복용.

즙과 과육은 1일 3회 식후 1/4컵(50ml)씩 복용한다.

매일 열매 섭취량은 20개까지.

부플레럼 제라르디
Žeraryň jigergüli
Bupleurum gerardii

개요. 산악 지대 식물이다. 부플레럼 제라르디는 높이가 20~40cm 미나리과에 속하는 1년초 식물이다. 단독 줄기는 밑 부분 또는 중간 부분부터 회청색이며 가지가 처졌다. 잎은 선형이나 선형-피침형이다. 밑부분 잎은 짧은 잎자루에 달렸으며 나머지는 더 굵은 무병엽이다. 겹산형화서는 꽃자루가 길며 5 내지 10개의 얇으며 약간 갈라진다. 총포 조각은 2~5 갈래로 갈라지고 거의 송곳 모양이며 4~8개의 꽃이 달린다. 꽃잎은 작으며 녹색-보라색이며 또는 붉은 색이다. 열매는 달걀형이나 타원형이며 검은색으로 길이가 2.0~2.5mm이다.

식물특징. 해발 400~1600m, 관목 사이 풀숲에서 자생한다. 개화기는 5~6월이며 결실기는 6~7월이다. 씨로 번식한다.

분포 · 산지. 큐렌다그: 드젤리라; 서남 코페트다그: 마흐툼쿨리; 중앙 코페트다그: 곡데레; 동코페트다그: 아르친얀.

자연자원. 제라르 시호는 우리나라에서 희귀한 식물에 속한다. 약용식물 보유량은 적다. 재배를 권유한다. 국가에서 보호한다.

약용자원. 약용 목적으로 시호의 풀을 채취한다. 개화기(5~6월)에 풀을 채취한다. 그늘 밑에서 공기가 잘 통하는 곳에서 건조한다. 완성된 재료는 헝겁 자루에 포장한다. 건조하고 어두운 곳에서 보관한다. 유효 기한은 1~2년이다.

화학성분. 식물은 플라보노이드: 크웨르체틴, 이소람네틴, 루틴, 3-루티노시드 이소람네틴을 포함하고 있다. 식물 뿌리는 펜타데카데인-2,9-디인-4,6-알리-1, 겝타데카디엔-8,10-디인-4,6-올-1, 겝타데카트리엔-2,8,10-디인-4,6-올-1을 비롯한 폴리아세티텔 화합물을 함유. 식물의 지상 부분은 사포닌, 펜타데카트리엔-2,8,10-디인-4,6-일-1-아세타트, 겝타데카트리엔-2,8,10-디인-4,6-일-1-이세타트를 포함한다.

효능. 민간요법에선 풀 우려낸 즙과 탕액을 간, 담낭, 산부인과 및 피부 질환에 사용한다.

투르크멘 민간요법에서 풀을 담즙, 신경 질환에 이용한다.

장식용, 양봉용 식물이다.

용법용량:

말린 풀 1큰 스푼(15g)에 끓은 물 1컵(200ml)을 부어 에나멜 용기에 담아 약한 불로 5~6분 끓인다. 걸러낸 다음 우려낸 즙을 1일 3회 식전 1/2컵(100ml)씩 복용한다.

잘게 썬 풀 1큰 스푼(15g)에 끓은 물 1컵(200ml)을 부어 30분 우려낸다. 걸러낸 다음 탕약을 1일 3회 식전 20~30분전에 1/2컵(100ml)씩 복용한다.

부플레럼 세미콤포시텀
Gögümtil jigergül
Bupleurum semicompositum

개요. 사막평야에서 자라는 약용 식물이다. 높이가 10~20cm에 달하는 미나리과에 속하는 1년생 식물이다. 줄기는 식물의 다른 부분과 마찬가지로 회청색이며 기부에서 가지가 두 갈래로 갈라진다. 잎은 선형, 드물게 피침형-선형 뾰족하며 잎의 하부면에 3~5개의 평행의 엽맥이 있다. 밑부분의 잎은 잎자루가 짧으며 윗부분은 정착된 모양이다.

산형 꽃차례는 자루가 짧으며 측면은 무병엽이며 갈래가 적게 벌어진다. 총포는 피침-선형, 3개의 엽맥이 있는 긴 잎으로 구성. 작은 산형화는 3~5개의 꽃이 있으며 선형 또는 폭넓은 피침형 꽃잎으로 구성된 총포 조각으로 구성. 꽃은 자루가 짧다. 꽃잎은 길이가 0.5mm이며 외부에 노란색 또는 붉은 돌기들로 덮여 있다. 열매는 달걀 모양으로 길이가 1.5mm까지다.

식물특징. 카스피연안 사막, 점토 및 점토 쇄석토지의 평야에서 자란다. 5월에 꽃이 피며 6월에 열매가 맺는다.

분포 · 산지. 카스피해 연안 사막: 치키쉴랴르, 차트, 큐이키, 켈테게이, 세퀴르, 쿨투란, 부그다일리, 이트레크.

자연자원. 부플레럼 세미콤포시텀은 우리나라에서 드문 풀 식물에 속한다. 약용 원료 보유량은 적다. 재배를 권유한다. 국가 하자르스크 보호림에서 보호한다.

약용자원. 약용 목적으로 풀과 잎을 채취한다. 채취는 개화기(5월)에 하며 건조 작업은 그늘 밑에서 공기가 잘 통하는 곳에서 한다. 완성된 재료는 헝겁 자루에 포장한다. 건조하고 어두운 곳에서 보관한다. 유효 기한은 1~2년이다.

화학성분. 줄기와 잎은 3-글류코시드와 3-루티노시드 크웨르체틴, 3-글류코시드와 3-루치노시 이조람네틴을 비롯한 플라보노이드를 함유.

효능. 민간요법에서 잎의 우려낸 즙과 탕액은 기관지염, 천식, 간 및 당남 질환에 사용한다.

투르크메니스탄을 비롯한 중앙아시아의 민간요법에선 피부의 곪은 종기. 상처에 고약으로 붙인다. 장식용, 양봉용 식물이다.

용법용량:

말린 풀이나 잎 1큰 스푼(15g)에 끓은 물 1컵(200ml)을 부어 에나멜 용기에 담아 작은 불에 5~6분 끓인다. 걸러낸 다음 탕액을 1일 3회 식전 1/2컵(100ml)씩 복용한다.

잘게 썬 풀이나 잎 2큰 스푼(30g)을 0,5리터의 보온병에 30분 담가 놓는다. 걸러낸다. 탕액을 1일 3회 식전 1/2컵(100ml)씩 복용한다.

리토스페르뭄 오피시날레
Ýylançöp
Lithospermum officinale

개요. 산악 지대에 자라는 약용 식물이다. 투르크메니스탄에는 2종이 있다.

리토스페르뭄 오피시날레는 높이가 20~50cm 지치과에 속하는 여러해살 풀이다. 원줄기는 곧게 서고 튼튼하며 꼭대게서 보통 가지들이 갈라진다. 잎은 정착되 잇으며 넓은 피침형이며 뾰족하고 전연 가장자리다. 밑부분 잎은 거의 타원형이고 꽃이 필 무렵에 보통 시든다. 줄기의 중간 윗부분 잎들은 피침형이나 길죽한 피침형으로 길이가 3~5cm이고 폭이 8~12mm이며 하부면은 회색이다.

꽃차례는 원추-총상 꽃차례. 각개의 가지들은 길며 잎들이 달렸다. 꽃받침의 열편은 선형이며 열매에는 길죽하고 넓어진다. 꽃부리는 흰-녹색이나 노란-흰색이다. 길이는 5mm, 짧은 통모양이며 심피는 흰색, 반들하고 길죽한 달걀 모양이며 꼭대기는 좀 뾰족라고 높이는 3mm이다.

식물특징. 해발 400~1600m 계곡, 강가에서 자란다. 개화기는 4~5월, 결실기는 5~7월이다. 씨에 의하여 번식한다.

분포 · 산지. 서남 코페트다그: 아이데레, 코이네케시르, 다이나수브, 순트, 이올데레; 중앙 코페트다그: 술류클리, 아르차빌, 곡데레; 바드희제; 코이텐다게.

자연자원. 리토스페르뭄 오피시날레는 우리나라에서 희귀한 식물에 속하지 않는다. 약용 목적으로 쓰이는 보유량은 많지 않다. 재배를 권한다. 국가 순트-하사르다그 및 코페트다그 보호림에서 보호받는다.

약용자원. 약용 목적으로 풀과 열매를 채취한다. 풀은 개화기(4~5월)에 열매는 결실기(5~7월)에 장만한다. 건조 작업은 종이 위에 재료를 깔아놓고 공기가 잘 통하는 곳에서 한다. 완성된 풀 원료는 헝겁 자루, 열매 원료는 종이 상자나 유리병에 포장한다. 건조하고 직선 햇빛이 안 들어오는 곳에서 보관한다. 보관 기한은 풀-1~2년, 열매는-3~4년이다.

화학성분. 식물의 성분에는 50%까지의 광물질: 칼슘염, 규산, 리토스페르민 안료, 알란토인, 안티호르몬 물질이 들어 있다. 뿌리는 탄수화물, 페놀산, 나프토히논, 붉은 색소, 식물의 상단 부분에는 유기산 및 페놀산, 플라보노이드, 나프토히논, 비타민 C 20mg, 카로틴. 열매는 지방유를 함유. 씨는 20.76%까지의 마르는 지방유 함유하고 있다.

효능. 민간요법에서 풀을 이뇨제, 담즙 분비제 효과로 인한 방광 질환에 그리고 완화제, 진통제로 사용한다. 탕액은 바세도병과 방광에 사용.

투르크멘 민간요법에선 열매-심피를 콩팥, 방광, 담낭 결석을 제거하는데 사용한다.

잘 말린 잎을 차처럼 사용한다.

장식용, 식료품용, 안료용 식물이다.

용법용량:

말린 풀과 씨 2큰 스푼(10g)에 끓는 물(200ml)을 부어 2시간 우린다. 걸러낸 탕액을 1일 3~4회 2큰 스푼(30ml)씩 복용한다.

말린 열매 1큰 스푼(15g)을 0.5l의 보온병에 넣고 30분 우려낸다. 걸러낸 탕액을 1일 3회 식전 1/4컵(50ml)씩 복용한다.

개지치
Meýdan ýylançöpi
Lithospermum arvense

개요. 잡초 약용 식물이다. 높이가 15~30cm에 달하는 지치과에 속하는 한해살풀이다. 무성하게 뻣뻣한 머리털로 덮여 있다. 줄기는 곧게 서고 대부분 단일체이며 위에는 보통 가지가 벌려졌다. 근생엽은 자루가 있으며 짧은 주걱 모양이다. 자루의 길이는 2~5(10)mm이다. 잎몸은 길이가 10~15mm이며 폭이 2~3mm이다. 줄기 잎은 피침형이나 길죽한 선형 길이가 15~30mm, 폭이 2~4(6)mm이다. 윗부분은 잎은 무병엽이며 보다 작은 셈이다. 꽃 덩굴손은 짧으며 열매에는 아주 길며 꽃받침은 많이 벌어졌다. 포엽은 꽃받침보다 좀 길다. 꽃자루는 아주 짧으며 두껍지 않으며 이따금 원추형으로 두껍다. 꽃부리는 흰색- 황색이며 길이가 5~6mm. 심피는 직선적이며 쥐색이며 높이가 2~4mm이다.

식물특징. 오아시스, 돌이 많은 산사면에서 자란다. 개화기는 4~5월, 결실기는 5~6월이다. 씨에 의해 번식한다.

분포 · 산지. 서남 코페트다그: 순트, 이올데레; 중앙 코페트다그: 데기르멘리, 술류클리, 아르차빌, 긴디와르, 녜프타놉스키, 호브단; 받희제; 코이텐다게; 카스피해연안 사막: 투르크멘바쉬; 프리코페트다그 오아시스: 아쉬하바드.

자연자원. 개지치는 우리나라에서 희귀한 식물에 속하지 않는다. 약용 목적 원료 보유량은 충분하다. 재배를 권유한다. 매년 채취량은 4~6톤 이상일 수 있다.

약용자원. 약용 목적으로 풀과 열매를 채취한다. 풀은 개화기(4~5월)에 열매는 결실기(5~6월)에 채취한다. 건조 작업은 공기가 잘 통하는 곳에서 종이에 늘어 놓고 한다. 완성된 풀 원료는 헝겁 자루에 열매는 종이 상자나 유리병에 포장한다. 건조하고 어두운 곳에 보관한다. 유효 기간은 풀이 1~2년이며 열매는 3년이다.

화학성분. 화학성분은 잘 연구되지 않았다. 식물 성분에는 50%까지의 광물질이 들어 있는데 칼슘염과 규산이 더 많다.

효능. 민간요법에서 풀의 우려낸 즙과 탕액은 콩팥, 방광, 신장 결석 질환에 이뇨제로 사용한다. 투르크멘 민간요법에선 열매를 신장, 방광, 담낭 결석에 사용한다.

장식용, 식료품용, 안료용 식물이다.

용법용량:

잘게 썬 풀 1큰 스푼(15g)에 끓은 물 1컵(200ml)을 부어 에나멜 용기에 담아 작은 불에 5~7분 끓인다. 식힌 다음 걸러낸다. 즙을 1일 3회 식전에 1/2컵(100ml)씩 복용.

말린 풀과 씨 2티 스푼(10g)에 끓은 물 1컵(200ml)을 부어 2시간 우려낸다. 걸러낸 다음 탕액을 1일 3~4회 2큰 스푼(30ml)씩 복용.

말린 열매 1큰 스푼(15g)을 0.5l 보온병에 담아 30분 우려낸다. 걸러낸 다음 탕액을 1일 3회 식전에 1/4컵(50ml)씩 복용한다.

딥사커스 스트리고서스
Tüýli guşokara
Dipsacus strigosus

개요. 잡초 약용식물이다. 딥사커스 스트리고서스는 높이가 50~150cm에 달하는 2년생 풀이다. 줄기는 직립 뻣뻣하며 가시가 있다. 잎은 톱니가 있으며 길죽하고 뾰족하며 밑부분 잎은 전연이며 자루가 있다. 줄기 잎은 깃털- 잘라졌으며 측면으로 2~5갈래로 갈라졌다. 두상은 공 모양이며 지름이 약 3cm이다. 총포 잎은 피침 형이며 뾰족하고 두상 보다 짧다.

식물특징. 해발 400~1600m, 계곡의 관목 사이에 샘 근처에서 자란다. 개화기와 결실기는 6~7월이다. 씨에 의해 번식한다.

분포 · 산지. 서남 코페트다그: 하사르다그, 이올데레; 중앙 코페트다그: 카라얄치, 술륙클리, 곡데레, 다기쉬, 다쉬토이, 호브단.

자연자원. 산토끼꽃은 우리나라에서 희귀한 식물에 속한다. 약용으로 쓰이는 원료 보유량은 제한되어 있다. 재배를 권유한다. 국가 순트-하사르다그 및 코페트다그 보호림에서 보호한다.

약용자원. 약용 목적으로 뿌리, 풀, 잎, 꽃차례를 채취한다. 뿌리는 이른 봄(3월)이나 가을(9월)에 풀, 잎, 꽃차례는 개화기(6월)에 장만한다. 그늘 밑에서 공기가 잘 통하는 곳에서 건조한다. 완성된 뿌리와 꽃차례 원료는 종이 자루에 풀과 잎은 헝겁 자루에 포장한다. 건조하고 서늘한 곳에서 보관한다. 뿌리 보관 기간은 2~3년 풀, 잎, 꽃차례는 1~2년이다.

화학성분. 식물 성분에는 이리도이드, 알칼로이드가 들어 있다. 식물의 상단 부분은 트리테르페노이드 2.1%, 플라보노이

드:7-β-D-글류코피라노시드 류테올린.

효능. 민간요법에서 뿌리, 풀, 꽃차례 즙과 연고를 치질혹, 피부 경결, 독사가 물은 자리에 바른다.

장식용, 양봉용 식물이다.

용법용량:

잘게 썰어 말린 뿌리 2큰 스푼(30g)에 끓은 물 1컵(200ml)을 부어 에나멜 용기에 담아 작은 불에 5~10분 달인다. 식히고 걸러낸다. 즙은 세정제로 쓰인다.

말린 풀 1티 스푼(5g)에 끓는 물 1컵(200ml)을 부어 우려낸다. 걸러낸 다음 1일 3회 2큰 스푼(30ml)씩 복용한다.

콘볼불러스 퍼르시커스
Eýran peçegi
Convolvulus persicus

개요. 잡초 약용식물이다. 높이가 20~40cm에 달하며 메꽃과에 속하는 다년생 식물로서 털로 덮였다. 두꺼운 줄기는 흰색 아니면 갈색 솜털로 덮였다. 잎은 굵으며 길이가 20~50mm, 폭이 10~30mm 타원형이며 짧은 잎자루에 끝부분이 둥글며 흰 솜털로 덮였다.

익판의 꽃은 굵고 긴 자루에 달렸다. 악편은 넓적스름한 달걀 모양이며 털이 있으며 길이는 10~15mm이다. 화관은 흰색, 길이가 30~40mm 그만큼 넓으며 겉으로 5개의 세로 털이 붙은 줄이 있다. 꼬투리는 공 모양이며 나체형이다. 씨는 나체형, 검은 색이다.

식물특징. 주로 카스피 해안의 자갈이 있는 모래밭에서 자란다. 개화기와 결실기는 5~6월이다. 씨에 의해 번식한다.

분포 · 산지. 카스피해 연안 사막 지대: 카라보가스골라 부터 치키쉴랴르까지.

자연자원. 우리나라에서 희귀한 식물에 속한다. 약용원료 보유량은 충분하다. 드물게 잡초로서 볼 수 있다. 국가 하자르 보호림에서 보호한다.

약용자원. 약용 목적으로 뿌리, 풀, 꽃 및 씨를 채취한다. 뿌리는 초봄 (3월)이나 가을(9월), 풀과 꽃은 개화기(5~6월), 씨는 성숙기(6~7월)에 채취한다. 그늘 밑에서 공기가 잘 통하는 곳에서 말린다. 완성된 뿌리와 풀은 헝겁 자루에 꽃과 열매는 종이 상자에 포장한다. 건조하고 햇볕 빛이 안 들어오는 곳에서 보관한다. 뿌리와 씨의 유통 기한은 2~3년이며 풀과 꽃은 1~2년이다.

화학성분. 식물 성분에는 알칼로이드, 쿠마린, 플라보니드, 글리코시드, 사포닌, 비타민 C, E, 카로틴이 들어 있다. 근경과 식물의 다른 부분은 글리코시드, 풀은 수지가 많은 글리코시드, 비타민 E, 잎은 비타민 C, Tlsms 알칼로이드를 함유하고 있디.

효능. 식물의 약 효과는 옛날부터 알려졌다. 이에 대한 자료는 고대 그리스 사색가 노인 플리니(기원 23~79년), 찌쩨론(기원전 106~43년), 카톤(기원전 234~149년)이 저술했다.

동양의 중세기 학자인 아부 알리 이븐 신은 《치료학의 기본 원리》에서 아이, 노인들의 팽망, 우울증, 간질, 천식, 비장에 풀을 권유했다. 아부 레이한 비루니는 《의학에서 생약학》에서 풀을 일반 강하제로 권유했다. 무함메트 가이마즈 투르크멘은 《예언자의 주술사》에서 담낭제로 사용할 것을 권유했다.

민간요법에서 풀은 변비에 지혈제로 사용하며 뿌리 즙과 탕액은 불면에 또 완화제로 사용한다. 꽃 즙은 기관지염에 씨 탕액은 발한제로사용한다.

투르크멘 민간요법에선 풀과 그의 즙을 천식, 결핵 질병에 그리고 동맥경화, 열병에 사용한다.

의학에서 이뇨제, 완화제로 쓰인다.

메꽃은 독이 있는 식물이기 때문에 의사와 상담할 필요가 있다.

양봉용, 사료용 식물이다.

용법용량:

말린 뿌리 1티 스푼(5g)에 끓은 물(200ml)을 부어 에나멜 용기에 담아 작은 불에 5~10분 달인다. 식혀서 걸러낸 다음 즙을 1일 3회 1큰 스푼(15ml)씩 복용한다.

말린 풀이나 꽃 1큰 스푼(15g)에 끓은 물(200ml)을 부어 에나멜 용기에 담아 작은 불에 10~15분 달인다. 식혀서 걸러낸 다음 즙을 1일 3회 1/2컵(100ml)씩 복용한다. 효율적인 완화제이다.

가루 상태로 잘게 썬 뿌리 1티 스푼(5g)을 1l 보온병에 담아 30분 우려낸다. 걸러낸 다음 탕액을 취침전에 1/2컵(100ml)씩 복용한다.

말린 씨 1티 스푼(5g)에 끓은 물(200ml)을 부어 우려낸다. 걸러낸 다음 탕액을 1일 3회 식전에 1/2컵(100ml)씩 복용한다.

잘게 썰어서 말린 풀과 꽃 1큰 스푼(15g)에 70% 알콜 1/2컵(100ml)을 부어 유리병에 담아 어두운 곳에 10~15일간 담아 놓는다. 정기적으로 흔들어 준다. 걸러낸다. 탕약 1큰 스푼(15ml)을 물 1/2컵(100ml)을 타서 1일 3회 상처에 바른다.

콘볼불러스 하마다에
Çöl peçegi
Convolvulus hamadae

개요. 잡초 약용식물이다. 높이가 25~40cm에 달하는 메꽃과에 속하는 반관목 식물이다. 회색식물이며 털로 덮였으며 많이 분기한 기부에 잘다란 털이 붙어있는 많은 가지들이 있다. 꽃이 달린 가지들은 가시가 있다. 잎은 길죽한 선형이며 5cm 길이의 작은 털들이 붙어 있다.

꽃은 하나씩 가지의 꼭대기에 작은 꼭대기 잎들의 익판에 거의 정착된 상태다. 꽃받침은 길죽-선형이나 길죽하고 뾰족하며 많이 흰색 털로 덮였으며 길이는 3~4mm. 꽃부리는 흰색이며 가장자리는 거의 전연엽이며 길이는 약 10mm 외부에는 5개의 세로 털 줄무늬가 있다. 꼬투리는 타원-공모양이며 약 4mm이다.

식물특징. 주로 평지사막, 자갈-모래 토지에서 자란다. 개화기와 결실기는 5~7월이다. 씨에 의해 번식한다.

분포 · 산지. 서북, 자운구즈스키, 첸트랄늬, 동부, 동남 카라쿰.

자연자원. 콘볼불러스 하마다에는 우리나라에서 희귀한 식물에 속한다. 약용 목적으로 쓰이는 원료 보유량은 적다. 카플란퀴르스크, 레페텍스키, 아무다리인스키 국가 보호림에서 보호한다.

약용자원. 약용 목적으로 뿌리와 풀을 채취한다. 뿌리는 초봄(3월)이나 가을(9월)에 풀은 개화기(5~6월)에 채취한다. 그늘 밑에서 공기가 잘 통하는 곳에서 말린다. 완성된 뿌리와 풀은 헝겊 자루에 포장한다. 건조하고 직선 햇빛이 안 들어 오는 곳에서 보관한다. 뿌리의 유효 기관은 2~3년이며 풀은 1~2년이다.

화학성분. 식물의 성분에는 알칼로이드 42% 들어 있다. 뿌리는 알칼로이드 0.32~0.45%, 기그린, 쿠스크기그린, 가마진, 상단 부분은 쿠마린, 줄기와 잎은 알칼로이드 0.05~0.09%를 함유.

효능. 중세기 학자 아부 알리 이븐 신은 《치료학의 기본 원리》에서 식물은 혈관을 깨끗이 하며 간과 위 폐색을 열며 소변을 하게 하며 피가 그치게 한다. 구운 풀로 건강을 증진하며 자궁의 점액을 제거하며 씨와 즙은 만성 오한에 권유한다.

민간요법에서 주물러 부드럽게 한 신선한 풀과 말린 식물을 상처 치료제, 지혈제, 완하제, 발한제로 쓰인다.

투르크메니스탄을 비롯한 중앙아시아 민간요법에선 상처 치료제로 사용한다. 식물은 독성이 있다; 사용하기 전에 의사와 상담해야 한다.

양봉용, 사료용 식물이다.

용법용량:

말린 뿌리 1티 스푼(5g)에 끓은 물 1컵(200ml)을 부어 에나멜 용기에 부어 약한 불에 5~10분 달인다. 식힌 후 걸러낸 다음 즙을 1일 3회 1큰 스푼(15ml)씩 복용한다.

말린 풀 1큰 스푼(15g)에 끓은 물 1컵(200ml)을 부어 에나멜 용기에 부어 약한 불에 10~15분 달인다. 식힌 후 걸러낸 다음 즙을 1일 3회 1/2컵(100ml)씩 복용한다.

잘게 썬 뿌리 1티 스푼(5g)을 1l의 보온병에 담아 끓은 물에 30분 우려낸다. 걸러낸 다음 탕액을 매일 취침전 1/2컵(100ml)씩 복용한다.

콘볼불러스 서브히르수터스
Çala tüýlüje peçek
Convolvulus subhirsutus

개요. 잡초 약용식물이다. 높이가 40~70cm에 달하는 메꽃과에 속하는 다년초 식물이다. 줄기는 기부에서 직립, 가지들이 벌려졌으며 밑부분에는 가늘고 위로 향한 긴 털이 덮인 가지들이 있다. 잎은 길죽하며 자루 아래쪽으로 좁아지며 잎의 하부면은 털이 많이 덮였으며 윗면은 털이 적다. 꽃은 한 개씩 가지 끝에 짧은 꽃자루에 달렸으며 원추형으로 가지가 뻗은 꽃차례를 이룬다. 꽃받침은 피침 형이며 윗 쪽으로 뾰족하며 내부는 반대달걀 모양이며 길이는 4~5mm이다. 꽃부리는 선명한 장미색 길이가 (12)15~20mm 외부에는 세로 5개의 털 줄무늬가 있다. 꼬투리는 밝은 색이며 타원형 모양이고 나체형이며 벽 두께가 약 4~6mm이다. 씨는 타원형-공모양이며 나체형, 갈색 치수가 약 3~4mm이다.

식물특징. 해발 400~800m 그리고 해발 800~1600m의 낙차, 미립성 토양의 사면에서 자란다. 개화기는 5~6월, 결실기는 6~8월이다. 씨에 의해 번식한다.

분포 · 산지. 큐렌다그: 드젤리다, 손구다그, 추쿠르칼라; 서남 코페트다그: 마흐툼쿨리, 웨르흐니 숨바르, 홀자칼라, 코세다그, 순트, 찬드리; 중앙 코페트다그: 카라얄치, 아르바즈, 타가레브, 악수브, 데기르멘리, 술륙리, 미시녜브, 메르게놀렌, 무르세다그, 쿠르쿨라브, 게르마브, 헤이라바드, 차엑, 초판다그, 아르차빌, 하냐일라, 긴지와르, 보시캬모브, 볼시예 카란키, 바기르. 곡데레, 두샤케렉다그, 야블로놉스키, 쿠르투수브, 다기쉬, 다쉬토이, 아쉴마, 호브단; 동부 코페트다그: 쿠뤼호브단, 세를로크, 샤믈리, 바바두르마즈, 히외아바트, 아르친얀, 퀴즈간차이; 받히제: 풀리하툼, 아카르체쉬메, 세르헤타바트; 코이텐다게.

자연자원. 콘볼불러스 서브히르수터스는 우리나라에서 희귀한 식물에 속하지 않는다. 약용 목적으로 쓰이는 원료 보유량은 충분하다. 잡초처럼 많이 자란다. 연간 채취량은 약 40~50톤에 달한다.

약용자원. 약용 목적으로 뿌리, 초본, 꽃 및 씨를 장만한다. 뿌리는 초봄(3월)이나 가을(9월)에 초본과 꽃은 개화기(5~6월), 씨는 결실기(7~8월)에 채취한다. 그늘 밑에서 공기가 잘 통하는 곳에서 건조 작업을 한다. 완성된 뿌리 원료는 종이 자루에 초본은 헝겊 자루에 꽃과 씨는 종이 자루에 포장한다. 건조하고 직선 햇빛이 안 들어 오는 곳에서 보관한다. 뿌리와 씨는 2~3년, 초본과 꽃은 1~2년 보관한다.

화학성분. 식물 성분에는 알칼로이드가 들어 있다. 뿌리는 알칼로이드 2.68~4.1%, 콘월리빈 1.5%, 콘월라민 0.81%, 콘월리비친, 콘월리진, 콘폴린, 필라리빈, 숩히르신. 식물 상단 부분은 알칼로이드 0.5~2.08%: 콘월윈 1.057%, 콘월라민 0.28%, 콘월위친, 콘월위진,; 쿠마린; 플라보니드. 씨는 알칼로이드 0.52%: 콘월리윈, 콘월라민.

효능. 민간요법에서 초본 즙과 탕액은 천식, 결핵에 또한 진통제로 경련을 멎게 하는데 사용한다. 씨 탕액은 소화관 질환에 쓰인다.

투르크메니스탄을 비롯한 중앙아시아 민간요법에선 풀의 즙과 탕액은 결핵, 천식에, 상처 치료제, 진통제, 경련 치료제로 쓰이며 잎 즙과 탕액은 살충제로 사용하기도 한다.

의학에서 뿌리와 씨의 진통 효과가 밝혀졌다. 산과학에서 조산 예방을 위한 경련성의 효과를 발견.

일부 나라들에서 이 식물은 알칼로이드 및 그의 유도체를 생산하기 위한 원료로 사용한다. 알칼로이드나 그 유도체를 이용하여 만든 '트로파친'약은 파킨슨병, 불완전 마비, 중풍, 혈관 경련, 위계양, 십이장염에 효과가 있다.

《콘워카인》약품은 마취제로 사용한다.

양봉용, 사료용 식물이다.

용법용량:

말린 뿌리 1티 스푼(5g)에 끓은 물 1컵(200ml)을 부어 에나멜 용기에 부어 약한 불에 5~10분 달인다. 식힌 후 걸러낸 다음 즙을 1일 3회 1큰 스푼(15ml)씩 복용한다.

말린 풀 1큰 스푼(15g)에 끓은 물 1컵(200ml)을 부어 에나멜 용기에 부어 약한 불에 10~15분 달인다. 식힌 후 걸러낸 다음 즙을 1일 3회 1/2컵(100ml)씩 복용한다. 효과적인 완화제로 사용한다.

말린 뿌리 1큰 스푼(15g)에 끓은 물 1컵(200ml)을 부어 에나멜 용기에 부어 약한 불에 10분 달인다. 식힌 후 걸러낸 다음 즙을 1일 3~4회 식전 30분전에 1티 스푼(5ml)씩 복용한다.

말린 씨 1티 스푼(5g)에 끓은 물 1컵(200ml)을 부어 우린다. 걸러낸다. 탕액 1일 3회 식전에 1/2컵(100ml)씩 복용한다.

잘게 썰어 말린 풀과 꽃 1큰 스푼(15g)에 70% 알콜 1/2 컵(100ml)을 부어 유리병에 담아 어두운 곳에서 10~15일 우려낸다. 정기적으로 흔들어 준다. 걸러낸 다음 탕액을 잘 치료되지 않는 상처에 탕액을 끓은 물에 타서 1일 3회 바른다.

장대나물
Pergül
Turritis glabra

개요. 잡초 약용 식물이다. 투르크메니스탄에 1종만 자생한다.

장대나물은 높이가 30~80(100)cm에 십자화과에 속하는 한해살이풀이다. 직립하여 자라는 식물은 회청색을 띤 녹색이며 직립으로 자라며 밑부분에는 갈라진 털이 있으며 위에는 나체형이다.

근생엽은 약간 길며 자루가 있고 세로 홈이 있는 톱니형이다. 줄기 잎은 무병엽이고 달걀 모양이며 기부에는 심장형-화살 모양이며 전연엽이다. 꽃받침은 길이가 3~5mm이고 꽃잎은 길이가 5~8mm이다. 핵과의 길이는 40~50mm 폭이 약 1.5mm 꽃차례의 축에 붙었으며 사각형으로 납작하다. 핵과 자루는 길이가 5~15mm이며 윗쪽으로 붙어있다. 씨앗은 모가 나며 잘고 2줄로 나란하다.

식물특징. 산맥 사면에 관목 사이에서 자란다. 개화기와 결실기는 5~6월이다. 씨앗으로 번식한다.

분포 · 산지. 큐렌다그: 드제벨, 중앙 코페트다그: 초판다그; 프리코페트 오아시스: 아쉬하바드.

자연자원. 우리나라에서 희귀한 식물이 아니다. 약용 원료는 충분하다. 잡초 식물로서 분포. 연간 채취량은 10~15톤 이상에 달한다.

약용자원. 약용 목적으로 초본을 장만한다. 원료는 개화기(5월)에 채취한다. 그늘 밑에서 공기가 잘 통하는 곳에서 건조한다. 완성된 원료는 헝겊 자루에 포장. 건조하고 햇빛이 안 들어오는 곳에서 보관한다. 유효 기한은 1~2년이다.

화학성분. 화학성분은 잘 연구되지 않았다. 식물은 글리코시드 5.8%까지 함유.

효능. 민간요법에서 류머티즘, 염증, 신장 및 방광 질환에 사용한다. 양봉용 식물.

용법용량:

말린 풀 5티 스푼(25g)에 끓은 물 1~1.5컵(200~300ml)을 부어 1~2시간 우려낸다. 걸러낸다. 탕액을 1일 3~5회 1큰 스푼(15ml)씩 복용.

말린 풀 2큰 스푼(30g)에 끓은 물 1컵(200ml)을 부어 3시간 우려낸다. 탕액을 1일 4회 식후 1/4컵(50ml)씩 복용한다.

제라늄 로툰디폴리움
Tegelek ýaprakly geran
Geranium rotundifolium

개요. 산기슭에 자라는 잡초 약용식물이다. 세계에 350여 종류가 있는데 투르크메니스탄엔 9개 종류가 있다. 둥그스름한 제라늄은 높이가 20~40cm에 달하는 쥐소이풀과에 속하는 한해살이풀이다. 줄기는 퍼진 가지들이 많으며 무성하게 짧고 부드러운 털로 덮여있다. 잎은 둥그스름한-신장형 5~7열로 갈라졌으며 각 열편은 뭉턱한 톱니, 양면에는 짧으며 부드러운 털로 덮였다. 꽃받침은 길이가 3~4mm 털이 있으며 축이 짧다.

꽃잎은 꽃받침보다 길고 길이는 5~6mm까지 위에는 전연엽이며 약간 긴 장미색이다. 열매의 판막은 반들하며 털이 있으며 열매가 익으면서 부리에서 분리되면서 같이 감긴다. 씨앗의 꼬투리는 구멍이 작다.

식물특징. 산밑 평지에서 해발 1200m까지 계곡, 강 및 샘 근처, 주로 산기슭 토지에서 자란다. 개화기는 4~5월, 결실기는 5~6월이다. 씨앗으로 번식한다.

분포 · 산지. 볼쇼이 및 말리 발한; 큐렌다그: 드제벨, 카라게즈, 도이론, 이스칸데르; 서남 코페트다그: 홉자칼라, 순트, 이올데레; 중앙 코페트다그: 아르차빌, 카란키, 녜프타납스키, 곡데레, 두샤케렉다그, 쿠르투수브, 훈차, 아쉴마; 동부 코페트다그: 마늬쉬, 두샥; 코이텐다그; 프리카스피 사막: 투르크멘바쉬, 프리코페트다그 오아시스: 세르다르, 아쉬하바드.

자연자원. 제라늄 로툰디폴리움은 우리나라에서 희귀한 식물에 속하지 않는다. 약용 원료 보유량은 충분하다. 잡초로서 많이 자란다. 메년 원료 채취는 약 30~40톤에 달한다.

약용자원. 약용 목적으로 제라늄의 초본과 잎을 장만한다. 원료는 개화기(4~5월)에 채취한다.

그늘 밑에서 공기가 잘 통하는 곳에서 건조한다. 완성된 원료는 헝겊 자루에 포장. 건조하고 햇빛이 안 들어오는 곳에서 보관한다. 유효 기한은 1~2년이다.

화학성분. 식물의 성분에는 정유 1.68%, 3-루티노시도-4-글류코시드켐프페롤라를 비롯한 플라보노이드가 들어있다. 식물의 상단 부분은 사카로스, 포도당, 과당, 라피노사를 비롯한 탄수화물, 질소 화합물: γ-아미노 낙산; 타닌: 게라니인, 이소게라니인, 글류코시드 객사기드록시드록시디페노보야 및 오배자산. 잎은 플라보니드: 가수분해 크웨르쩨친, 켐프페롤.

효능. 식물의 약 효과는 옛적부터 알려졌다. 약 효과에 대한 첫 자료는 플리니 노인(기원 23~79년)이 《자연사》에서 저술했다.

중세기 동양 학자 아부 레이한 비루니는 《의학에서의 약학》에서 게라늄의 약 효과에 대하여 저술했다.

민간요법에서 풀의 즙과 탕액은 수렴제, 지혈제로 쓰인다. 풀은 목욕탕에서 아이들의 병적인 특이 체질에 사용한다. 잎 즙은 여드름 치료에 사용한다. 풀 탕액은 이질, 소장념에 사용한다. 게라늄은 또한 귀, 부신, 상처, 귀머거리 질환에 사용하며 또한 진통제, 지혈제, 방부제로 쓰인다.

투르크멘 민간요법에선 풀의 즙은 폐출혈에 사용하며 상처 고름을 씻으며 후두염 때 목구멍을 양치질한다.

장식용, 양봉용, 사료용, 안료용 식물이다.

용법용량:

잘게 썰어 말린 풀 1큰 스푼(15g)에 끓은 물 1컵(200ml)을 부어 에나멜 용기에 부어 약한 불에 20분 달인다. 식힌 후 걸러낸 다음 즙을 1일 3~4회 식전 30분전에 1큰 스푼(15ml)씩 복용한다.

말려서 부스러진 풀 1큰 스푼(15g)에 찬 물 2컵(400ml)을 부어 8시간 우려낸다. 걸러낸다. 탕액을 2시간 마다 1큰 스푼(15ml)씩 복용한다.

제라늄 디바리카텀
Ýaýrañ geran
Geranium divaricatum

개요. 산기슭에 자라는 잡초 약용식물이다. 제라늄 디바리카텀은 높이가 20~40cm에 달하는 쥐손이풀과에 속하는 한해살이풀이다. 가지가 뻗은 줄기. 잎은 기부까지 5개 사방형 열편으로 분할된 모양이며 윤곽은 5각형이다 꽃받침은 길이가 4~6mm 달걀 모양 짧은 날카로운 끝 가장자리는 뻣뻣한 털이 있다. 꽃잎은 장미색이며 길이가 6~8mm 잎 끝은 세로 큰 홍이 있으며 심장 모양이며. 열매의 판막은 길이가 3~4mm, 가로 주름이 있다. 씨앗은 반들반들하다.

식물특징. 해발 800~1600m의 산기슭 그늘진 곳에서 자란다. 개화기는 4~5월이며 결실기는 5~6월이다. 씨앗으로 번식한다.

분포 · 산지. 볼쇼이 발한: 싹의 샘, 서남 코페트다그: 마흐툼쿨리, 순트, 이올데레; 중앙 코페트다그: 노후르, 카라얄치, 아르와즈, 술류클리, 메르게놀렌, 게르마브, 산다클리 골짜기, 아르차빌, 하냐일라, 긴지와르, 카란키, 곡데레, 완놉스키, 야블로놉스키, 쿠르투수브, 바바자브, 다기쉬, 다쉬토이, 독뤼데레, 페르워마이스키, 호브단, 아쉴마; 동부 코페트다그: 로베르곱스키, 쿠뤼호브단, 세를록, 샤믈리.

자연자원. 제라늄 디바리카텀은 우리나라에서 희귀한 식물에 속하지 않는다. 약용 원료의 보유량은 충분하다. 잡초 식물이다. 매년 채취량은 20~25톤 이상이다.

약용자원. 약용 목적으로 초본을 장만한다. 원료는 개화기(4~5월)에 채취하며 그늘 밑에서 공기가 잘 통하는 곳에서 건조한다. 완성된 원료는 헝겊 자루에 포장한다. 건조하고 서늘한 곳에서 보관한다. 초본 보관 기간은 1~2년이다.

화학성분. 뿌리는 타닌 물질, 플라보니드를 함유. 상단 부분은 사카로스, 포도당, 라피노자를 비롯한 탄수화물, 타닌물질 13.06%, 플라보니드를 함유하고 있다. 잎은 타닌물질 9%까지, 플라보노이드, 가수분해 크웨르쩨찐, 켐프페롤.

효능. 동양의 위대한 학자 아부 레이한 비루니는 《의학에서의 생약학》에서 제라늄의 치료 효과에 대하여 저술했다.

민간요법에서 초본의 즙과 탕액은 이질, 고환염, 각기 질환, 피부 결핵에 사용한다. 즙은 상처와 종양을 세척하는데 쓰인다.

투르크멘 민간요법에선 만성 부인복에 사용하며 항생지질제, 지혈제로 쓰인다.

장식용, 양봉용, 사료용, 안료 및 타닌용 식물이다.

용법용량:

말려서 잘게 썬 초본 1큰 스푼(15g)에 끓인 물(200ml)을 부어 에나멜 용기에 담아 작은 불에 20분 달인다. 걸러낸다. 즙을 1일 3회 식전 30분전에 1큰 스푼(15ml)씩 복용한다.

말려서 찧어서 부스러진 풀 1큰 스푼(15g)에 찬물 2컵(400ml)을 부어 8시간 우려낸다. 걸러낸다. 탕액을 2시간마다 1큰 스푼(15ml)씩 복용한다.

제라늄 레젤리
Regeliň gerany
Geranium regelii

개요. 산악 지대에서 자생하는 약용식물이다. 높이가 20~50cm에 달하는 쥐손이풀과에 속하는 여러해살이풀이다. 줄기는 상승하거나 직립, 대부분 위에는 밀차되어 털이 있으며 많은 가지를 치고 있다. 잎은 폭이 4~6cm이며 윤곽이 둥그스름하며 3/4부분이 절개되었고 밑부분 잎은 5~7개의 열편 윗부분 잎은 3~5개다. 열편은 거의 사방형이며 3~5개의 달걀 모양이나 피침 모양의 작은 열편으로 갈라졌다.

화경은 길며 길이가 5~15cm, 2개씩 2~4cm의 꽃자루가 달렸다. 화경과 꽃자루는 털이 덮였으며 이따금 선이 있다. 턱잎은 건막질의 피침형이다. 꽃받침은 약간 긴 달걀 모양이며 3~5개 엽맥이 있고 털이 있으며 길이가 8mm 까지다. 꽃잎은 길이가 12~17mm이며 끝은 둥글고 밑은 짧은 털이 붙은 발톱이 있으며 장미-보라색이다. 수술실은 확장된 부분에서 거의 절반이 섬모가 있다. 열매 판막은 길이가 3~4mm, 성숙기에 분열이 안 되는 부리와 함께 나사 모양으로 감는다. 부리는 길이가 3cm까지 외부엔 짧은 털이 붙여있다.

식물특징. 해발 1200~2800m, 북쪽 사면의 샘 근처, 강변의 축축한 곳에서 자생한다. 개화기는 6~8월에 결실기는 7~9월이다. 씨앗으로 번식한다.

분포 · 산지. 중앙 코페트다그: 쿠르쿨라브, 스코벨레브카와 게르마브 사이, 헤이라바드, 초판다그, 아르차빌, 다쉬토이; 코이텐다그: 코이텐다그촌, 코이텐다그다리야-훌자필아타.

자연자원. 우리나라에서 희귀한 식물에 속한다. 약용 원료는 적다. 재배를 권유한다. 국립 코페트다그 및 코이텐다그 보호림에서 보호한다.

약용자원. 약용 목적으로 초본과 앞을 장만한다. 원료는 개화기(6~8월)에 채취한다. 그늘 밑에서 공기가 잘 통하는 곳에서 말린다. 완성된 원료는 헝겊 자루에 포장한다. 건조하고 햇빛이 안 들어 오는 서늘한 곳에서 보관한다. 보관 기간은 1~2년이다. 자연 환경에서 식물의 상단 부분의 생산성은 헥타르당 500~4400kg이다. 자생 3~5년째에 이 지수는 헥타르당 5000~7500kg에 달한다. 타닌 물질 생산은 헥타르당 1500kg이다.

화학성분. 식물의 지하 부분은 피로갈롤, 피로카테힌을 비롯한 페놀, 타닌 물질(10.8~23.54%)을 함유. 상단 부분은 사포닌, 알칼로이드, 타닌 물질(12.0~27.2%)을 함유한다. 줄기는 단당류 10.16%, 사카로스 0.6%, 전분 3.34%, 헤미셀률로우스 11.64%, 타닌물질 2.9~16.1%를 비롯한 탄수화물을 함유. 줄기와 잎은 피로카테힌, 피로갈롤을 비롯한 탄수화물 함유. 잎은 단당류 6.42%, 사카로스 0.62%, 포도당 3.7%, 과당 0.18%, 소르보자 1.2%, 람노사, 아라비노사, 크실로사, 리보사, 말토자, 전분 3.26%, 헤미셀률로우스 6.48%, 비타민 C, 페놀카르본산 및 그의 유도체: 오배자산 0.42%, 4,5-디기드록시-3-메톡시벤조이나야 0.38%, 엘라고와야, 2-갈로일-β-D-포도당 0.41%, 3-갈로일-D-포도당 0.57%, 콜리닌 4.95%, 타닌물질 13.5~18.5%: 엘라고타닌; 플라보노이드: 아위쿨라린 0.22%, 그와이웨린 0.12%. 자루는, 엽신, 꽃봉우리(여드름) 타닌물질을 각각 2.06~3.64%, 12.8~19.33%, 15.95%를 함유하고 있다. 꽃은 비타민 C, 타닌물질 13%,플라보노이드를 포함. 열매와 씨앗은 타닌물질을 6.3%, 10.93% 각각 함유.

효능. 민간요법에서 식물 상단 부분의 즙과 탕액은 이질, 설사, 장염에 진통제, 방부제, 지혈제, 상처치료제, 수렴제로 사용한다.

투르크메니스탄을 비롯한 중앙아시아 민간요법에선 식물을 달인 즙은 임산 후 소화과 질환에 지혈제로 또한 객혈에 수렴제로 쓰인다.

의학에서 잎이 함유하고 있는 엘라고산의 종양에 대한 억제제 효과를 연구됐다.

풀은 견직 물감으로 사용한다.

장식용, 양봉용, 사료용, 염색용 식물이다.

용법용량:

잘게 썰어 말린 풀 1큰 스푼(15g)에 끓은 물 1컵(200ml)을 부어 에나멜 용기에 담아 약한 불에 20분 달인다. 걸러낸다. 즙을 1일 3회 식전 30분전에 1큰 스푼(15ml)씩 복용한다.

말려서 찧어서 부스러진 풀 1큰 스푼(15g)에 찬물 2컵(400ml)을 부어 8시간 우려낸다. 걸러낸다. 탕액을 2시간 마다 1큰 스푼(15ml)씩 복용한다.

히아신서스 트랜스카스피카
Zakaspiý sümmüli
Hyacinthus transcaspica

개요. 산악지대에 자생하는 약용식물이다. 세계적으로 4종이 있는데 투르크메니스탄에는 2종이 있다. 히아신서스 트랜스카스피카는 높이가 10~20cm에 달하는 백합과에 속하는 여러해살이풀이다.

구근은 달걀 모양이나 원추형으로 두께가 1~2cm이며 검은-회색의 종이 모양의 껍질로 덮여 있다. 한 개의 구근에서 한 개 또는 두개의 줄기가 잇으며 구근은 절반 정도 땅에 파묻인다. 선형 잎은 2~3개, 폭이 2~10mm, 좀 뾰족하며 밑으로 좁아지면서 상단 부분은 줄기를 감싸준다.

총상 꽃차례이며 (1)-3-5-(10)식으로 꽃들이 달렸다. 꽃자루는 대부분 화피 보다 2배나 짧으며 두껍고 위로 돌출하고 있으며 열매가 있는 데는 밑으로 굽혀졌다. 꽃자루는 [illegible]을 이루며 포엽은 꽃자루 보다 2~3배 짧거나 거의 같다. 화피는 종 모양 길이는 10~15mm 청색. 수술은 약간 긴 꽃밥이 있으며 꼬투리는 지름이 약 0.5cm이다.

식물특징. 해발 1200~2800m, 미립성 및 미[illegible]성-쇄석성 북쪽 사면에서 골짜기, 바위의 틈에서 자란다. 개화기와 결실기는 3~6월이다. 구근의 다결실. 씨앗으로 번식하며 추운 겨울에는 구근으로 번식한다. 씨에서 나온 5~6년째 식물은 처음 꽃이 핀다.

분포 · 산지. 중앙 코페트다그: 아르바즈에서 호브[illegible]까지, 아썰마, 초판다그, 리자라쉬, 릇자; 동코페트다그: 악다그 고유식물.

자연자원. 우리나라에서 드문 식물에 속하지 않는다. [illegible]용 원료의 보유량은 부족하다. 재배하는 식물이다. 아쉬하바드 [illegible]물원에서 재배한다. 국립 코페트다그 보호림에서 보호한다. [illegible]르크메니스탄의 적색목록에 기입됐다. 국제자연보호기구의 붉[illegible]은 명단에 올려졌다.

약용자원. 약용 목적으로 히아신스의 구근과 꽃을 장만한다. 구근은 초봄(3월)에 꽃은 개화기(3~4월)에 채취한다. 그늘 밑에서 공기가 잘 통하는 곳에서 건조 작업을 한다. 완성된 구근 원료는 헝겊 자루에 꽃은 종이 자루나 상자에 포장한다. 건조하고 서늘한 곳에서 보관한다. 구근 유효 기간은 2년, 꽃은 1년이다.

화학성분. 화학성분에 대한 자료는 없다.

효능. 옛적부터 식물의 치료 효과에 대하여 알려졌다. 이에 대한 첫 자료는 콜루멜(기원 1세기), 웨르길리(기원전 70년~기원19년), 노인 플리니(기원 23~79년)의 저술에서 발표됐다.

동양 의사, 학자 아부 알리 이븐 씬은 《의학의 기본 원리》에서 심도와 신진 대사 정상화하며 폐색을 열며 종양을 적게 하며 두뇌, 간, 위 기능을 강화한다고 히아신스의 치료 효과에 대하여 기록했으며 꽃을 호흡기관, 황달병, 배뇨 장애에 사용했다. 투르크멘 민간요법에선 즙을 머리카락 성장을 방지하며 고환 종양을 치료하는데 사용한다.

장식용, 양봉용, 안료용 식물이다.

용법용량:

말린 구근 1큰 스푼(15g)에 끓은 물 1컵(200ml)을 부어 15분 우려낸다. 걸러낸 다음 탕액을 1일 3회 식전 30분전에 1큰 스푼(15ml)씩 복용한다.

말린 꽃잎 1티 스푼(5g)에 와인 1/2컵(100ml)을 부어 유리병에 담아 어두운 곳에서 6주일 우려낸다. 정기적으로 흔들린다. 걸러낸다. 복용하기 전에 탕액에 1:3비율로 물을 탄다. 탕액을 1일 3회 1티 스푼(5ml)씩 복용한다.

신선한 즙으로 피부염, 부스럼에 바른다.

히아신서스 리트위노위
Litwinowyň sümmüli
Hyacinthus litwinowii

개요. 산악 지대에 자생하는 약용 식물이다. 히아신서스 리트위노위는 높이가 15~25cm 백합과에 속하는 여러해살이풀이다. 구근은 달걀 모양이며 지름이 2~4cm, 내부에는 보라색의 건막질의 껍질, 외부에는 회색-자갈색의 종이 모양의 껍질로 입었다. 한 개의 구근에서 한 개 또는 두개의 줄기가 있으며 구근은 절반 정도 땅에 파묻혔다. 선형-피침형 부터 약간 긴 거의 타원형 잎이 3~4개로 폭이 1~4cm이다. 잎은 좀 뾰족하며 밑으로 좁아지면서 지하 부분의 줄기를 감싸고 있으며 가장자리는 잘게 꺼칠꺼칠하다.

총상 꽃차례이며 3~15식으로 꽃들이 달렸다. 꽃자루는 두껍고 화개 보다 몇 배 짧으며 위로 돌출하고 있으며 열매가 있는 데는 밑으로 굽혀졌다. 꽃자루 기부의 포엽은 쌍을 이루며 건막질이고 길이가 꽃자루와 거의 같거나 그보다 2~3배 짧다. 화개는 흰색-연보라색-청색으로 길이가 20~25cm, 좁고 긴 관 모양이다. 관 길이의 절반 수준에 수술이 붙였으며 꽃밥은 선형-약간 긴 모양이다. 각 자방의 씨방은 3~4개 배주가 있다. 꼬투리는 지름이 약 7mm이다.

식물특징. 해발 800~1600m, 미립성-쇄석성, 쇄석성 사면 바위 틈에서 자란다. 개화기는 3~4월, 열매는 5월에 익는다. 구근의 다결실. 씨앗과 구근으로 번식한다. 6월말부터 2월까지 고요한 상태에 있다.

분포 · 산지. 큐렌다그: 손구다그, 베레케트, 세르다르; 서남 코페트다그: 파르하이, 아이데레, 투틀리빌, 이삭, 카라올룸, 호자르, 바르틔인-갸듸기 고개; 중앙 코페트다그: 노후르, 아르바즈, 데기르멘리, 술류클리, 메르게놀렌, 무르제다그, 쿠르쿨라브, 헤이라바드, 엔데미크.

자연자원. 우리나라에서 희귀한 식물에 속하지 않는다. 약용 원료의 보유량은 그리 많지 않다. 이 종은 재배 식물이다. 아쉬하바드 식물원에서 재배한다. 순트-하사르다그스크 및 코페트다그 국립 보호림에서 보호한다. 투르크메니스탄의 적색목록에 기입됐다.

약용자원. 약용 목적으로 히아신스의 구근을 장만한다. 구근은 초봄(3월)에 채취한다. 그늘 밑에서 공기가 잘 통하는 곳에서 건조한다. 완성된 원료를 헝겊 자루에 포장하며 건조하고 서늘한 곳에서 보관한다. 구근의 유료 기간은 2년이다.

화학성분. 화학성분에 대한 자료는 없다.

효능. 투르크멘 민간요법에선 미가공 및 구운 구근은 종기, [illegible] 고름에 외견상으로 사용한다. 즙을 머리카락 성장을 방지하며 고환 [illegible]양을 치료하는데 사용한다.

장식용, 양봉용 및 안료용 식물이다.

용법 · 용량:

잘게 썬 구근 1큰 스푼(15g)에 끓은 물 1컵(200ml)을 부어 에나멜 용기에 담아 작은 불에 10분 달인다. 5분 식힌 다음 걸러낸다. 즙을 피부의 상처를 하루에 2번(아침, 저녁) 세척한다.

말린 구근 1큰 스푼(15g)에 끓은 물 1컵(200ml)을 부어 15분 우려낸다. 걸러낸다. 탕액을 1일 3회 식전 30분전에 1큰 스푼(15ml)씩 복용한다.

신선 즙으로 피부염과 부스럼에 바른다.

애크롭틸론 레펜스
Ajy kekre
Acroptilon repens

개요. 잡초 약용식물이다. 투르크메니스탄을 비롯해 세계적으로 2종이 있다.

애크롭틸론 레펜스는 높이가 25~45cm, 국화과에 속하는 여러해살이 풀이다. 원뿌리는 길며(6m)까지 옆으로 뻗치는 뿌리는 길이가 1m 또는 그 이상이다. 줄기는 직립이며 대부분 지면에서부터 가지들이 많이 벌어지며 보통 줄기의 윗부분에는 가지들이 적고 길며 가지가 1개나 2~3개, 늑골 모양, 회색, 거미줄-털이 덮여있다. 잎은 녹색이며 나체형이고 잎자루가 없으며 약간 긴 피침형 또는 선형-피침형, 톱니가 있으며 깊게 절개됐다. 중간에 붙은 잎은 길이가 2.5~7.0cm 폭이 1cm. 윗부분 잎은 크기가 더 잘고 대부분 전연엽, 밑부분 잎은 보통 리라형-잘라진 모양이다.

두상화는 작다. 총포는 약간 긴 달걀 모양 길이는 10~13mm, 폭은 5~7(8) mm이다. 외부 꽃잎은 거의 둥그스름하며 짧고 뭉툭하거나 뾰족한 부속이 있다. 중간 꽃잎은 둥그스름한 타원형 5.5~8.0mm(부속 제외) 폭은 3~4mm이다. 내부 잎은 약간 긴 피침형이며 아주 좁으며 길이가 3.0~4.5mm 폭은 0.7~1.5mm이다. 꽃은 장미색. 수과는 황색-녹색이며 길이가 (2.5)3.0~4.0mm 폭은 (1.5)2.0mm이다. 관모는 길이가 8~11mm이다.

식물특징. 주로 평지, 드물게 산, 노는 밭, 관개용 수로에서 자란다. 개화기는 5~8월에 결실기는 6~10월. 씨앗과 근경으로 번식한다.

분포 · 산지. 받희제: 아카르체쉬메, 세르헬치; 코이텐다게: 마르구시, 훝자휠아타, 아트렉스크 오아시스; 프리코페트자그 오아시스: 카우슈트; 텐제노-무르갑스크 오아시스: 마뤼, 바이람알리, 구뮈쉬데페, 도르트쿠이, 아무다리인스크 오아시스: 우스튁, 화라브, 투르크메나바트; 다쇼구즈스크 오아시스.

자연자원. 우리나라에서 희귀한 식물에 속하지 않는다. 약용 원료는 충분하다. 잡초 식물로 무성히 자란다. 매년 채취량은 55톤 이상이 될 수 있다.

약용자원. 약용 목적으로 풀과 열매를 채취한다. 풀은 개화기(5~8월)에 열매는 결실기(6~10)에 채취한다. 그늘 밑에서 공기가 잘 통하는 곳에서 건조 작업을 한다. 완성된 풀 원료는 헝겊 자루, 열매는 종이 상자에 보관한다. 서늘하고 건조한 곳에서 보관한다. 풀 보관 기간은 1~2년이며 열매는 2~3년이다.

화학성분. 식물의 성분에는 탄성 고무가 들어 있다. 뿌리는 플라보노이드를 함유한다. 줄기와 잎은 알콜로이드를 함유한다. 잎과 꽃차례는 세스크위테르페노이드: 레핀, 아크롭틸린을 함유. 씨앗은 알칼로이드, 플라보노이드, 지방유(리놀레와, 올레이노와, 팔미티노와산)를 포함한다.

효능. 민간요법에서 풀 즙은 말라리아, 간질병에 사용한다. 가려움에 외용약으로 열매는 반 기생충으로 쓰인다.

의학에서 항균성, 항바이러스성, 항원충성 성분이 연구됐다.

사용하기 전에 의사와 상담할 필요가 있다.

양봉용, 사료용, 살충제용 식물이다.

용법용량:

말린 풀 1큰 스푼(15g)에 끓인 물 1컵(200ml)을 부어 에나멜 용기에 담아 작은 불에 5~10분 달인다. 식힌 다음 걸러낸다. 즙을 1일 3회 1/2컵(100ml)씩 복용하며 가려운 피부에 바른다.

찧어서 부스러진 열매 2티 스푼(10g)을 0.5l의 보온병에 담아 30분 우려낸다. 걸어낸다. 탕액을 1일 3회 식전 30분전에 1컵(200ml)씩 복용한다.

시나피스 애르벤시스
Meýdan gyzzyrgyjy
Sinapis arvensis

개요. 잡초 약용식물이다. 세계적으로 10종이 있는데 투르크메니스탄에는 1종이 있다.

높이가 30~60cm에 달하는 십자화과에 속하는 한해살이풀이다. 줄기는 갈라지며 무성히 뻣뻣한 털로 덮였으며 기부에 푸르스름하다. 밑부분 잎은 리라형 깃털이 있고 갈라졌으며 잎의 윗 열편은 뭉툭하고 타원형이며 가장자리는 세로 홈이 있으며 톱니가 있다. 옆 열편은 크기가 좀 작으며 피침형이다. 윗부분 잎은 약간 길며 무병엽이며 톱니가 있다.

꽃받침은 길이가 4~5mm, 길죽하다. 꽃잎은 길이가 7.5~9.5mm이고 황색이며 끝부분은 도란형 아래로 발톱으로 좁아진다. 핵과는 원통형, 짧은 뻣뻣한 털로 앉혀 있으며 길이가 25~40mm, 폭이 2.5~3.5mm이다. 판막은 3~5개 엽맥이 있다. 씨앗은 공모양이며 크기가 1.0~1.5mm, 검은색이나 갈색이며 잘다.

식물특징. 산밑 평지, 산기슭에서 잡초로 자란다. 개화기와 결실기는 5~6월이다. 씨앗으로 번식한다.

분포 · 산지. 볼쇼이 발한; 큐렌다그: 손구다그, 이스칸데르, 세르다르; 중앙 코페트다그: 두샤케렉다그; 동부 코페트다그: 쿠뤼호브단, 샤믈리; 받희제: 세르헤타바트, 코이텐다게; 프리코페트다그 오아시스: 악데페; 아무다리인스크 오아시스; 다쇼구즈스크 오아시스: 다쇼구즈.

자연자원. 우리나라에서 희귀한 식물에 속하지 않는다. 약용원료 보유량은 충분하다. 재배를 권유한다. 잡초 식물로서 분포됐다. 매년 채취량은 약 5~10톤이다.

약용자원. 약용 목적으로 말린 씨앗을 장만한다. 원료는 결실기(6월)에 열매가 달린 부분을 자르면서 채취한다. 햇빛이 비치는 또는 공기가 잘 통하는 곳에서 건조한다. 체로 쳐서 씨앗을 받아서 말린다. 완성된 원료는 냄새가 없으며 찌르는듯한 맛이 있다. 완성된 씨앗 원료를 헝갚 자루, 상자, 유리병에 포장한다. 건조하고 직선 광선이 안 들어 오는 통풍이 좋은 곳에서 보관한다. 보관 기간은 3~4년이다.

화학성분. 잎은 카로틴 1.69mg%; 아스코르빈산 16mg%; 칼슘 및 철 염을 함유. 씨앗은 겨자 지방유(에루코와야산 52.5%, 올레인산 28%, 리놀레인산 14.5%, 팔리미틴산 2%, 아라힌산 1%, 리놀레노인산 1%); 정유 0.5~1.7%; 단백질 20%, 점액 20%, 글리코시드 씨날빈, 글리코시드 씨니그린, 신 황산칼륨.

효능. 식물의 약 성분은 옛적부터 알려졌다. 고대 그리스인들은 본 식물의 씨앗을 약미류로 사용했다. 위대한 학자-의사인 세이트 이스마일 구르겐리는 옛날에 《호레즘샤흐의 보물고》에서 이 식물은 기억을 회복하며 간질병을 예방한다고 저술했다. 무함메트 후세인 약사는 《약물의 보물고》에서 《겨자는 유기체에서 해로운 물질을 제거하고 소화를 촉진하며 식욕을 강화하며 폐색을 열며 머리, 뇌수 통증에 유효하다》고 썼다.

민간요법에서 시나피스 에르벤시스를 혈관 경화증, 고혈압, 간과 담낭 질환, 소화불량, 단복고창, 류머티즘, 습진에 사용한다. 본 식물 씨의 가루는 혈액 유입을 초래하는 따뜻하게 해주는 물질이기도 하다. 시나피스 에르벤시스욕 치료법은 피를 잘 돌게 하며 피부병과 여러가지 염증을 치료하는 효과가 있다. 본 식물 찜질은 폐렴, 기관지염 등에 쓰인다.

투르크멘 민간요법에선 찧은 씨앗은 간혈열, 꿀을 썩어서 기관지, 기침, 천식에 쓴다.

의학에서 감기, 기관지염, 류머티즘, 척수 신경근염에 에테르의 겨자유로 문지른다.

본 식물의 정유, 지방유는 식품, 화장품, 섬유 및 약제 산업에 사용한다.

장식용, 식품용, 양봉용, 기술용 식물이다.

용법용량:

말려서 잘게 썬 씨앗 2g에 알콜 1/2컵(100ml)을 부어 유리병에 담아 어두운 곳에서 10일 우려낸다. 정기적으로 흔들어 준다. 탕액을 1일 3회 2~3방울씩 복용한다.

말려서 찧은 씨앗 1티 스푼(5g)을 꿀 100g과 썩어서 유리병에 담아 어두운 곳에 두고 1주일 담가 놓는다. 정기적으로 뒤썩어 준다. 혼합물을 1일 3회 식후 1티 스푼(5g)씩 복용한다.

가루 50g에 알콜 2티 스푼, 1개의 계란의 흰자위를 썩어서 만든 연고를 상처에 바른다. 30분 이후 물기 있는 냅킨으로 닦는다.

겨자 가루1티 스푼(5g)과 벌꿀 2큰 스푼(30g)을 썩어서 백합꽃 즙 1/2컵(100ml)을 부어준다. 혼합물을 주근깨를 제거하기 위해 바른다.

사우수리아목살사
Ajyja
Saussurea salsa

개요. 잡초 약용식물이다. 높이가 15~50cm에 달하는 국화과에 속하는 여러해살이 풀이다. 뿌리는 길며 하나 또는 여러 개의 줄기가 있다. 줄기는 털이 있거나 없으며 가지들이 있다. 잎은 살이 많으며 나체 모양 아니면 짧은 뻣뻣한 머리털로 인해 거칠고 잎의 하부면은 많은 반들반들한 선들이 있다. 밑부분 잎은 자루가 길며 깃털-잘라졌으며 잎의 기부는 화살형, 옆 부분은 세로 홈이난 톱니 모양이다. 윗부분 잎은 크기가 좀 작으며 피침형이고 무병엽이다.

두상화는 잘고 많으며 폭이 넓은 원추 꽃차례를 이룬다. 총포는 나체형 또는 기와 모양의 잎들로 덮였다. 외부 잎은 더 작고 달걀 모양이며 내부 잎은 약간 길며 잎 끝 모양은 뭉툭하다. 꽃털은 무성한 건막질의. 꽃은 장미색, 꽃밥은 털 있는 부속이 있다. 수과는 반들반들하며 성숙되면 관모보다 2배나 짧다.

식물특징. 해발 400~800m, 계곡의 광물염 풀밭에서 자란다. 개화기와 결실기는 6~8월이다. 씨앗으로 번식한다.

분포 · 산지. 코이텐다그: 오쿠스불락.

자연자원. 우리나라에서 희귀한 식물에 속한다. 약용 원료 보유량은 많지 않다. 재배를 권유한다. 코이텐다그 국립보호림에서 보호한다.

약용자원. 약용 목적으로 목향의 초본을 장만한다. 원료는 개화기(6~7월)에 채취, 그늘 밑에서 공기가 잘 통하는 곳에서 건조 작업을 한다. 완성된 원료는 헝겊 자루에 포장. 건조하고 서늘한 곳에서 보관한다. 보관 기한은 1~2년이다.

화학성분. 식물 성분에는 단당류, 사카로스를 비롯한 탄수화물; 탄성 고무; 카르데놀리드; 알칼로이드 0.1%; 타닌물질 0.7%; 안트라글리코시드가 들어 있다. 지하 부분은 쿠마린을 비롯한 타닌물질을 함유. 지상 부분은 세스크위테르페노이드: 찌나로피크린; 알칼로이드; 타닌물질. 줄기는 쿠마린 함유. 꽃차례는 정유 0.2%; 알칼로이드; 타닌물질; 플라보노이드를 함유하고 있다.

효능. 민간요법에서 풀을 달인 즙을 산부인과, 전염병, 악성 종양, 전염-알레르기 다발성 관절염, 이질, 열병, 간질에 사용한다.

의학에서 세포 독성, 항암, 항생 효과가 있는 것으로 나타났다.

용법용량:

말린 풀 1큰 스푼(15g)에 끓은 물 1컵(200ml)을 부어 에나멜 용기에 담아 작은 불에 20분 달인다. 걸러낸다. 달인 즙을 1일 3~4회 1/4컵(50ml)씩 복용.

말린 풀 1큰 스푼(15g)에 끓은 물 1컵(200ml)을 부어 에나멜 용기에 담아 작은 불에 10분 달인다. 15분 우려낸 이후 걸러낸다. 즙을 1일 3회 식전에 1/4컵(50ml)씩 복용한다.

석류나무
Adaty nar
Punica granatum

개요. 산악 지대에 자라는 약용 식물이다. 세계적으로 2종이 있는데 투르크메니스탄에 1종이 있다. 석류나무는 높이가 1.5~3.5m에 달하며 부처꽃과에 속하는 관목 또는 낙엽 소교목이다. 어린 가지는 연두색이며 생육 하반기에는 갈색, 1년생은 노란-청색이다. 노후 가지의 껍질은 짙은 회색이다. 잎은 마주나며 길이가 3~8cm, 폭이 1.3~1.6cm, 타원형이다. 잎자루는 짧으며 나체 모양이다. 꽃은 굵고 항아리 모양이며 작은 꽃은 종 모양이다.

꽃받침은 깔때기-종 모양이고 다육질이며 5~9개로 갈라진다. 꽃잎은 길이와 폭이 3~4cm 도란형이며 주홍색을 띠고 있다. 열매는 굵고 거의 공 모양(지름 8~15cm)이며 열매 껍질은 두껍고 격막으로 칸막이 된 6 내지 12개의 자실이 있고 다수의 종자가 격막을 따라 배열되어 있다. 과실 속에는 즙이 많은 흰색-담홍색 또는 분홍색의 종자가 들어 있다. 열매 안에느 씨 300게까지 들어 있다.

식물특징. 해발 400~1200m, 돌이 많으며 쇄석이 있는 사면, 계곡의 바닥에서 자란다. 개화기는 5~8월에 결실기는 9~10월이다. 주로 줄기로 번식하며 씨앗으로도 번식한다. 싹틈은 4월에 나오며 10~12년이 지나야 높이가 1m까지 자란다. 생육 기간은 50~70년이다.

분포 · 산지. 큐렌다그: 손구다그; 서남 코페트다그: 아이데레, 테아밀 계곡, 순트, 이올데레, 팔뤼작, 숨바라 계곡, 찬디라; 중앙 코페트다그: 노후르, 쿠르쿨라브, 아르차빌(교니데레, 사뤼카야), 두샤케레다그; 프리카스피스키 사막: 아트레크.

자연자원. 약용 목적으로 뿌리, 줄기, 가지 뿌리, 잎자루, 꽃, 열매와 그 껍질, 씨를 장만한다. 뿌리 껍질은 초봄(3월)이나 가을(9월)에 줄기와 가지 껍질, 잎자루와 꽃은 개화기(5~8월), 열매와 그 껍질, 씨는 결실기(9~10월)에 채취한다. 건조 작업은 공기가 잘 통하는 곳에서 한다. 완성된 원료는 길이가 10cm까지 두께가 0.5~3.0mm이다. 껍질 색깔은 노란-녹색이다. 열매의 껍질(두께 1~2mm)은 냄새가 없으며 대단한 점착성 맛이 있어야 한다. 완성된 껍질은 헝겊이나 종이 자루에 잎자루나 꽃은 헝겊 자루, 씨와 열매는 종이 상자나 유리병에 담는다. 건조하고 직사광선이 안 들어 오는 자리에서 보관한다. 뿌리, 줄기, 가지 뿌리 또한 잎자루와 꽃은 1~2년, 열매와 그 껍질 씨는 2~3년 보관한다.

화학성분. 뿌리, 가지, 줄기 껍질은 탄수화물과 그의 유도체: 전분, 마니트 0.5~1.9%, 소르비트 0.91%, 트리테르페노이드: 우르솔라, 베툴린 산들, 프리델린; 츠테로이드: β-시토스테린; 수지, 알칼로이드 0.1~0.2%: 펠레트린, 이소펠리티예린, 메틸리소펠티예린, 프세브도펠티예린; 페놀카르본 산과 그의 유도체: 갈로산, 엘라고산; 타닌물질 15.0~32.7%; 밀랍. 잎은 트리테르펜산: 우르솔산 0.45%, 베툴린산 0.2%; 스테로이드: β-시토스테린; 페놀카르본산 그의 유도체: 엘라고산; 타닌물질 10.2%을 함유. 꽃은 안토치안: 3,5-디글류코시드 펠라르고니딘; 안료물질 푸니친을 함유. 열매의 껍질은 피톤치드; 타닌물질 20~28%; 펙친; 우르솔산 0.6%; 탄니드 및 안료물질을 함유. 열매는 탄수화물: 당 12~20%, 유기산 5.87~9.05%; 구연산, 사과산, 수산; 트리테르펜산: : 우르솔산; 비타민 C; 타닌 및 펙친 물질을 함유. 과피는 트리테르펜산: 우르솔산 0.6%, 타닌물질 25~30%을 함유. 씨는 탄수화물과 그 유도체: 마니트, 지방유 17.11%. 즙은 당 8~20%; 포도당 4~10%; 산 0.2~9.0%; 비타민 C; 칼슘염, 칼리염, 나트륨염, 인염, 망간염, 마그늄염을 포함. 야생 석류의 즙은 9%의 구연산을 포함한 50%까지의 즙이 있다.

효능. 석류식물의 약 효과는 옛적부터 알려져 있었다. 이에 대한 첫 정보는 노인 플리니(기원 23~79년)의 《자연사》, 콜루멜라(기원 1세기), 아브렐리안(기원전 5세기)의 저술에서 볼 수 있다.

아부알리 이븐 신은 《의학의 근본 원리》에서 신 석류의 즙은 열병, 위염에 도움을 준다고 저술했다. 석류의 꽃은 살포제로서 《피부의 상처, 궤양, 틈에 뿌려 치료한다.》 또한 반창고를 만들어 탈장에 사용한다. 석류의 씨를 꿀에 썩어 만든 연고로 항문의 악성 궤양이나 궤양에 사용한다. 석류의 자루는 치통과 귀의 통증에 사용한다. 신선한 가지의 껍질은 월경을 초래하며 이뇨제, 회충약으로 쓰인다. 또한 학자에 의하면 석류는 심장 질환에 도움이 된다.

동양 약사이며 학자인 무함메트 가이마즈 투르크멘은 《예언자의 주술사》에서 심장에 대한 진정 작용을 지적했으며 석류의 즙은 기침을 억제하며 위약으로 쓰인다고 저술했다. 민간요법에서 껍질, 가지, 자루, 꽃, 열매, 씨앗은 황달, 수종, 기침, 빈혈, 동맥경화, 협심증, 관절통, 타박상, 골절, 두통, 잇몸염증, 자궁출혈, 만성위염, 만성간염, 이질, 만성장염, 담낭, 신진대사 위반, 소화관, 신장, 간, 피부, 구강, 시각 및 청각 질환에 사용한다. 또한 진통제, 항염제, 지혈제, 수렴제, 상처치료제, 구출제로 쓰이기도 한다.

뿌리를 달인 탕약은 급성 호흡기, 질환, 가려운 피부병, 열병에 사용하며 골절에 대한 진정제로 쓰인다. 껍질 탕약은 간, 신장, 구강, 시각 및 청각 염증에 관, 골절 통증, 잇몸 출혈, 기생충증에 사용한다. 꽃과 껍질 탕약과 탕액은 이질, 장염, 당뇨, 부종에 쓰이고 목구멍 양치질에 수렴제, 방부제로 사용한다. 과피의 탕약은 말라리아 예방, 강장제, 항염제, 상처 치료제로 사용한다. 꽃 및 열매 탕약은 지혈제로 쓰인다. 신선한 열매와 과피는 기침, 급성 호흡기 전염병, 감기, 말라리아, 복수병, 황달, 화상, 피부병에 쓰인다. 즙은 신장, 담낭과 심장, 고혈압, 당뇨, 콩팥 급통증, 치질, 화상에 사용한다.

투르크멘 민간요법에선 오래 전부터 석류의 여러 부분을 치료하는데 사용해 왔다. 잘게 부순 뿌리는 진통제로 껍질은 구충제, 꽃과 과피는 수렴 및 항염 효과가 있다. 석류의 껍질을 장염, 궤양 결장염, 치질을 치료하는데 쓰인다. 열매와 즙은 가려움, 수종, 황달, 심장의 고동, 동맥경화, 빈혈 치료에 쓰이며 또 이뇨제, 담즙 분비제, 진정제, 항염제로 사용한다.

의학에서 기생충 침입, 당뇨에 가지, 껍질, 잎, 꽃, 과피의 추출물의 효과가 연구됐다. 또한 잎의 항균 작용, 열매와 과피의 반응고 성분이 발견됐다. 석류는 비타민 C, 구연산, 당 타닌 물질을 함유하고 있다. 석류로 조제한 약제는 진통제, 해열제,

상처 치료제, 방부제, 담즙분브제, 항염제, 수렴제, 구충제 성분이 있다.

석류는 가죽 가공, 직물 색칠에 사용하며 과자 생산에도 쓰인다.

장식용, 식료품용, 양봉용, 사료용, 안료용 식물이다.

용법용량:

잘게 부스러진 껍질 3큰 스푼(45g)에 끓은 물 2컵(400ml)을 부어 6시간 우려낸 다음 에나멜 용기에 담아 작은 불에 200ml까지 달인다. 걸러내며 식힌다. 탕약을 기생충병에 복용한다.

잘게 부스러진 석류 껍질 1큰 스푼(15g)에 끓은 물 1컵(200ml)을 부어 에나멜 용기에 담아 작은 불에 10분 달인다. 10분 동안 우려낸다. 걸러낸다. 탕약을 한번에 다 복용한다.

잘게 부스러진 석류 껍질 2티 스푼(10g)에 끓은 물 1컵(200ml)을 부어 에나멜 용기에 담아 작은 불에 15분 달인다. 식혀서 걸러낸다. 탕약을 2일 사이에 복용한다.

말린 씨 가루 1큰 스푼(15g)에 끓은 물 1컵(200ml)을 부어 에나멜 용기에 담아 작은 불에 10분 달인다. 우려낸다. 탕약을 목구멍을 양치질한다.

잘게 부스러진 과피나 꽃 1큰 스푼(15g)을 끓은 물 1컵(200ml)과 유리병에 부어 에나멜 용기에 담아 작은 15분 끓인다. 2시간 우려낸다. 걸러낸다. 탕약을 1일 3회 식전 2큰 스푼(30ml)씩 복용한다.

껍질 1큰 스푼(15g)에 끓은 물 1컵(200ml)을 부어 물이 장미색을 띨 때까지 우려낸다. 걸러낸다. 탕약을 매일 1컵(200ml)씩 복용한다.

말린 꽃 1티 스푼(5g)에 끓은 물 1컵(200ml)을 부어 10분 우려낸다. 식전 20분전에 꿀과 같이 복용한다.

잘 부스러진 말린 껍질 2큰 스푼(30g)에 일로에 즙 2티 스푼(10ml)과 와셀린 1큰 스푼(15g)을 썩어서 연고를 만든다. 연고를 피부에 바른다.

즙을 매일 식전 30분전에 1/2컵(100ml)씩 복용한다.

타마릭스 분제이
Bungeniň ýylgyny
Tamarix bungei

개요. 사막-평지에서 자라는 약용 식물이다. 세계적으로 약 90종이 있는데 투르크메니탄에는 14종이 있다. 키는 5~6m에 달하며 위성류과에 속하는 붉은-갈색의 껍질이 있는 관목이다. 잎은 난형 길이가 1.0~1.5mm, 폭이 0.5~1.0mm 뾰족, 절반 줄기를 감싸고 있다. 총상화서는 정점에 있으며 조밀하고 거의 이삭 모양이며 길이가 0.7~3.0mm, 폭이 3.0~4.0mm, 거의 잎자루가 없거나 0.5mm의 꽃자루. 포엽은 피침형 뾰족하고 길이가 0.7~1.0mm.

꽃은 다섯 부분으로 되어있다. 꽃받침은 꽃잎보다 1/4배 짧으며 꽃잎은 약간 긴-달걀 모양, 장미색이며 길이가 1.5~2.0mm 너비는 0.5~1.0mm이며 뭉툭하다. 수술은 5개. 디스크는 5날개로 갈라졌으며 꽃밥은 뭉툭하다. 3개의 암술대는 씨방보다 3~4배 짧다. 켑슐(꼬투리)은 꽃받침에 비해 3~4배 길며 길이는 4~5mm, 너비는 1.2mm이다.

식물특징. 대부분 모래 사막에서 자란다. 개화기는 5~8월이며 결실기는 6~8월이다. 영양 생식이다.

분포 · 산지. 볼쇼이와 말리 발한; 큐렌다그; 서남 코페트다그; 세키샵; 동 코페트다그: 쿠뤼호브단, 세를록; 받희제; 코이텐다그: 아타무라트의 근처 세이드; 프리카스피 사막:아이딘; 중앙 카라쿰: 베쉬카크; 동남 카라쿰: 퀴르쿠이; 텐젠-무르가브 오아시스: 이맘바바; 아무다리야 오아시스: 핫타브.

자연자원. 타마릭스 분제이는 우리 나라에서 희귀한 식물에 속하지 않는다. 약용 원료는 충분하다.

약용자원. 약용 목적으로 본 식물의 잎과 꽃을 장만한다. 잎과 꽃은 개화기(5~7월)에 채취한다. 옥외에서 공기가 잘 통하는 곳에서 건조 작업을 한다. 완성된 잎 원료는 헝겁이나 종이 자루에 꽂은 종이 상자에 포장한다. 건조하고 직사광선이 안 비치는 장소에서 보관한다. 원료의 유효 기한은 1~2년이다.

화학성분. 위성류의 화학성분은 분석하지 않았다. 녹색 가지는 타닌물질 0.80~3.75%를 함유하고 있다.

효능. 위성류의 약효 성분은 옛적부터 알려졌다.

동양의 위대한 학자이며 의사인 아부 알리 이븐 신은 《의학의 근본 원리》에서 자궁출혈에 식물의 탕액으로 찜질을 권유했으며 식물을 태운 연기는 젖은 궤양, 천연두 치료를 촉진한다고 했다. 잎은 항종양제에 사용하며 잎 탕액은 비장 질환, 만성 설사, 치통에 사용했다.

중세기 의사 무함메트 가이마즈 투르크멘은 《예언자의 주술사》에서 식물의 지혈 및 정착 성분을 설명했다. 투르크멘 민간요법에선 푸른 가지의 탕액을 류머티즘에 사용한다.

장식용, 양봉용, 모래 고정용 식물이다.

용법용량:

말린 잎 1큰 스푼(15g)에 끓은 물 1컵(200ml)을 부어 에나멜 용기에 담아 작은 불에 10~15분 달인다. 걸러낸 다음 탕약을 1일 3회 식전에 1/2컵(100ml)씩 복용한다.

말린 잎과 꽃 100g에 끓는 물 1l를 부어 에나멜 용기에 담아 작은 불에 10분 끓인다. 30분 우려낸 다음 걸러낸다. 따뜻한 탕액을 찜질할 때 사용한다. 자궁출혈에 효과적이다.

타마릭스 메이에리
Meýeriň ýylgyny
Tamarix meyeri

개요. 염분을 함유한 토지에서 자라는 약용 식물이다. 타마릭스 메이에리는 키가 3~4m에 달하는 위성류과에 속하는 관목. 껍질은 회갈색이다. 잎은 피침-선형이 또는 선형, 뭉툭스름하며 길이는 1.0~4.5mm, 너비는 0.2~1.0mm이다. 잎의 기초는 절반 줄기를 감싼 심장형이다. 옆 총상화서들은 길며 길이가 5~13cm 너비가 4~8mm이다. 화경은 길이가 0.5~4.0cm 기초에 약간 길고 뭉툭한 비늘 조각들로 덮였다. 포엽은 폭이 크며 뾰족하고 길이가 3~5mm 너비가 0.5~0.7mm이다.

꽃은 네(드물게 5) 부분으로 되어 있다. 꽃받침은 달걀-피침 모양이며 뭉툭한 조각들이 있다. 꽃잎은 장미색 또는 파리한 장미색이며 약간 긴 타원형으로 길이가 3~4mm, 너비가 1.5mm이며 꽃받침에 비해 1/3배 길며 뭉툭하다. 수술은 4개(드물게 5~6개). 디스크는 4(드물게 5~6)각형. 꽃밥은 뭉툭하며 암술대는 4개로 씨방에 비해 2.5~3배 짧다. 캡슐(꼬투리)은 길이가 5~7mm 꽃받침에 비해 2.5배 길다.

식물특징. 강, 호수, 저수지, 바다 연안 드물게 계곡에서 자란다. 개화기는 4~5월에 결실기는 5~6월이다.

분포 · 산지. 볼쇼이 발한: 몰라카라; 큐렌다그: 트르고이, 두슬뤼올룸; 동 코페트다그: 쿠뤼호브단, 세를록; 바드희제: 풀리하툼, 타쉬코프리, 세이흐-프란수르, 테레섹, 세르헤타바트, 세르헷치, 칼라이모르; 프리카스피 사막: 차트, 아트렉; 중앙 카라쿰: 에센덴글리 우물; 동남 카라쿰: 우진수브. 순두클리 사막; 프리코페트다그 오아시스: 아르츠만, 게옥테페, 아쉬하바드;

자연자원. 타마릭스 메이에리는 우리 나라에서 희귀한 식물에 속하지 않는다. 약용 원료는 충분하다.

약용자원. 약용 목적으로 잎, 꽃, 열매를 장만한다. 잎과 꽃은 개화기(4~5월), 열매는 결실기(5~6월)에 채취한다. 차양 밑 옥외에서 건조 작업을 한다. 완성된 잎 원료는 헝겊 또는 종이 자루에 꽃과 열매는 종이 자루나 유리병에 포장한다. 건조하고 서늘한 장소에서 보관한다. 잎과 꽃의 유효 기한은 1~2년, 열매는 3년이다.

화학성분. 타마릭스 메이에리의 화학성분은 분석하지 않았다. 녹색 가지는 타닌물질 1.35~1.87%를 함유한다.

효능. 민간요법에서 껍질은 출혈에 수렴제로 잎은 비장 질환, 류머티즘, 꽃은 황달에 열매는 불임에 사용한다.

관목은 가구, 염색 산업에서 이용한다.

장식용, 양봉용, 염색용, 타닌용 식물이다.

용법용량:

말린 잎 1큰 스푼(15g)에 끓은 물 1컵(200ml)을 부어 에나멜 용기에 담아 작은 불에 10~15분 달인다. 걸러낸다. 즙을 1일 3회 식전에 1/2컵씩 복용한다.

말린 꽃 2티 스푼(10g)에 끓은 물 1/2컵(100ml)을 부어 우려낸다. 걸러낸다. 탕액을 1일 3회 1/4컵(50ml)씩 복용한다.

타마릭스 라모시스마
Köp şahaly ýylgyn
Tamarix ramosissma

개요. 널리 분포된 약용 식물이다. 가지가 많은 타마릭스 라모시스마는 키가 2~3(4)m에 달하는 위성류과에 속하는 붉으스름한 껍질의 관목이다. 잎은 3각형 심장 모양 길이가 2~5mm, 너비가 1~2mm이며 뾰족하며 거의 줄기를 감싼 상태다. 총상화서는 길이가 3~5cm, 짧은 총상화서는 길이가 0.5~1.5cm 좁은 것은 너비가 3~5mm. 화경은 길이가 0.2~1.0mm이다. 포엽은 약간 긴-달걀 모양이며 길이가 1.5~2.0mm 뾰족하고 대부분 꽃받침보다 길다.

꽃은 5부분으로 되어 있다. 꽃받침은 달걀 모양의 뾰족한 조각으로 되어 있다. 꽃잎은 장미색 또는 보라색, 도란형이며 길이는 1.0~1.5mm 너비는 0.7~1.0mm, 꽃받침에 비해 1/3배 길다. 수술은 5개. 디스크는 5날개로 갈라졌으며 날개는 세로 홈이 있다. 꽃실은 가늘며 같거나 대부분 꽃부리에 비해 1.5배 초과하며 디스크의 날개사이에 놓여있다. 꽃밥은 뭉툭하며 암술대는 3개 대부분 씨방에 비해 3~5배 짧다. 꼬투리는 꽃받침보다 3~4배 길며 길이가 3~4mm 너비는 0.7~1.0mm이다.

식물특징. 평지, 계곡, 강, 호수 및 바다 연안, 염분을 함유한 토지에서 자란다. 개화기는 5~9월 결실기는 5~10월이다. 영양 번식한다.

분포 · 산지. 식물은 투르크메니스탄의 전체 지역에 분포됐다.

자연자원. 타마릭스 라모시스마는 우리나라에서 희귀한 식물에 속하지 않는다. 약용원료는 충분하다.

약용자원. 약용 목적으로 껍질, 가늘한 줄기, 잎, 꽃을 장만한다. 껍질은 이른 봄(3월), 줄기, 잎, 꽃은 개화기(5~7월)에 채취한다. 옥외에서 차양 밑에서 공기가 잘 통하는 곳에서 건조작업을 한다. 껍질, 줄기, 잎 원료는 헝겊 자루, 꽃 원료는 종이자루나 상자에 포장한다. 건조하고 직사광선이 안 들어 오는 곳에서 보관한다. 껍질 유효 기간은 2~3년, 줄기, 잎, 꽃은 1~2년이다.

화학성분. 식물의 성분에는 알칼로이드가 들어 있다. 뿌리는 타닌물질 4.5%를 함유. 지상 부분은 스테로이드 27.3%, 24-메틸홀레스타놀, 24-에틸홀레스타놀, 홀레스테린, 24-메틸홀레스테롤, 24-에틸-22-데기드로홀레스타놀, 24-에틸홀레스테롤, 24-에틸라노스테롤, 24-에틸-22-데기드로홀레스테롤, 아웨나스테롤을 함유. 줄기는 타닌물질 3%를 함유. 껍질은 쿠마린 0.16%, 타닌물질 4.1~9.0%; 플라보노이드; 안토치안을 포함. 녹색 가지는 쿠마린 0.18%; 타닌물질 1.64~6.75%; 플라보노이드 1.66%; 크웨르체친, 이소크웨르체친, 타마릭세틴, 타마릭신, 켐프페롤. 잎은 페놀카르본산: n-쿠마로와산; 쿠마린: 에스쿨레틴, 엘라고산; 타닌물질 8~9%; 플라보노이드: 크웨르체친, 켐프페롤; 꽃은 쿠마린 0.1%; 타닌물질 12.67%; 플라보노이드 2.4%: 크웨르체친, 켐프페롤, 이속, 웨르체친, 타마릭세틴, 타마릭신; 안토치안 2.6%. 열매는 쿠마린 0.15%; 타님물질 14.42%; 플라보노이드 1.64%; 안토친안 2.3%를 함유.

효능. 민간요법에서 껍질을 소화기관 질환에 또 출혈에 수렴제로 사용하기도 한다. 꽃은 위 질환에 열매는 불임에 쓰인다. 줄기 탕액은 류머티즘과 매독에 사용한다.

투르크메니스탄을 비롯한 중앙아시아 민간요법에선 잎 탕액을 비장 질환, 피부염, 알레르기에 사용한다.

의학에서 식물의 항균성과 이뇨제 성분이 연구됐다.

껍질과 푸른 가지들은 염색 공업에서 이용한다.

장식용, 식품용, 양봉용, 타닌용 식물이다.

용법용량:

잘게 썬 줄기 3큰 스푼(45g)에 끓는 물 0.5l를 부어 에나멜 용기에 담아 작은 불에 20분 달인다. 식혀서 걸러낸다. 탕액을 아픈 자리에 1일 2번(아침, 저녁) 바른다.

말린 잎 1큰 스푼(15g)에 끓은 물 1컵(200ml)을 부어 에나멜 용기에 담아 작은 불에 10~15분 달인다. 걸러낸다. 탕액을 1일 3회 식전에 1/2컵(100ml)씩 복용한다.

말린 꽃 2티 스푼(100ml)에 끓는 물 1/2컵(100ml)을 부어 우린다. 걸러낸 탕약을 1일 3회 1/4컵(50ml)씩 복용한다.

타마릭스 락사
Ýumşak ýylgyn
Tamarix laxa

개요. 사막, 평지에서 자라는 약용 식물이다. 키가 2~3m에 달하는 위성류과에 속하는 회색이나 붉으스레-갈색의 껍질 관목이다. 잎은 달걀형-약간 긴 모양이며 길이가 1~2(4)mm 너비는 0.5~1.5mm이고 뾰족하며 기부에 줄기를 따라 아래로 뻗는다. 꽃차례는 옆으로 뻗으며 드물고 짧다. 길이가 0.5~2.5(5.0)cm 너비는 0.4~0.5cm이며 약간 긴 회색 조각으로 덮인 화경에 붙었다. 꽃자루는 길이가 1.8~2.0mm 꽃받침보다 2~3배 길다. 포엽은 달걀형-피침 모양으로 길이가 1.0~1.2mm 약간 길고 뾰족하며 대부분 안으로 구부러졌으며 꽃자루에 비해 2~3배 짧다.

꽃은 4부분, 드물게 5부분으로 되어 있다. 꽃받침은 폭넓은 도란형 뾰족한 조각으로 되어 있다. 꽃잎은 흰색 또는 장미색, 약간 긴-타원형이며 길이가 1.5~2.0mm 너비는 0.7~1.0mm, 꽃받침에 비해 2배 길며 뭉툭하다. 수술은 4개(이따금 5~6). 디스크는 4각형. 꽃밥은 대부분 앞끝이 날카롭다. 암술대는 3(4) 씨방에 비해 3~4배 짧다. 꼬투리는 꽃받침보다 5~6배 길며 길이가 5~7mm, 너비는 1.5~2.0mm이다.

식물특징. 주로 염화 토지에서 강, 호수 연안 모래 토지에서 자란다. 개화기는 3~4월, 결실기는 4~5월이다. 영양 번식한다.

분포 · 산지. 볼쇼이 발한: 발라이셈; 큐렌다그: 우쥔수브; 바드희제: 세르헤타바트; 프리카스피 사막: 타샤르와트칼라, 투르크멘바쉬, 발카나바트; 중앙 카라쿰: 베쉬카크; 동남 카라쿰: 켈테쇼르, 쿰찰 우물; 순두클리 사막; 프리코페트다그 오아시스: 세르다르, 아쉬하바드, 갸우르스; 아무다리야 오아시스: 아캬르, 파라브, 투르크메나바트.

자연자원. 우리나라에서 희귀한 식물에 속하지 않는다. 약용 원료는 충분하다.

약용자원. 약용 목적으로 껍질, 잎, 꽃을 장만한다. 껍질은 이른 봄(3월), 잎과 꽃은 개화기(3~4월)에 채취한다. 껍질과 잎 원료는 헝겊, 종이 자루에 꽃은 종이 상자나 유리병에 포장한다. 건조하고 어두운 곳에서 보관한다. 원료의 유효 기간은 1~2년이다.

화학성분. 타마릭스 락사의 화학성분은 잘 연구되지 않았다. 식물의 지상 부분은 타마릭신을 비롯한 플라보노이드를 함유. 줄기 껍질, 녹색 가지와 잎은 타닌물질을 포함하고 있다.

효능. 민간요법에서 가지의 탕액은 류머티즘성제로 사용. 껍질 즙과 탕약은 수렴제, 잎 탕약은 류머티즘, 비장 질환에, 진정제, 지혈제, 발한제, 이뇨제로 쓰인다.

투르크메니스탄을 비롯한 중앙아시아 민간요법에서 껍질은 출혈을 중지하기 위한 수렴제로 줄기의 달인 약은 류머티즘, 매독, 꽃은 황달에, 열매는 남성 및 여성 불임에 사용한다.

장식용, 양봉용, 타닌 함유용 식물이다.

용법용량:

말려서 찧은 껍질 2큰 스푼(30g)에 끓는 물 0.5l를 부어 에나멜 용기에 담아 작은 불에 20분 달인다. 식혀서 걸러낸다. 달인 약을 1일 3회 1/4컵(50ml)씩 복용.

말려서 잘게 썬 껍질 2큰 스푼(30g)을 1l 보온병에 담아 1시간 우린다. 걸러낸 탕약을 외용약으로 쓴다.

말린 잎 1큰 스푼(15g)에 끓는 물 1컵(200ml)을 부어 30분 우린다. 걸러낸 탕약을 1일 3회 1/4컵(50ml)씩 복용한다.

말린 꽃 1큰 스푼(15g)에 끓는 물 1컵(200ml)을 부어 우린다. 걸러낸다. 탕약을 1일 3회 식전에 2큰 스푼(30ml)씩 복용한다.

타마릭스 히스피다
Tüýlek ýylgyn
Tamarix hispida

개요. 염분 토지에서 자라는 약용 식물이다. 타마릭스 히스피다는 키가 1.5~5.0m에 달하며 갈색-붉은 껍질, 짧은 털로 덮인 위성류과에 속하는 관목이다. 잎은 넓은 달걀 모양이며 길이가 0.5~2.0mm 너비는 0.5~0.7mm이다. 꽃차례는 정점에 있으며 길이가 5~7cm 너비는 3~5mm, 길죽한 꽃차례는 길이가 7~17cm이다. 포엽은 심장-달걀형 길이가 1.0~1.5mm 꽃받침보다 좀 길다.

꽃은 5부분, 드물게 4부분으로 되어 있다. 꽃받침은 달걀형 뾰족한 조각으로 되어 있다. 꽃잎은 붉은색 또는 장미색, 타원형이며 길이가 1.5~2.0mm 너비는 0.6~1.0mm, 꽃받침에 비해 1/3배 길며 뭉툭하다. 수술은 5개(이따금 4). 디스크는 5각형. 꽃밥은 뭉툭하다. 암술대는 3개 대부분 씨방에 비해 3~4배 짧다. 꼬투리는 꽃받침보다 5~6배 길며 길이가 4~5mm, 너비는 1.0mm이며 대부분 붉으스름하다.

식물특징. 주로 물기 있는 염화 토지에서 강, 호수 연안 모래 토지에서 자란다. 개화기는 6~9월, 결실기는 8~10월이다. 영양 번식한다.

분포 · 산지. 식물은 투르크메니스탄의 전체 지역에서 분포되어 있다.

자연자원. 우리나라에서 희귀한 식물에 속하지 않는다. 약용 원료는 충분하다.

약용자원. 약용 목적으로 잎, 가는 줄기, 꽃과 즙을 장만한다. 원료는 개화기(7~9월)에 채취한다.옥외에서 건조 작업을 한다. 잎과 가는 줄기 원료는 헝겊 자루에 꽃은 종이 자루나 상자에 포장한다. 건조하고 어두운 곳에서 보관한다. 원료의 유효 기간은 1~2년이다.

화학성분. 식물 성분에는 타닌물질이 들어 있다. 뿌리 껍질은 타닌물질 6.4%, 줄기는 타닌물질 3.3%까지 포함하고 있다. 껍질은 쿠마린 0.23%, 타닌물질 6.2%, 플라보노이드 2.1%, 안토치안을 함유. 녹색 가지들은 쿠마린 0.18%, 타닌물질 2.8%, 플라보노이드 1.2%, 크웨르체친, 이소크웨르치트린, 켐프페롤, 타마릭세틴, 타마릭신을 함유. 꽃은 쿠마린 0.08%, 타닌물질 5.7%, 플라보노이드 2.6%, 크웨르체친, 이소크웨르치트

린, 켐프페롤, 타마릭세틴, 타마릭신, 안토치안을 함유. 열매는 쿠마린 0.16%, 타닌물질 16.88~22.58%, 플라보노이드 3.44%, 안토치안 6.2%를 함유.

효능. 민간요법에서 가지의 달인 약은 류머티즘성제로 사용. 껍질의 달인 약과 즙은 수렴제, 지혈제, 진정제, 발한제, 이뇨제로 쓰이며 소화기, 비장 질환에 사용한다. 꽃 탕약은 위, 방광 질환에 쓰인다. 신선한 식물 즙은 구강의 양치질에 사용.

투르크메니스탄을 비롯한 중앙아시아 민간요법에서껍질과 뿌리는 소화기관 질환에 잎은 류머티즘, 즙은 궤양용 구강염에 사용한다.

의학에서 잎과 꽃의 이뇨제 효과가 발견됐다.

장식용, 양봉용, 타닌 함유용 식물이다.

용법용량:

말려서 잘게 썬 줄기 2큰 스푼(30g)에 끓은 물 1컵(200ml)을 부어 에나멜 용기에 담아 작은 불에 10-15분 달인다. 식혀서 걸러낸다. 달인 약을 신체의 아픈 부분에 바른다.

말린 잎 1큰 스푼(15g)에 끓는 물 1컵(200ml)을 부어 30분 우린다. 걸러낸 탕약을 1일 3회 1/4컵(50ml)씩 복용한다.

말린 꽃 1큰 스푼(15g)에 끓는 물 1컵(200ml)을 부어 우린다. 걸러낸다. 탕약을 1일 3회 식전에 2큰 스푼(30ml)씩 복용한다.

피러스 보이시에리아나
Buassýeniň armydy
Pyrus boissieriana

개요. 산악 지대에 자라는 약용 식물이다. 세계적으로 약 60종이 있는데 투르크메니스탄엔 4종이 있다.

피러스 보이시에리아나는 키가 2.5~4.0m에 달하는 장미과에 속하는 관목, 나무이다. 가지들은 가시가 없으며 식물의 전체 부분은 나체형. 잎은 길고 가는 자루에 붙었으며 둥글스름-달걀 모양이나 거의 둥글하며 기부는 홈이 약간 있으며 잎끝은 뭉툭하거나 짧게 뾰족하다.

꽃은 크며 꽃잎은 흰색이다. 배는 길고 가는 화경에 달렸다. 열매는 잘며 지름이 약 1cm 거의 공모양이며 붉으스레하며 반들하다.

식물특징. 해발 800~1200m, 미립성자 돌이 많은 및 점토 경사에서 자란다. 개화기는 4~5월, 결실기는 8~10월이다. 씨와 나무의 싹으로 번식한다.

분포 · 산지. 서남 코페트다그: 아이데레, 초하가츠, 하사르다그, 파뤼작 및 쿳순다그, 투틀뤼, 호즐뤼다그; 중앙 코페트다그: 카라가츠 계곡, 사륌사클뤼.

자연자원. 피러스 보이시에리아나는 우리나라에서 희귀한 식물에 속한다. 약용 원료는 충분하지 않다. 재배용으로 권유한다. 국립 순트-하사르다그스크 및 코페다그 보호림에서 보호한다. 투르크메니스탄 적색목록에 기입됐다.

약용자원. 약용 목적으로 열매와 씨를 장만한다. 원료는 결실기(8~10월)에 채취한다. 옥외에서 차양 밑에서 건조 작업을 한다. 완성된 원료는 강한 냄새가 있으며 향기가 있다. 원료는 종이 자루나 상자에 포장한다. 건조하고 직사광선이 들어 오지 않는 곳에서 보관한다. 원료의 유효 기간은 2~3년이다.

화학성분. 피러스 보이시에리아나의 화학 성분은 잘 연구되지 않았다. 식물은 탄수화물, 구연산, 사과산을 비롯한 유기산, 비타민 C, P, 펙친, 타닌물질, 철을 함유한다.

효능. 위대한 중세기 자연연구가 아부 알리 이븐 신은 《의하의 근본 원리》에서 말린 열매의 상처 치료, 갈증 해소 성분을 설명했으며 열매와 씨는 위를 튼튼하게 하며 즙은 이질에 사용한다.

민간요법에서 피러스(Pyrus)의 약효 성분은 소화를 도우며 심장 고동, 비뇨 생식기병, 방광염, 신장병, 전립선에 유효하며 말린 열매를 달인 약은 알레르기, 설사, 위염, 결장염, 신장결석병, 기침, 감기, 결핵에 사용한다.

투르크메니스탄 민간요법에선 열매를 달인 약과 구운 열매를 기관지 질환, 결핵에 그리고 이뇨제 정상화에 쓰인다.

피러스즙은 비타민 P, C와 카로티노이드의 원천이며 모관을 강화하며 영양식에 유효하다.

장식용, 식물용, 염색용 식물이다.

용법용량:

말려서 잘게 썬 열매 100g에 물 1l를 부어 에나멜 용기에 작은 불에 30분 끓인다. 2시간 우려낸다. 걸러낸다. 탕약을 1일 3회 1/2컵(100ml)씩 복용한다.

말려서 잘게 썬 열매 100g에 물 1l를 부어 에나멜 용기에 작은 불에 30분 끓인다. 전분을 찬물에 풀어서 끓는 약탕에 넣는다. 식힌다. 탕액을 매일 1컵(200ml)씩 복용한다.

매일 신선한 피러스즙 섭취량은 100g이다.

시심브리움 앨티시멈

Beýik kertikli

Sisymbrium altissimum

개요. 잡초 약용 식물이다. 세계적으로 약 90종이 있는데 투르크메니스탄에는 8종이 있다. 시심브리움 앨티시멈은 높이가 30~80cm에 달하는 십자화과에 속하는 한해살이 풀이다. 줄기는 직립, 가지들이 벌려졌으며 밑부분에는 길죽한 뻐처나온 털로 덮였으며 윗부분은 거의 나체형이다. 밑부분 잎은 깃털-분리 모양 톱니 열편이 있다. 줄기 잎은 길죽한 약간 긴-선형 열편의 깃털-잘라졌다. 윗부분 잎은 거의 실 모양의 열편이 있다. 악편은 길이가 4~5mm이다.

꽃잎은 파르스름한 노란색으로 선형-주걱형으로 길이가 7~9mm이다. 핵과는 직선, 길며 사각형-원통 모양이며 길이가 70~100(125)mm, 너비가 1.25~1.5(1.80)mm. 핵과 자루는 길이가 5~10mm 두께는 핵과와 같다. 암술머리는 아주 짧은 암술대에 있다. 씨앗은 탄원형-사각형이며 노란-갈색이고 길이가 약 1mm 너비는 0.6~0.7mm이다.

식물특징. 해발 400~1200m, 길가, 사면에서 자란다. 개화기와 결실기는 4~6월이다. 씨로 번식한다.

분포 · 산지. 큐렌다그: 테르사칸; 서남 코페트다그: 숨바르강에 따라, 하사르다그, 순트; 중앙 코페트다그: 노후르 근처, 아르와즈, 타가레브, 사륌사클리, 데기르멘리, 게르마브, 세키샬, 헤이라바드, 초폰다그, 아마라트, 녜프타놉스키촌, 곡데레, 야블로놉스키, 호브단; 동 코페트다그: 로베르곱스키; 받희제: 세르헤타바트;

자연자원. 시심브리움 앨티시멈은 우리 나라에서 희귀한 식물에 속하지 않는다. 약용 원료 보유량은 충분하다. 잡초로서 자란다. 연간 채취량은 100톤 이상.

약용자원. 약용 목적으로 초본과 씨를 장만한다. 초본은 개화기(4~5월), 씨앗은 결실기(6월)에 채취한다. 차양 밑 공기가 잘 통하는 곳에서 건조 작업을 한다. 완성된 초본 원료는 헝겊 자루, 씨앗은 종이 상자나 유리병에 포장한다. 건조하고 어두운 곳에서 보관한다. 초본 유효 기간은 1~2년, 씨는 2~3년이다.

화학성분. 식물 성분에는 글리코시드와 겨자유가 들어 있다. 식물 지상 부분은 카르데놀리드를 함유. 줄기는 플라보노이드를 포함. 잎은 비타민 C, 카로틴, 플라보노이드를 함유. 열매는 카르데놀리드를 포함. 씨는 지방유(25~38%), 요오드 지표(리놀레노바산 37.8~42.8%, 에루코바산 18.8~20.6%, 리놀레산 12.0~13.9%, 올레인산 7.2~8.3%, 에이코센산 5.6~7.4%, 팔리미틴산 5.0~5.4%, 아라힌산 2.5~3.0%, 테트라옥센산 0.8~1.3%, 스테아린산 0.6~1.0%).

효능. 민간요법에서 초본은 항괴혈병제, 지혈제, 해열제, 수렴제로 쓰이며 씨는 항염제,천식제, 가래 제거제, 강장제로 사용한다.

어린 가지로 샐러드를 만들기도 한다.

장식용, 식물용, 양봉용, 사료용, 염색용 식물이다.

용법용량:

말린 씨앗 1~2큰 스푼(15-30g)에 끓은 물 1컵(200ml)을 부어 에나멜 용기에 담아 작은 불에 30분 끓인다. 식혀서 걸러낸다. 즙을 1일 3회 1큰 스푼(15ml)씩 복용한다.

말려서 잘게 썬 초본 1티 스푼(5g)에 끓은 물 1,5컵(300ml)을 부어 식을 때까지 우려낸다. 걸러낸다. 탕액을 1일 3회 식전에 1큰 스푼(15ml)씩 복용한다.

시심브리움 이리오
Irio kertikli
Sisymbrium irio

개요. 잡초 약용 식물이다. 시심브리움 이리오는 높이가 30~50cm에 달하는 십자화과에 속하는 한해살이 풀이며 주로 윗부분에 분산된 털로 덮였다. 줄기는 보통 단순하다. 밑부분 잎은 깃털-갈라졌으며 길죽한 피침형 큰 톱나의 열편이 있다. 윗부분 잎은 깃털-갈라졌으며 좁은 약간 긴-피침형 열편이 있다. 꽃차례는 꽃이 피기전에 무성하고 짧으며 거의 산방화서 모양. 악편은 길이가 2~3mm. 꽃잎은 선형-주걱 모양이며 길이가 약 3mm, 노란색. 핵과는 길이가 50~60mm, 너비는 0.75~1.0mm 나체형이다. 핵과 자루는 가늘고 길이는 6~8(12)mm 무성히 잔 털로 덮였다. 암술대는 아주 짧으며 씨앗은 길이가 약 1mm 너비는 0.5mm 노란-갈색이다.

식물특징. 해발 400~1200m, 계곡, 산악강 연안 오아시스에서 잡초로 자란다. 개화기는 3~5월이며 결실기는 5~6월이다. 씨로 번식한다.

분포 · 산지. 볼쇼이 발한; 큐랜다그: 세르다르, 서남 코페트다그: 마흐툼쿨리: 중앙 코페트다그: 메르게놀렌, 세키잡, 아르차빌, 곡데레; 동 코페트다그; 받히제: 세르헤타바트; 코이텐다게; 프리카스피 사막: 투르크멘바쉬; 프리코페트다그 오아시스: 아쉬하바드.

자연자원. 시심브리움 이리오는 우리 나라에서 희귀한 식물에 속하지 않는다. 약용 원료 보유량은 충분하다. 연간 채취량은 20톤 이상에 달할 수 있다.

약용자원. 약용 목적으로 식물 초본과 씨를 장만한다. 초본은 개화기(3~5월), 씨는 결실기(5~6월)에 채취한다. 차양 밑에서 건조 작업을 한다. 완성된 초본 원료는 헝겊 자루, 씨는 종이 상자에 포장한다. 건조하고 어두운 곳에 보관한다. 초본 보관 기간은 1~2년, 씨는 2~3년이다.

화학성분. 식물 성분에는 겨자유와 지방유, 글리코시드, 카로틴이 들어 있다. 지상 부분은 β-시토스테린, 3-β-D-글류코시드 β-시토스테린을 크웨르체친, 이소람네친을 비롯한 플라보노이드를 비롯한 스테로이드 함유. 잎은 비타민 C, 카로틴을 함유. 씨는 지방유, 요오드 지표 122, 플라보노이드: 이소람네친을 포함하고 있다.

효능. 민간요법에서 식물 초본의 탕액을 목 및 기관지 질환, 씨는 암, 천식에 쓰이며 가래 제거제, 일반 강장제, 자극제로 사용한다.

장식용, 식물용, 양봉용, 사료용, 염색용 식물이다.

용법용량:

말린 씨앗 1~2큰 스푼(15~30g)에 끓인 물 1컵(200ml)을 부어 에나멜 용기에 담아 작은 불에 30분 끓인다. 식힌후 걸러낸다. 즙을 1일 3회 1큰 스푼(15ml)씩 복용.

말려서 잘게 썬 초본 1티 스푼(5g)에 끓는 물 1.5컵(300ml)을 부어 우려낸다. 식힌 다음 걸러낸다. 탕액을 1일 3회 식전에 1큰 스푼(15ml)씩 복용한다.

시심브리움 로에셀리
Lýozeliň kertiklisi
Sisymbrium loeselii

개요. 잡초 약용 식물이다. 시심브리움 로에셀리는 높이가 30~100cm에 달하고 십자화과에 속하는 한해살이 풀이다. 가지가 벌어진 줄기는 직립이며 뻣뻣한 긴 삐처난 털로 덮였다. 잎은 리라 모양, 깃털 잘라지고 뻣뻣한 털이 덮였다. 잎(길이 6~12cm)은 굵은 정점 열편이 있다. 악편은 길이가 3~4mm, 누르스름하다.

꽃잎은 선형-주걱 모양 길이 5~7mm, 노란색이다. 핵과는 나체형, 길이가 20~30(40)mm, 너비는 약 0.75mm, 가는 긴 자루에 붙어 있다. 씨는 노란색-갈색, 타원형, 한쪽으로 불룩하며 길이가 약 0.75~1.0mm이고 너비가 0.5mm이다.

식물특징. 해발 400~1600m, 산밑 평지, 계곡, 산강 연안에서 자란다. 개화기와 결실기는 4~6월이다. 씨로 번식한다.

분포 · 산지. 볼쇼이 발한; 큐렌다그: 세르다르; 서남 코페트다그: 아이데레 계곡, 테아밀 계곡, 중앙 코페트다그: 카라얄치, 아르와즈, 사림사클리, 데기르멘리, 술류클리, 미시네브, 메르게놀렌, 쿠르쿨라브, 게르마브, 헤이라바드, 차엑; 동 코페트다그: 로베르곱스키, 쿠뤼호브단, 세를록; 받희제: 세르헤타바트;

코이텐다게; 프리코페다그 오아시스: 아쉬하바드.

자연자원. 시심브리움 로에셀리는 우리 나라에서 희귀한 식물에 속하지 않는다. 약용 원료는 충분하다. 연간 채취량은 100여톤이 될 수 있다.

약용자원. 약용 목적으로 초본과 씨를 장만한다. 초본은 꽃이 피는 4~5월에 씨는 열매가 익는 6월에 채취한다. 차양 밑에서 건조 작업을 한다. 완성된 초본 원료는 헝겊 자루, 씨는 종이 상자에 포장한다. 건조하고 직사광선이 안 들어 오는 장소에서 보관한다. 초본 유효 기간은 1~2년, 씨는 2~3년이다.

화학성분. 식물의 성분에는 겨자유와 지방유, 글리코시드가 들어 있다. 뿌리는 유기산 0.42%, 카르데놀리드를 포함. 줄기는 알카로이드 0.03%, 비타민 C를 함유. 잎은 알칼로이드 0.03%, 비타민 C, 카로틴, 타닌물질 7.3%를 포함. 꽃은 알칼로이드 0.14%, 비타민 C를 함유. 씨는 β-시토스테린, 알칼로이드 0.003%, 비타민 C, 지방유 30.0~40.3%, 요오드 지표 130.5~143, 티오글리코시드 0.25%를 함유.

효능. 민간요법에서 식물의 즙과 탕액은 심장 질병, 괴혈병, 씨의 즙과 탕액은 저혈압제로 쓰인다.

씨는 지방유를 만드는데 사용한다.

장식용, 식물용, 양봉용, 사료용, 염색용 식물이다.

용법용량:

말린 씨 1~2큰 스푼(15~30g)에 끓은 물 1컵(200ml)을 부어 에나멜 용기에 담아 작은 불에 30분 끓인다. 식혀서 걸러낸다. 즙을 1일 3회 1큰 스푼(15ml)씩 복용한다.

말려서 잘게 썬 1티 스푼(5g)에 끓는 물 1.5컵(300ml)을 부어 우려낸다. 식혀서 걸러낸다. 탕액을 1일 3회 식전에 1큰 스푼(15ml)씩 복용한다.

가루 상태로 잘게 썬 씨 2티 스푼(10)에 알콜1/2컵(100)을 부어 어두운 곳에서 1주일 우린다. 정기적으로 흔들어 준다. 탕약을 1일 3회 식전 30분전에 10방울씩 복용한다.

군델리아 토우르네포르티
Turneforyň kengary
Gundelia tournefortii

개요. 초본 약용 식물이다. 투르크메니스탄에서 1종만 자생한다.

군델리아 토우르네포르티는 높이가 30~60cm에 달하는 국화과에 속하는 다년생 풀이다. 거미줄이 덮였으며 가시가 있고 수액이 있즌 식물이다. 줄기는 두껍고 윗부분에 가지들이 많다. 잎은 깃털 모양이며 가죽질로서 딱딱하고 약간 길거나 약간 긴-피침형 가장자리에 강한 가시가 있다. 가시 모양의 잎으로 둘러싸인 두상화 구체는 달걀형. 껍질로 덮여 있는 수과는 길이가 1.5~1.7cm, 너비가 0.8~1.0cm이며 정점에는 회색 또는 회갈색의 가시들이 있다.

식물특징. 해발 400~800m, 계곡과 산기슭에서 자란다. 5~6월에 꽃이 피며 5~7월에 열매가 익는다. 씨로 번식한다.

분포 · 산지. 서남 코페트다그: 마흐툼쿨리, 숨바르 및 찬드르 강 계곡; 동 코페트다그: 아르친얀, 카라티켄, 호쇼브; 받희제: 세르헤타바트, 칠두흐타르; 코이텐다게.

자연자원. 군델리아 토우르네포르티는 우리 나라에서 희귀한 식물에 속하지 않는다. 약용원료는 충분하다. 잡초로서 무성하게 자란다. 매년 채취량은 적어도 15~25톤에 달할 수 있다.

약용자원. 약용 목적으로 군델리아의 초본을 장만한다. 원료는 개화기(5~7월)에 채취한다. 차양 밑에서 바람이 잘 부는 장소에소 건조시킨다. 완성된 원료는 헝겊 자루에 포장한다. 건조하고 어두운 곳에서 보관한다. 유효 기간은 1~2년이다.

화학성분. 식물의 땅밑 부분은 올레아놀산 화합물을 비롯한 사포닌을 함유하고 있다. 지상 부분은 탄성 고무를 함유.

효능. 민간요법에서 식물의 즙과 탕액은 피부, 기관지 질환에 사용한다. 투르크멘 민간요법에선 식물의 수지를 구토제로 쓰인다. 거주민들은 어린 줄기와 꽃차례를 음식에 사용한다.

장식용, 식물용, 사료용 식물이다.

용법용량:

말린 풀 1큰 스푼(15g)에 끓은 물 1.5컵(300ml)을 부어 에나멜 용기에 담아 작은 불에 20분 끓인다. 30분 우려낸다. 걸러낸 다음 즙을 1일 3회 식전에 1큰 스푼(15ml)씩 복용한다.

잘게 썬 풀 1큰 스푼(15g)에 끓는 물 1컵(200ml)을 부어 우려낸다. 걸러낸다. 탕액을 1일 3회 식전에 1/4컵(50ml)씩 복용한다.

디아르스론 베시컬로섬
Sowdagan
Diarthron vesiculosum

개요. 잡초 약용 식물이다. 투르크메니스탄에서 1종류가 있다.

디아르스론 베시컬로섬은 높이가 20~40cm에 달하는 팥꽃나무과에 속하는 한해살이 풀이다. 얇은 가지가 많은 직립 자세의 줄기, 위로 돌출한 잎이 덮인 가지들. 잎은 선형-약간 길거나 피침형이며 길이가 6~13mm 너비는 1.0~3.5mm이며 양쪽 끝은 좁으며 정점은 약간 뭉툭하고 나체형으로 아주 짧은 자루가 있다.

꽃은 줄기와 가지 정점에 잎이 없는 총상화서에 붙어 있다. 꽃자루는 짧고 길이가 1mm까지, 포엽은 없다. 화개는 누르스름하며 나체형, 관은 길이가 3~4mm. 날개는 직립 자세를 갖추고 선형-피침형이며 길이는 0.8mm이다. 열매는 달걀 모양, 검은색이며 반들하다.

식물특징. 해발 400~1600m, 산밑 평지 때때로 오아시스 및 사막 지대에서 자란다. 꽃은 5~7월에 피며 열매는 7~10월에 익는다. 씨로 번식한다.

분포 · 산지. 볼쇼이 및 말리 발한: 세키다그, 찰수브, 쇼르드자, 토란갈뤼; 큐렌다그: 드제벨, 테멘네레, 트르고이, 오보이, 이스칸데르; 서남 코페트다그: 초하가츠산, 마흐툼칼리, 보군다르계곡,; 중앙 코페트다그: 초판다그, 아르차빌, 아쉴마. 호브단; 동 코페트다그: 타쉬코프리, 엘리비르, 세르헤타바트; 코이텐다그: 차르샨가, 마르구쉬, 덴기스쿨리; 프리카스피 사막: 아트레크; 서북 카라쿰:베레케트; 프리코페트다그 오아시스: 세르다르, 바미, 아쉬하바드, 바기르;

자연자원. 디아르스론 베시컬로섬은 우리나라에서 희귀한 식물에 속하지 않는다. 약용 원료는 충분하다. 매년 채취량은 약 100톤이다.

약용자원. 약용 목적으로 초본을 장만한다. 원료는 개화기(5~7월)에 채취한다. 옥외 차양밑에서 건조 작업을 한다. 완성된 원료는 헝겊 자루에 포장한다. 건조하고 서늘한 곳에서 보관한다. 유효 기간은 1~2년이다.

화학성분. 식물 성분에는 카로틴, 사포닌, 쿠마린, 플라보노이드, 리피드, 팔미틴산, 리놀레산, 낙산, 리놀레노바산이 들어 있다. 열매와 씨는 리피드, 낙산, 리놀레산을 함유하고 있다.

효능. 민간요법에서 즙과 탕액을 불면, 식욕 상실에 사용하지만 초본의 독사성 때문에 악용하면 안 된다.

양봉용 식물이다.

용법용량:

잘게 썬 풀 1티 스푼(5g)에 끓은 물 2컵(400ml)을 부어 에나멜 용기에 담아 작은 불에 10~15분 끓인다. 식혀서 걸러낸다. 즙을 1일 3회 식전 30분전에 1티 스푼(5ml)씩 복용한다.

말린 풀 1티 스푼(5g)을 0.5l의 보온병에 담아 1시간 우려낸다. 걸러낸다. 탕액을 1일 3회 1큰 스푼(15ml)씩 복용한다.

이눌라 카스피카
Hazar akargüli
Inula caspica

개요. 약용 식물로 널리 분포됐다. 이눌라 카스피카는 높이가 30~60cm, 국화과에 속하는 여러해살 풀이다. 외줄기, 드물게 복수 줄기 중부에서 위로 털로 덮인 직립 줄기가 있다. 하부에 줄기는 거의 나체나 드물게 뻣뻣한 털로 덮였다. 중부나 상부에 줄기는 특히 꽃차례의 줄기는 흰색 긴 털, 짧은 뻣뻣한 머리털로 덮여 있다. 잎은 좁고 선형 또는 선형-피침형 길이가 10~15(20)cm, 너비가 0.5~1.0(2.0)cm 끝은 뾰족하다. 하부 잎은 기부에 길죽히 좁아지며 나머지는 무병엽, 줄기를 절반 둘러싼 모양이다.

많은 두상화는 지름이 1~2cm, 부숴지기 쉬운 방패 같은 꽃차례에 배치돼 있다. 총포 조각은 여러 줄이 있으며 기와 모양, 좁은 선형짧은 뻣뻣한 털머리가 있다. 외부 조각은 길이가 2~3(4)mm, 너비가 1.0~1.5mm이다. 내부 조각은 좁으며 길이가 5~6mm 너비는 0.5~1.0mm이다. 혀 모양의 꽃들은 길이가 7~8mm 까지 좁은 혀의 너비는 약 1mm. 관 모양의 꽃은 양성이며 길이가 5~6mm이다. 꽃밥은 길이가 2.5mm 기부에 부속이 있다. 수과는 털이 있으며 길이가 약 1.0mm 너비가 0.25mm, 5mm 길이의 관모가 있다.

식물특징. 해발 800~1600m 평지, 오아시스에서 주로 범람원에서 자란다. 꽃은 6~8월에 피며 열매는 7~9월에 익는다. 씨와 근경으로 번식한다.

분포 · 산지. 서남 코페트다그: 다이나, 웨르흐니 숨바르; 바휜제: 세르헤타바트, 세르헷치; 무르가브 오아시스: 마뤼, 바이람알리; 아무다리야 오아시스: 파라브, 투르크메나바트;

자연자원. 이눌라 카스피카는 우리 나라에서 희귀한 식물에 속하지 않는다. 약용 원료는 충분하다. 재배를 권유한다. 매년 채취량은 15톤 이하.

약용자원. 약용 목적으로 뿌리, 잎, 꽃차례를 장만한다. 뿌리는 이른 봄(3월)이나 가을(9월)에 잎과 꽃차례는 개화기(6~8월)에 채취한다. 옥외에서 차양 밑에서 건조 작업을 한다. 완성된 뿌리 원료는 종이 자루, 잎은 헝겊 자루, 꽃차례는 종이 상자에 포장한다. 건조하고 직사 광선이 안 들어 오는 어두운 곳에서 보관한다. 뿌리 유효 기간은 2~3년, 잎과 꽃차례는 1~2년이다.

화학성분. 뿌리와 근경은 탄수화물과 그의 유도체인 이눌린 43%, 정유 2.3%, 알칼로이드 0.1%, 비타민 E, 사포닌, 수지를 포함. 지상 부분은 탄성 고무, 알칼로이드 0.16%를 함유. 잎과 꽃차례는 인카스핀, 브리타닌을 비롯한 세스크위테르페노이드를 함유.

효능. 민간요법에서 식물의 즙을 비뇨 생식기 질환에 와인과의 혼합물은 독사 동물에 물렸을 때, 피로, 노화 방지에 사용한다. 탕액은 위, 장 궤양에 쓰인다. 두통, 간질, 편두통, 임파관 질환에 쓰인다. 투르크메니스탄을 비롯한 중앙아시아 민간요법에선 뿌리의 즙을 기관지염에 가래 제거제로 널리 사용한다.

의학에서 이눌라 카스피카의 항균성이 연구됐다.

이눌라 카스피카에서 추출한 락톤으로 제조한 《알란톤》약은 위궤양과 급성 십이장 질환에 사용한다.

장식용, 양봉용, 염색용 식물이다.

용법용량: 말려서 잘게 썬 뿌리 1큰 스푼(15g)에 끓은 물 1컵(200ml)을 부어 에나멜 용기에 담아 작은 불에 10~15분 끓인다. 실내 온도까지 식힌 다음 걸러낸다. 즙을 당일 내에 2시간 마다 1큰 스푼(15ml)씩 복용한다.

잘게 썬 근경 12g에 《카고르》 붉은 와인 0.5l를 부어 에나멜 용기에 담아 작은 불에 10분 끓인다. 걸러낸 다음 즙을 식후에 1/4컵(50ml)씩 복용. 가래 제거제, 항염제, 이뇨제, 지혈제, 강창제로 사용한다.

잘게 썬 뿌리 2티 스푼(10)에 더운물 1컵(200ml)을 부어 유리병에 담아 30분 달인다. 걸러낸다. 침액을 1일 2~3회 식전 1시간전에 1/2컵(100ml)씩 복용한다.

잘게 썬 뿌리 1티 스푼(5)에 끓은 물 1컵(200ml)을 부어 10분 우려낸다. 걸러낸다. 침액을 하루동안 복용한다.

근경과 뿌리의 즙을 벌꿀과 1:1 비율로 썩어 유리병에 담아 두껑이를 닫고 어두운 곳에서 2~3일 우려낸다. 정기적으로 저어준다. 혼합물을 천식과 기침에 사용한다.

이눌라 리조세팔라
Kelle kökli akargül
Inula rhizocephala

개요. 산악 지대에 자생하는 약용식물이다. 이눌라 리조세팔라는 높이가 8~25cm 가지들이 없으며 땅에 펴진 많은 근생엽, 국화과에 속하는 여러해살 풀이다. 입몸은 약간 길거나 또는 약간 긴-달걀 모양이고 길이가 3.0~12.0cm, 너비는 0.7~3.0cm, 뭉툭하며 기부에 날개 달린 잎자루로 좁아진다.

두상화는 8~20개, 머리 모양 부분이 달린 꽃차례에 군생. 총포는 지름이 0.5~1.5cm이다. 외부 잎은 피침형-선형, 뻣뻣한 털모리 모양, 뾰족하다. 내부 잎은 선형. 혀 모양 꽃은 암술이 있다. 수과는 늑골이 얇으며 털이 있으며 길이가 1.5~2.0mm이다.

식물특징. 해발 1600~2800m, 사면, 습도가 있는 곳에서 자란다. 6~7월에 꽃이 피며 열매가 익는다. 씨와 근경으로 번식한다.

분포 · 산지. 중앙 코페트다그: 초판다그 산꼭대기. 투르크메닌스탄에서 유일한 분포구이다.

자연자원. 우리 나라에서 희귀한 식물에 속한다. 약용 원료는 그리 많지 않다. 재배를 권유한다. 코페트다그 국가보호림에서 보호한다.

약용자원. 약용 목적으로 뿌리, 잎, 꽃차례를 장만한다. 뿌리는 초봄(3월)이나 가을(9월)에 잎과 꽃차례는 꽃이 피는 기간(6월)에 채취한다. 옥외, 차양 밑에서 건조 작업을 한다. 완성된 뿌리, 잎 원료는 헝겊 자루, 꽃차례는 종이 상자에 포장한다. 건조하고 직사광선이 안 들어오는 곳에서 보관한다. 뿌리의 유효 기간은 2~3년, 꽃과 잎의 유효 기간은 1~2년이다.

화학성분. 식물 성분에는 쿠마린(0.67%)을 비롯한 세스크위테르페노이드가 들어 있다. 뿌리는 탄수화물과 그의 유도체인 이눌린 52%. 정유 2.7%, 사포닌, 알칼로이드 0.05%를 함유. 잎은 페놀카르본산과 그의 유도체: 흘로르겐산, 플라보노이드를 함유.

효능. 민간요법에서 찧어서 부스러진 초본을 벌꿀과 썩은 혼합물을 기관지 질환 특히 기침, 천식에 쓴다. 잎과 뿌리의 즙은 근육이 튼 자리에 붕대에 적셔서 사용한다. 탕액은 동맥경화에 사용한다.

투르크메니스탄을 비롯한 중앙아시아 민간요법에서 이 식물은 간, 방광 질환에 사용한다.

의학에서 담즙 분비 효과가 연구됐다.

이눌라 리조세팔라를 이용해 제조한 약은 기관지 질환에 가래 제거제, 특히 천식, 독감, 소화기관 질환, 염증에 사용한다.

장식용, 양봉용, 사료용, 염색용 식물이다.

용법용량:

말린 뿌리 1큰 스푼(15g)에 끓은 물 1컵(200ml)을 부어 에나멜 용기에 담아 작은 불에 15분 끓인다. 식혀서 걸러낸다. 즙을 하루 동안에 3시간마다 1/4컵(50ml)씩 복용한다.

잘게 썬 뿌리 2티 스푼(10g)에 차가운 끓은 물 3컵(600ml)을 부어 8시간 우린다. 걸러낸다. 탕액을 1일 4회 식전 15분전에 1/4컵(50ml)씩 복용한다.

잘게 썬 근경 1큰 스푼(15g)에 찬물 1컵(200ml)을 부어 밤 동안 냉장고에 넣고 우린다. 걸러낸다. 즙을 아침에 복용한다.

이눌라 리조세팔라의 즙을 벌꿀과 1:1 비율로 섞어 기침이 심할 때 복용한다.

말려서 잘게 썬 4티 스푼(20g)에 알콜 1/2컵(100ml)을 부어 유리병에 담고 어두운 곳에서 20일 우린다. 정기적으로 흔들어 준다. 걸러낸 다음 탕액 절반을 20% 알콜 봉랍 탕액과 섞는다. 탕액을 1일 2~3회 25~30방울씩 복용한다.

잘게 썬 뿌리 2큰 스푼(30g)에 0.5l 보드카를 부어 유리병에 담아 어두운 곳에서 40일 우린다. 정기적으로 흔들어 준다. 걸러낸다. 탕액을 1일 3회 식전 30분전에 20~25방울씩 복용한다.

이눌라 매크로필라
Iri ýaprakly akargül
Inula macrophylla

개요. 산악 지대에 자생하는 약용식물이다. 이눌라 매크로필라는 높이가 50~200cm에 달하며 두껍고 분기된 뿌리가 있는 국화과에 속하는 여러해살이 풀이다. 줄기는 직립경이며 윗부분이 가지가 많으며 고랑들이 있다. 가죽과 같은 잎은 반짝이며 잎의 윗면은 나체이며 하부면은 점모양의 선이 있으며 가장자리는 톱니 모양이다. 근생엽은 타원형이며(길이 25~85cm, 너비 18~32cm), 자루(길이 10~20cm); 줄기 잎은 약간 긴 타원형(길이 20~37cm 너비 8~15cm)이며 무병이다. 윗부분 잎은 피침형(지름이 3~10cm너비 1.0~4.5cm)이다.

두상화(길이 4.5~6.5cm)는 방패 꽃차례. 꽃은 길이가 1~3cm 노란색이다. 열매는 길이가 3~4cm, 관모가 있는 갈색 원통형 수과이다.

식물특징. 해발 1200~2800m, 미립성 토양의 사면, 계곡들에서 자란다. 5~6월에 꽃이 피며 6~8월에 열매가 익는다. 씨와 근경으로 번식한다.

분포 · 산지. 코이텐다그에서 분포한다.

자연자원. 우리 나라에서 희귀한 식물에 속하지 않는다. 약용 원료는 충분하다. 재배를 권유한다. 매년 채취량은 5톤 이하에 달할 수 있다.

약용자원. 약용 목적으로 뿌리, 근경, 잎, 두상화를 장만한다. 뿌리와 근경은 초봄(3월)이나 가을(9월)에, 잎과 두상화는 개화기(5~6월)에 채취한다. 옥외 차양 밑, 공기가 잘 통하는 장소에서 건조 작업을 한다. 완성된 뿌리와 근경은 종이 자루, 잎은 헝겊 자루, 두상화는 종이 상자에 포장한다. 건조하고 어두운 직사광선이 안 들어 오는 장소에서 보관한다. 뿌리와 근경의 유효 기간은 2년, 잎과 두상화는 1~2년이다.

화학성분. 뿌리의 성분에는 타닌물질 3.77~4.31%, 당 2~20%, 이눌린 12~40%, 수지 5.68~13.71%, 정유 2.2~3.17%, 이갈린, 그라니딘이 들어 있다. 잎은 타닌물질 1.77%, 당 6~9%, 그라닐린, 카라본을 함유. 꽃은 타닌물질 1.77%, 당 6~10%를 함유. 수지 성분에는 정유 20.4~30.1%가 들어 있다.

효능. 민간요법에서 신선한 식물 즙을 급경련통, 천식, 류머티즘, 고름이 나는 상처, 괴혈병에, 잎가루를 꿀과 섞은 혼합물을 위궤양에, 말린 꽃두상화는 잇몸염에 사용한다.

투르크멘 민간요법에서 뿌리의 즙을 결핵, 소화기 질환에 또한 이뇨제, 구충제로 사용한다. 탕약은 기관지염, 천식에 가래 제거제로 쓰이며 탕액은 결핵, 위궤양에 사용한다.

의학에서 식물의 뿌리를 이용하여 만든 약품은 위궤양, 장 카타르, 십이지장 궤양, 위장염에 복용한다.

장식용, 양봉용, 염색용 식물이다.

용법용량:

말린 뿌리 1큰 스푼(15g)에 끓은 물 1컵(200ml)을 부어 에나멜 용기에 담아 작은 불에 15분 끓인다. 식혀서 걸러낸다. 즙을 하루 동안 3시간마다 1/4컵(50ml)씩 복용한다.

신선한 뿌리 100g에 물 1l를 부어 에나멜 용기에 담아 작은 불에 15분 끓인다. 식혀서 걸러낸 다음 더운 물과 혼합한다. 즙을 손이나 발의 아픈 관절에 바른다.

잘게 썬 뿌리 2티 스푼(10g)에 식은 끓인 물 3컵(600ml)을 부어 8시간 우린다. 걸러낸다. 탕액을 1일 4회 식전 15분전에 1/4컵(50ml)씩 복용한다.

잘게 썬 뿌리 1티 스푼(5g)에 식은 끓인 물 1컵(200ml)을 부어 10분 우린다. 걸러낸다. 탕액을 하루 동안 복용한다.

신선한 뿌리 1/2컵(100ml)을 빻아서 가루를 만들어 보드카 0.5l를 부어 유리병에 담는다. 어두운 곳에서 9일 우린다. 정기적으로 흔들어 준다. 탕액을 1일 2~3회 식전에 1큰 스푼(15ml)씩 복용한다. 복용 기간은 2~3개월.

이눌라 매크로필라의 즙을 꿀과 1:1 비율로 혼합하여 심한 기침에 복용한다.

이눌라 오쿨러스-크리스티
Ala gözli akargül
Inula oculus-christi

개요. 산악 지대에 자라는 약용식물이다. 이눌라 오쿨러스-크리스티는 높이가 20~40cm에 달하는 국화과에 속하는 부드러운 털이 덮인 여러해살이 풀이다. 줄기는 직립경, 단순하며 오직 윗 부분에만 분기된다. 잎은 약간 길며 아래 부분의 잎은 길이가 10~15cm 너비는 1.5~2.0cm 길죽한 타원형이며 뭉툭하고 긴 자루로 좁아진다. 윗 부분의 잎은 잘며 길이가 3~4cm, 너비는 1cm이고 무병엽, 줄기를 둘러싸고 있다. 모든 잎은 양측이 무성한 털로 오렌지색 무병선으로 덮였다.

두상화는 지름이 약 1.5~2.0cm, 반구형, 정점 방패 꽃차례에 2~6개가 집합됐다. 포엽은 기와 모양이며 몇줄로 되어 있다. 외부 및 중간 줄 잎은 뾰족하고 무성하게 털이 밀착됐으며 길이가 6~8mm 너비는 1.5~2.0mm이다. 내부 잎들은 좁은 선 모양, 길이가 10~12mm 너비는 0.5~0.75mm이다. 두상화의 테두리 꽃은 혀모양, 길이가 12~15mm 너비는 1.0~1.5mm이다. 관 모양 꽃은 양성이며 길이가 8~10mm이다. 꽃밥은 길이가 3mm, 1mm 길이의 부속 2개 있다. 수과는 길이 1.5m, 너비는 0.25mm, 뻣뻣한 털이 있다. 관모는 강모가 많으며 수과에 비해 2.5배 길다.

식물특징. 해발 1200~2800m, 미립성 토양의 사면에서 자란다. 꽃은 (5월)6~7월에 피며 열매는 7~8월에 익는다. 씨와 근경으로 번식한다.

분포 · 산지. 서남 코페트다그: 케세다그, 하사르다그, 순트; 중앙 코페트다그: 데쉬트, 사이완, 아르와즈, 타가레브, 미시녜브, 쿠르쿨라브, 아르차빌, 초판다그, 바바자브, 다기시, 다쉬토이, 훈차, 아쉴마, 나그다우.

자연자원. 이눌라 오쿨러스-크리스티는 우리 나라에서 희귀한 식물에 속하지 않는다. 약용 원료는 충분하다. 재배를 권유한다. 매년 채취량은 기껏해야 5톤으로 추정된다.

약용자원. 약용 목적으로 잎과 꽃을 장만한다. 원료는 개화기(6~7월)에 채취한다. 옥외 차양 밑에서 건조 작업을 한다. 완성된 잎 원료는 헝겊 자루, 꽃은 종이 자루 또는 상자에 포장한다. 건조하며 어둡고 직사광선이 안 들어 오는 곳에서 보관한다. 잎과 꽃 유효 기간은 1~2년이다.

화학성분. 식물의 성분에는 가일라르딘, 이조가일라르딘을 비롯한 세스크위테르페노이드가 들어 있다. 근경과 뿌리는 정유, 사포닌, 수지, 정액함유 및 쓴 물질, 프리델린, 담마라디예놀, 피토멜란, 다른 아세틸렌 화합물을 함유. 지상 부분은 정유, 탄성고무, 쿠마린, 플라보노이드를 함유하고 있다.

효능. 민간요법에서 방광, 감기 질환에, 결핵, 황달, 수종, 류머티즘, 당뇨에 사용한다. 즙과 탕액은 기관지 질환, 두통, 피부 질환, 병적 소질, 백일해에 쓰인다.

투르크멘 민간요법에서 소화기관지 질환 또한 피부 치료에 사용한다.

의학에서 잎과 꽃의 항균성, 항원충성의 성분이 연구됐다.

장시용, 양봉용, 염색용 식물이다.

용법용량:

이눌라 오쿨러스-크리스티의 근경, 용담과 서양톱풀 초본 1큰 스푼(15g)에 물 0.5l를 부어 에나멜 용기에 담아 작은 불에 10분 끓인다. 30분 식힌다. 걸러낸다. 더운 즙을 1일 3회 식전에 1큰 스푼(15ml)씩 복용한다. 복용 기간은 1~2달이다.

말린 뿌리와 근경 1큰 스푼(15g)에 끓은 물 2컵(400ml)을 부어 에나멜 용기에 담아 작은 불에 15분 끓인다. 걸러낸다. 즙을 하루 동안 1시간마다 2큰 스푼(30ml)씩 복용한다. 콩팥 질환에 복용하지 않는다.

잘게 썬 이눌라 오쿨러스-크리스티의 뿌리, 우엉 뿌리, 서양호두 잎 1큰 스푼(15g)에 끓은 물 1컵(200ml)을 부어 에나멜 용기에 부어 에나멜 용기에 담아 작은 불에 10분 끓인다. 걸러낸다. 즙을 3시간마다 1컵(200ml)씩 복용한다.

잘게 썬 근경 100g에 물 1l를 부어 에나멜 용기에 작은 불에 15분 끓인다. 한 시간 동안 식힌다. 걸러낸다. 즙을 상처에 바른다.

쑥국화 꽃과 잘게 썬 금불초 뿌리를 1:1 비율로 썩은 혼합물에 끓은 물 2컵(400ml)을 부어 1시간 반 우린다. 걸러낸다. 탕액을 1일 3회 식전 2시간전에 1/2컵(100ml)씩 복용한다.

말린 뿌리와 근경 100g에 끓는 물 4컵(800ml)을 부어 4시간 우려서 걸러낸다. 탕액을 피부의 가려움에 사용한다.

이눌라 아스페라
Büdür-südür akargül
Inula aspera

개요. 산악 지대에 자라는 약용 식물이다. 이눌라 아스페라는 높이가 30~40cm에 달하는 국화과에 속하는 여러해살이 풀이다. 거의 나체 모양의 직립경 줄기, 밑부분에는 연두색의 세로 고랑이 있으며 드물게 뻣뻣한 털로 덮여 있다. 잎은 반들하며 가죽 같으며 뻣뻣하고, 제일 밑부분의 무병엽, 줄기를 절반 둘러싸고 심장형 기부, 약간 긴-피침형이며 길이가 4~6cm 너비는 2~3cm이다.

두상화는 짧은 자루에 달렸으며 잘다. 지름이 10~15(20)mm 방패에 의해 2~6개가 모여 있다. 다열 총포는 기와 모양; 그의 외부 잎은 밀착되었으며 폭넓은 달걀이나 길죽한 달걀 모양. 길이가 5~7mm 너비는 1.5~2.5mm이다. 총포의 내부 열 잎은 선형, 길이가 9~10mm 너비는 1mm 뾰족하고 막상 모양이다. 꽃받기는 나체형. 테두리 꽃은 노란색, 혀모양, 총포에 비해 현저히 길며 길이는 15~16(20)mm, 혀의 길이는 9mm 너비는 1.5mm. 관 모양의 꽃은 길이가 7~8mm, 너비가 1mm이다. 꽃밥은 길이가 3.0~3.5mm, 길이가 약 1mm의 2개 부속이 있다. 수과는 나체형, 길이가 2mm, 너비가 0.5mm. 관모의 길이는 5~6mm이다.

식물특징. 해발 1200~2800m, 미립성 토지 사면, 산악 계곡에서 자란다. 꽃은 6~8월에 피며 7~9월에 열매가 읽는다. 씨와 근경으로 번식한다.

분포 · 산지. 서남 코페트다그: 투틀리빌, 규옌 및 이올데레 계곡; 중앙 코페트다그: 카라얄치, 아르와즈, 데기르멘리, 미시네브, 호즈데레, 쿠르쿨라브.

자연자원. 이눌라 아스페라는 우리 나라에서 희귀한 식물에 속하지 않는다. 약용 원료는 충분하다. 재배를 권유한다. 매년 채취량은 5톤 이하에 달할 수 있다.

약용자원. 약용 목적으로 근경, 초본, 잎을 장만한다. 근경은 초봄(3월)이나 가을(9월), 초본과 잎은 개화기(6~8월)에 채취한다. 옥외 차양 밑이나 공기가 잘 통하는 실내에서 건조 작업을 한다. 완성된 근경 원료는 종이 자루, 초본과 잎은 헝겊 자루에 포장한다. 건조하고 어두운 직사광선이 안 들어 오는 곳에서 보관한다. 근경 보관 기간은 2~3년, 초본과 잎은 1~2년이다.

화학성분. 식물의 지하 부분은 탄수화물과 그의 유도체: 이눌린 52%, 정유 2.6%, 세스크위테르페노이드: 알란톨락톤, 이소알란톨락톤; 트리테르페노이드: 프리델린; 스테로이드: β-시토스테린; 알칼로이드 0.06%, 폴리아세틸렌 화합물을 함유. 지상 부분은 정유 0.06%, 세스크위테르페노이드, 탄닌물질, 플라보노이드를 함유. 꽃은 트리테르페노이드를 함유하고 있다.

효능. 민간요법에서 즙과 탕액은 종양, 간, 목 질환, 협심증, 간질병에 사용한다. 지상 부분의 즙과 탕액은 독사뱀에 물릴 때 쓰이며 초본 탕액은 설사, 고름 이염, 치통에 사용하며 진정제, 지혈제, 가래제거제, 이뇨제, 발한제, 항괴혈병제로 사용한다. 근경의 탕액은 위암, 협심증, 간염, 부스럼증, 담낭분비제로 사용한다.

한편 이눌라 아스페라를 과다 사용하면 정액량이 적어지며 성욕을 감소한다.

투르크멘 민간요법에서 소화기 질환, 말라리아에 사용.

이눌라 아스페라를 이용하여 제조한 약은 장의 분비 기능을 저하시키며, 가래제거 및 항염 성분이 있다. 뿌리와 근경에 포함된 정유는 방부제, 구충제 효과가 있다.

장식용, 양봉용, 염색용 식물이다.

용법용량:

말린 뿌리 1큰 스푼(15g)에 끓는 물 1컵(200ml)을 부어 에나멜 용기에 담아 작은 불에 15분 끓인다. 식혀서 걸러낸다. 달인 약을 하루 사이에 3시간 마다 1/4컵(50ml)씩 복용한다.

이눌라 아스페라 뿌리 200g과 우엉 뿌리 200g의 혼합물에 끓는 물 1l를 부어 에나멜 용기에 담아 작은 불에 15분 끓인다. 1시간 30분 우린 다음 걸러낸다. 구루병에 사용한다.

잘게 썬 뿌리 2티 스푼(10g)에 식힌 끓은 물 3컵(600ml)을 부어 8시간 우린다. 걸러낸 탕약을 1일 4회 식전 15분전에 1/4컵(50ml)씩 복용한다.

잘게 썬 뿌리 1티 스푼(5g)에 끓은 물 1컵(200ml)을 부어 10분 우린다. 걸러낸 탕약을 하루 사이에 복용한다.

잘게 썬 이눌라 아스페라, 촉규, 감초 뿌리를 같은 비율로 섞은 혼합물 2티 스푼(10g)에 찬물 0.5l를 부어 8시간 우린다. 걸러낸 탕약을 1일 3회 1/2컵(100ml)씩 복용.

리시움 코펫다기
Köpetdag gyzgany
Lycium kopetdaghi

개요. 산악 지대에 자생하는 약용 식물이다. 높이가 1~1.5미터에 달하는 가지과에 속하는 가지가 뻗은 관목이다. 가지는 회색이나 갈색-회색 껍질로 덮였다. 1년치나 어린 가지는 짚-노란색이고 가늘며 이따금 꾸불꾸불하다. 가시는 길이가 0.8~1.5cm. 일부 잎은 대체형 단일이며 다른 일부는 늙은 가지에 송이 모양으로 붙어 있다. 잎은 좁은 타원형 또는 약간 긴-피침형 끝은 뾰족하며 기부에는 자루에 이르기까지 좁아진다.

대부분 꽃은 어린 가지의 익판에 3~7개씩 정점에는 20내지 40개 까지 밀집되어 잇다. 꽃자루는 길이가 3~8(15)mm이다. 꽃받침은 종모양 길이가 3~4mm 너비는 2~3mm인데 대부분 4개 톱니, 가장자리에 드물게 눈썹이 있다. 꽃부리는 길이가 10~12mm, 보라색이며 관은 원통형. 암술대는 머리 모양의 암술머리가 있으며 그의 길이는 수술과 같다. 열매는 적색이고 지름이 6~8mm, 공 모양이며 6~14개의 갈색 구형 씨가 있다.

식물특징. 해발 400~1200m, 계곡, 강변, 쇄석 사면에서 자란다. 꽃은 5~6월에 피며 7~9월에 열매가 익는다. 씨와 뿌리 곁가지로 번식한다.

분포 · 산지. 서남 코페트다그: 마흐툼쿨리, 숨바르, 아르파클렌; 중앙 코페트다그: 노후르, 우츠쿠이, 술류클리, 메르게놀렌, 쿠르쿨라브, 게르마브, 아르차빌; 동 코페트다그: 쿠뤼호브단, 샤믈리. 코페트다그 고유식물.

자연자원. 우리 나라에서 휘귀한 식물에 속하지 않는다. 약용 원료는 충분하다. 순트-하사르다그, 코페트다그 국가보호림에서 보호한다.

약용자원. 약용 목적으로 리시움 코펫다기의 잎과 열매를 장만한다. 잎은 개화기(5~6월)에 열매는 결실기(7~9월)에 채취한다. 차양 밑에서 일반 방법에 따라 건조 작업을 한다. 완성된 잎 원료는 헝겊 자루, 열매 원료는 종이 상자에 보관한다. 건조하고 직사광선이 안 들어 오는 장소에서 보관한다. 잎의 유효기간은 1~2년, 열매는 2~3년이다.

화학성분. 리시움 코펫다기의 화학 성분은 충분히 연구되지 않았다. 구기자의 성분에는 알칼로이드가 들어 있다.

효능. 투르크멘 민간요법에서 리시움 코펫다기의 잎과 열매는 호흡곤란, 기관지 질환, 황달에 또한 담낭분비제로 쓰인다.

장식용, 양봉용 식물이다.

용법용량:

찧은 열매 1큰 스푼(15g)에 끓는 물 1컵(200ml)을 부어 에나멜 용기에 담아 작은 불에 5분 끓인다. 걸러낸 다음 실내 온도까지 식힌다. 달인 약을 1일 3회 식전 20~30분전에 1/2컵(100ml)씩 복용. 10내지 15일 동안 복용한다.

말려서 잘게 썬 잎 1티 스푼(5g)에 끓는 물1/2컵(100ml)을 부어 30분 우린다. 걸러낸다. 탕액을 1일 3회 1티 스푼(5ml)씩 복용한다.

말린 열매 2큰 스푼(30g)을 1리터의 보온병에 담아 1~2시간 우린다. 걸러낸다. 탕액을 매일 식전에 1/2컵(100ml)씩 복용한다.

리시움 루데니쿰
Adaty gyzgan
Lycium ruthenicum

개요. 사막과 평지에 자생하는 약용 식물이다. 리시움 루데니쿰는 높이가 1.5~2.0m에 달하며 가지과에 속하는 가시 관목이다. 무성하게 덮인 짧은 가시들은 길이가 4 내지 20mm이다. 잎은 회청색이며 두껍고 잎맥이 거의 안 보이며 모양은 선형에서 거의 원통 모양, 길이가 0.5~2.5cm 너비는 0.75cm 끝은 뭉툭하며 기부 방면으로 좁아지면서 자루는 거의 없다. 꽃송이는 1~3개로서 옆으로 벌어지는 짧은 가지(길이 1.5~4.0mm)에 붙어 있다. 꽃자루의 길이는 5~8mm이다. 꽃받침은 좁은 종 모양, 길이가 4.5mm 너비는 2.5~3.0mm이다. 갈대기 모양의 꽃부리는 길이가 13~15mm이다.

식물특징. 해발 400~800m, 사막, 강 계곡, 오아시스, 염분 토양에서 자란다. 꽃은 4~5월에 피며 열매는 5~7월에 익는다. 씨와 뿌리 곁가지로 번식한다.

분포 · 산지. 식물은 투르크메니스탄의 전체 지역에 분포됐다.

자연자원. 리시움 루데니쿰는 우리 나라에서 희귀한 식물에 속하지 않는다. 약용 원료는 충분하다. 매년 채취량은 약 15~20톤에 달할 수 있다.

약용자원. 약용 목적으로 구기자 열매를 장만한다. 열매는 결실기(5~7월)에 채취한다. 차양 밑에서 일반 방법에 의하여 건조 작업을 한다. 완성된 원료는 종이 자루나 상자에 포장. 건조하고 직사 광선이 안 들어 오는 장소에서 보관한다. 열매의 유효 기간은 2년이다.

화학성분. 리시움 루데니쿰의 화학성분은 잘 연구돼지 않았다. 가지는 알칼로이드를 함유한다.

효능. 민간요법에서 달인 약과 탕약은 위장 경련, 호흡 곤란, 천식, 황달에 사용한다. 그러나 과도한 사용은 중독을 초래할 수 있다.

장식용, 양봉용 식물이다.

용법용량:

찧은 열매 1큰 스푼(15g)에 끓는 물 1컵(200ml)을 부어 에나멜 용기에 담아 작은 불에 5분 끓인다. 걸러낸다. 실내 온도까지 식힌다. 달인 약을 1일 3회 식전 20~30분전에 1/2컵(100ml)씩 복용한다. 복용 기간은 10~15일이다.

말린 열매 2큰 스푼(30g)을 1l의 보온병에 담아 1~2시간 우린다. 걸러낸다. 탕액을 매일 식전에 1/2컵(100ml)씩 복용한다.

독말풀
Gögümtil dänegerçek
Datura tatula

개요. 잡초 약용 식물이다. 세계적으로 약 20종이 있는데 투르크메니스탄에는 2종이 있다. 독말풀은 높이가 40~150cm에 달하는 가지과에 속하는 한해살이 풀이다. 가지를 많이 치는 식물이다. 가지들은 직각에 가까운 각도로 갈라진다. 줄기는 보라색이고 자루, 잎맥, 일부 꽃받침은 진홍색이다. 잎몸은 깊게 뾰족한 톱니로 분열됐다. 잎의 기부는 대부분 폭넓은 쐐기 모양이다. 꽃부리는 푸르스름하고 푸르스름한-진홍색이다. 꼬투리는 달걀 모양, 길쭉하며 가시가 많다.

식물특징. 길가, 주로 오아시스에서 자란다. 꽃은 8~10월에 피며 열매는 8~11월에 익는다. 씨로 번식한다.

분포 · 산지. 독말풀는 투르크메니스탄의 전 지역에서 분포됐다.

자연자원. 약용 목적으로 독말풀의 잎, 꽃, 열매를 장만한다. 잎과 꽃은 개화기(8~9월)에 열매는 결실기(10~11월)에 채취한다. 실외, 차양 밑에서 건조 작업을 한다. 잎과 꽃은 채취 후 즉시 실외, 그늘 밑에서 말린다. 열매는 다락방 40도가 넘지 않는 건조실에서 말린다. 완성된 잎은 헝겊 자루, 꽃과 열매는 종이 상자나 유리병에 보관한다. 건조하고 서늘한 곳에서 보관한다. 잎과 꽃의 유효 기관은 1~2년, 열매는 3년이다.

화학성분. 독말풀의 성분에는 기오스치아민, 스코폴라민, 아트로핀, 쿠스크기그린, 아트로파민, 니코틴을 비롯한 알칼로이드가 들어 있다. 뿌리는 기오스치아민, 스코폴라민을 함유. 지상 부분은 쿠마린, 줄기는 알칼로이드 0.25~0.31%: 스코폴라민 0.02~0.07%, 아트로핀, 기오스치아민 0.18~0.21%를 함유. 잎은 알칼로이드 0.25~0.61%: 기오스치아민, 아트로핀, 스코폴라민 0.10~0.31%; 플라보노이드 2.7%: 크웨르체친, 켐프페롤, 루틴; 정유; 타닌물질 1.7%; 카로틴 0.1%를 함유. 꽃은 정유, 타닌물질, 씨는 스코폴라민 0.08%, 아트로핀 0.17%, 지방유를 함유한다.

효능. 민간요법에서 초본의 달인 약을 간질병과 협심증에 사용한다. 잎 탕액은 류머티즘, 척추신경근염에 쓰인다.

의학에서 독말풀의 항경련제 효과가 연구됐으며 천식, 기침에도 효과가 발견됐다. 또한 의학에서 독말풀을 이용해 제조한 약을 천식, 위궤양, 십이지장, 담낭, 심장병에 경련제로 사용한다. 다투라유로 척추신경근염, 신경통에 통증 영역에 발라서 문지른다.

독말풀은 유독성 식물이기 때문에 사용 전에 의사의 상담을 받아야 한다.

장식용 식물이다.

용법용량:

말린 꽃 1큰 스푼(15g)에 끓은 물 1컵(200ml)을 부어 에나멜 용기에 담아 작은 불에 10~15분 끓인다. 실내 온도까지 식힌다. 걸러낸다. 달인 약을 1일 2회(아침, 저녁) 1큰 스푼(15ml)씩 복용한다.

말린 열매 1큰 스푼(15g)에 끓은 물(200ml)을 부어 에나멜 용기에 담아 작은 불에 5~8분 끓인다. 걸러낸다. 달인 약을 1일 3회 식전에 2티 스푼(10ml)씩 복용.

잘게 썬 잎 1큰 스푼(15g)에 알콜 1컵(200ml)을 부어 어두운 곳에서 10~15일 우려낸다. 정가적으로 흔들어 준다. 걸러낸다. 탕액으로 통증 영역을 발라준다.

가시 도꼬마리
Tikenli bürmek
Xanthium spinosum

개요. 잡초 약용 식물이다. 세계에 약 25종이 있는데 투르크메니탄에는 2종이 있다. 가시 도꼬마리는 높이가 30~40cm에 달하는 국화과에 속하는 한해살이 풀이다. 줄기는 가지를 치며 무성히 짧은 털로 덮였다. 잎은 자루가 짧으며 3갈래로 갈라지며 쐐기 모양 피침형 갈래. 잎의 상부 표면은 털이 밀착됐고 아랫면은 흰색 짧은 털로 덮였다.

집합과의 길이가 8~13mm, 너비는 4~5mm, 위에는 2개의 길이가 고르지 않은 굵은 가시가 있다.

식물특징. 해발 400~800m, 주로 황무지, 관개용 체계, 오아시스, 계곡에서 자란다. 개화기와 결실기는 7~11월이다. 씨로 번식한다.

분포 · 산지. 서남 코페트다그: 마흐툼쿨리; 중앙 코페트다그: 아르츠만, 완놉스키; 프리코페다그 오아시스: 아쉬하바드; 무르갑 오아시스:마뤼.

자연자원. 가시 도꼬마리는 우리 나라에서 희귀한 식물에 속한다. 약용 원료는 충분하지 않다. 재배를 권유한다. 잡초 야생 식물로 분포한다.

약용자원. 약용 목적으로 뿌리, 초본, 잎, 열매를 장만한다. 뿌리는 이른 봄(3월)이나 가을(9월)에 초본과 잎은 개화기(7~9월) 열매는 결실기(10~11월)에 채취한다. 실외, 차양 밑 또는 공기가 잘 통하는 실내에서 건조 작업을 한다. 뿌리, 본초, 잎은 종이 및 헝겊 자루에 열매는 종이 상자에 포장한다. 건조하고 직사 광선이 안 들어 오는 장소에서 보관한다. 뿌리의 보관 기간은 2~3년, 초본 및 잎은 1~2년, 열매는 3년이다.

화학성분. 식물의 성분에는 유정(세스크위테르페노이드: 크산타틴, 크산타놀, 이속산타놀, 크산치니.솔스티티알린, 스티소리친 포함); 트리테르페노이드: 알콜 C30H50C5, 용해 온도

273~276℃; 스테로이드: β-시토스테린; 트리테르펜 사포닌; 알칼로이드; 페놀카르본산 및 유도체: 커피산, 클로르겐산; 타닌물질 2.72%; 쿠마린; 플라보노이드: 8-아피게닌, 크위르체친 가수분해, 켐프페롤, 흐리신; 지방유. 지상 부분은 세스크위테르페노이드: 크산탄친, 크산치닌, 플라보노이드를 함유. 씨는 정유(리놀레산 64.6%, 올래인산 26.5%, 팔미친산, 스테아린산)를 함유.

효능. 민간요법에서 뿌리를 달인 약을치통; 초본을 달인 약을 이질, 설사, 류머티즘, 갑상선, 심장, 폐, 신장, 피부 질환에 또한 알레르기, 습진, 피부 진균증, 말라리아, 치질, 독사뱀에 물린 상처에 사용한다. 잎을 우린 탕액은 갑상선, 미친 동물에 물린 상처에 쓰인다. 투르크멘 민간요법에서 잎을 달인 약은 이뇨제, 발한제로, 뿌리와 열매를 달인 약은 열병, 이질, 설사, 속쓰림, 콜레라, 방광 질환에 사용한다.

식용, 염색용 식물이다.

용법용량:

말린 뿌리와 열매 1티 스푼(5g)에 끓은 물 1컵(200ml)을 부어 에나멜 용기에 담아 작은 불에 10분 끓인다. 걸러낸 다음 달인 약을 1일 3회 식전에 1/2컵(100ml)씩 복용.

말린 초본 1~2큰 스푼(15~30g)에 끓는 물 1컵(200ml)을 부어 에나멜 용기에 담아 작은 불에 1~15분 끓인다. 식혀서 걸러낸다. 달인 약을 1일 3회 1/2~3/4컵(100~150ml)씩 복용.

잘게 썬 잎 1큰 스푼(15g)을 1리터의 보온병에 담아 끓은 물을 붓고 45분 우린다. 걸러낸다. 탕액을 1일 3회 식전 15~20분전에 1/2컵(100ml)씩 복용.

가루 상태로 찧은 열매 1큰 스푼(15)을 양꼬리 기름 50그램과 섞어서 유리병에 담아 어두운 장소에서 7~10일 동안 둔다. 정기적으로 흔들어 준다. 연고를 1일 2회 피부의 상처에 바른다.

필라고 아르벤시스
Siňňiloty
Filago arvensis

개요. 잡초 약용 식물이다. 투르크메니탄에 3종이 있다.

필라고 아르벤시스는 높이가 5~30cm에 달하는 국화과에 속하는 한해살이 풀이다. 줄기는 직립경이며 모든 부분에 회색 털이 있다. 잎은 피침형 또는 선-피침형이며 길이가 5~15mm 너비는 1~3mm 뾰족하다.

두상화는 길이가 2~3mm, 달걀 또는 피라밋 모양이며 가지들의 정점에 2~10개는 총상 또는 원추 꽃차례를 구성. 포엽 잎은 두상화에 비해 길이가 짧거나 같다. 2열이나 3열의 포피, 5~10개의 외부 잎은 선형 또는 피침형이며 길이는 2~3mm이다. 5개의 내부 잎은 넓은 피침형이며 뾰족하거나 뭉툭하고 중간은 푸르스름하며 가장자리는 흰색이다. 암술 내부 꽃 관모는 12~14개의 작은 톱니 강모로 구성됐다. 수과는 약간 긴 달걀 모양 흰-갈색이다.

식물특징. 해발 400~600m의 평지에서 오아시스, 계곡.

사면에서 잡초처럼 자란다. 개화기와 결실기는 5~7월이다. 씨로 번식한다.

분포 · 산지. 서남 코페트다그: 마트훔쿨리, 숨바르 계곡, 순트, 이올데레; 중앙 코페트다그: 완놉스키, 아르와즈; 동코페트다그: 로베르곱스키, 쿠뤼호브단, 샤믈리;

자연자원. 이 식물은 우리 나라에서 희귀한 식물에 속하지 않는다. 약용 원료는 충분하다. 매년 채취량은 10~15톤 이상 달할 수 있다.

약용자원. 약용 목적으로 초본, 잎, 씨를 장만한다. 초본과 풀은 꽃이 필 때(5~6월)씨는 결실기(7월)에 채취한다. 실외, 차양 밑에서 건조 작업을 한다. 완성된 초본, 잎 원료는 헝겊 자루, 씨는 종이 상자에 포장한다. 건조하고 서늘한 곳에서 보관한다. 초본과 잎 보관 기간은 1~2년, 씨는 2~3년이다.

화학성분. 식물의 지상 부분은 알칼로이드, 비타민 C, 타닌물질, 플라보노이드: 크웨르체친, 류테올린, 찌나록시드를 함유.

효능. 민간요법에서 협심증, 맥박 급속증, 고혈압 질환 또한 위궤양, 설사, 열병, 신경증, 히스테리, 고름상처에 사용한다. 외용약으로 부인병, 목구멍 통증, 병적 소질, 가려움에 쓰인다.

투르크멘 민간요법에서 초본과 잎을 달인 약과 탕액은 설사, 이질, 안기나, 치통에 사용하며 외용약으로 가려움, 고름 상처, 화상에 쓰인다. 씨는 장 복통에 쓰인다.

장식용 식물이다.

용법용량: 말린 초본 1큰 스푼(15g)에 끓은 물 1,5컵(300ml)을 부어 에나멜 용기에 담아 작은 불에 20분 끓인다. 걸러낸다. 달인 약을 1일 3회 식전에 1큰 스푼(15ml)씩 복용.

잘게 썬 잎 4티 스푼(20g)에 끓은 물 2컵(400ml)을 부어 에나멜 용기에 담아 작은 불에 30분 끓인다. 식혀서 걸러낸다. 달인 약을 1일 3회 1큰 스푼(15ml)씩 복용.

말린 초본 1티 스푼(5g)에 끓은 물 1컵(200ml)을 부어 20분 우린다. 걸러낸다. 탕액을 1일 3회 식전 30분전에 1큰 스푼(15ml)씩 복용.

말려서 잘게 썬 초본 2티 스푼(10g)에 끓은 물 1컵(200ml)을 부어 40분 우린다. 걸러낸다. 탕액을 1일 3회 식전 30분전에 1/4컵(50ml)씩 복용.

찧은 씨 1티 스푼(5g)에 끓은 물 1컵(200ml)을 부어 1시간 우린다. 걸러낸다. 탕액을 1일 3회 식전에 1티 스푼(5ml)씩 복용.

세셀리 쿠네이폴리움
Şine ýaprakly seseli
Seseli cuneifolium

개요. 잡초 약용 식물이다. 세계에 약 100종이 있다. 투르크메니스탄에는 2종이 있다.

세셀리 쿠네이폴리움은 높이가 80~90cm에 달하는 나체형 미나리과에 속하는 여러해살이 풀이다. 줄기는 단독, 원형이며 아래 부분에 약간 털로 덮였다. 잎은 살이 많으며 양면이 나체형이다. 근생엽은 길고 직립 자루에 있다. 자루는 단단하며 둥글하다. 엽신은 삼각형이나 타원형 두번, 세번 잘라진 모양이다. 줄기 잎은 많이 작으며 밑, 중간 잎은 자루가 있으며 윗부분 잎은 무병엽이다. 2~6개의 꽃꼭지(луч)가 방사상으로 피어나는 산형화서. 총포의 길이는 2~4cm, 직립, 굵으며 총포는 없다. 산형화서는 무성하고 12개의 넓은 피침형 총포. 산혀화서에는 30~40개. 꽃받침은 톱니가 없음. 꽃잎은 타원형. 열매는 길죽하며 솜털이 있고 길이는 5mm.

식물특징. 주로 산에서 흐르는 강가에서 자란다. 7~8월에 개화하고 8~9월에 열매가 익는다.

씨로 번식하며 1회 개화 결실 식물이다.

분포 · 산지. 말리 발한; 큐렌다그: 타이티오블락; 프리카스피 사막: 투르크맨바쉬, 아흐차쿠이마; 우스츄르트.

자연자원. 이 식물은 우리 나라에서 희귀한 식물에 속하지 않는다. 약용 원료는 충분하지 않다. 재배를 권유한다. 잡초로서 분포한다.

약용자원. 약용 목적으로 뿌리, 초본, 열매를 장만한다. 뿌리는 이른 봄(3월)이나 가을(9월)에, 초본은 개화기(8~9월), 열매는 결실기(9월)에 채취한다. 실외, 차양 밑에서 건조 작업을 한다. 완성된 뿌리, 잎 원료는 헝겊 자루, 열매는 종이 상자에 포장한다. 건조하고 어두운 곳에서 보관한다. 뿌리와 열매는 2~3년 초본은 1~1.5년 보관한다.

화학성분. 식물의 성분에는 정유 0.5~0.55%; 쿠마린; 플라보노이드가 들어있다. 뿌리는 정유; 쿠마린: 이소임페라토린, 베르갑텐, 아노말린, 숙스도르핀을 함유. 지상 부분은 정유를 함유.

효능. 민간요법에서 뿌리와 초본은 열병, 경련, 치통, 잘 아물지 않는 상처, 호흡곤란에 사용한다. 열매는 생안손, 단복고창, 소화기 질환에 경련제, 신경성제, 이뇨제로 쓰인다.

의학에서 초본 정유의 항균 효과, 열매의 살균 효과가 연구됐다.

정유는 화장품, 통조림 산업에서 널리 이용한다.

양봉용, 사료용 식물이다.

용법용량: 잘게 썬 뿌리 1큰 스푼(15)에 끓는 물 2컵(400)을 부어 에나멜 용기에 담아 작은 불에 10분 끓인다. 식혀서 걸러낸다. 달인 약을 1일 3~4회 1/2컵(100)씩 복용.

말려서 잘게 썬 열매 1큰 스푼(15)에 끓은 물 1.5컵(300)을 부어 에나멜 용기에 담아 작은 불에 10~5분 끓인다. 걸러낸다. 달인 약을 1일 3~4회 식전에 1/4컵(50)씩 복용.

말린 풀 2큰 스푼(30)에 끓은 물 1컵(200)을 부어 30분 우린다. 걸러낸다. 탕액을 1일 3회 식전에 1큰 스푼(15)씩 복용.

잘게 썬 뿌리 1큰 스푼(15)에 40% 알콜을 부어 어두운 곳에서 14일 우린다. 정기적으로 흔들어 준다. 걸러낸다. 탕약으로 양치질 한다.

자스미넘 프루티캔스
Gyrymsy hemeşe
Jasminum fruticans

개요. 산악 지대에 자라는 약용 식물이다. 세계에서 약 300종이 있는데 투르크메니스탄에는 1종이 있다. 자스미넘 프루티캔스는 높이가 1.0~1.5m에 달하는 물푸레 나무과에 속하는 관목이다. 오래된 가지의 껍질은 흰-회색-갈색이며 세로의 검은 줄이 있다. 젊은 가지의 껍질은 여름에 녹색이고 겨울에는 검은 녹색 수많은 회색의 피목으로 덮였다. 젊은 가지들은 5면체. 싹은 작고 회색이며 나체형이다. 잎은 세 잎 모양, 어긋나며 가죽 같으고 전연이다. 젊은 잎은 드물게 흰색 털이 있다. 길이가 10~15mm 너비는 4~7mm. 잎자루는 홈통형태. 꽃은 선명한 황색, 지름이 10~15mm. 꽃받침은 4~5개 톱니가 있다. 꽃부리는 4~5개 날개의 관에 부착됐으며 인두는 잔털이 많이 있다. 수술은 2개, 꽃부리의 관에 유착. 열매는 공 모양, 반들하며 검고 지름이 4~6mm, 씨앗이 1~2개다.

식물특징. 해발 400~1200m, 돌이 많고 쇄석-미립성 토양의 기슭에서 자란다. 4~5월에 꽃이 피며 9~10월에 열매가 맺는다. 씨로 번식하며 영양 생식한다.

분포 · 산지. 큐렌다그: 손구다그 계곡; 서남 코페트다그: 아이데레. 투틀뤼, 테아밀, 마흐툼쿨리, 하르사다그. 순트, 이올데레, 찬듸르.

자연자원. 자스미넘 프루티캔스는 우리 나라에서 희귀한 식물에 속하지 않는다. 약용 원료는 충분하다. 재배를 권유한다. 국립 순트-하사르다그 보호림에서 보호한다.

약용자원. 약용 목적으로 자스미넘 프루티캔스의 가지, 잎, 열매를 장만한다. 가지와 잎은 개화기(4~5월), 열매는 결실기(10월)에 채취한다. 옥외, 차양 밑에서 건조 작업을 한다. 완성된 가지, 잎 원료는 헝겊 자루, 열매는 종이 자루, 상자에 포장한다. 건조하고 직사 광선이 안 들어 오는 곳에서 보관한다. 가지 및 잎 보관 기간은 1~2년, 열매는 2~3년이다.

화학성분. 식물 성분에는 플라보노이드가 들어 있다. 껍질은 페놀과 유도체인 시린고시드를 함유하고 있다. 껍질과 잎은 알칼로이드를 함유. 잎은 트리테르페노이드: 우르솔산; 알칼로이드를 함유. 꽃은 알칼로이드, 씨는 지방유를 함유하고 있다.

효능. 민간요법에서 달인 약과 탕액은 설탕과 함께 기관지 질환 특히 만성 천식에 사용한다.

의학에서 항균 효과가 연구됐다.

장식용, 양봉용 식물이다.

용법용량:

말린 열매 2큰 스푼(30g)에 더운 물 1컵(200ml)을 부어 에나멜 용기에 담아 작은 불에 10분 끓인다. 식혀서 걸러낸다. 달인 약을 1일 3회 식전에 1/2컵(100ml)씩 복용한다. 복용시 설탕으로 맛을 맞춘다.

말려서 잘게 썬 가지와 잎 1큰 스푼(15g)에 끓은 물 1,5컵(300ml)을 부어 1시간 우린다. 걸러낸다. 탕액을 3~4회 1큰 스푼(15ml)씩 복용한다.

에리시멈 히에라시폴리움
Gyrgy ýaprak saryjaot
Erysimum hieracifolium

개요. 잡초 약용 식물이다. 에리시멈 히에라시폴리움은 높이가 20~70cm에 달하는 가지가 별로 없는 원뿌리의 십자화과에 속하는 두해살이 풀이다. 줄기는 가지가 있으며 털로 덮였다. 잎은 약간 길거나 피침형, 길이가 2~6cm 너비 0.4~1.2cm 전연엽이거나 뾰족한 톱니가 있다.

꽃차례는 꽃이 많은 송이다. 꽃은 노란색이다. 핵과는 직립, 4면체(길이가 1.5~5.0cm). 씨는 약간 길며 길이가 1.15mm, 갈색이다.

식물특징. 해발 400~600m, 계곡에서 자생한다. 개화기와 결실기는 6~8월이다. 씨로 번식한다.

분포 · 산지. 코이텐다그에서 배포.

자연자원. 에리시멈 히에라시폴리움은 우리 나라에서 희귀한 식물에 속하지 않는다. 약용 원료는 충분하다. 잡초로서 자란다. 매년 채취량은 5 내지 15톤 이상 달할 수 있다.

약용자원. 약용 목적으로 초본과 꽃을 장만한다. 원료는 개화기(6월)에 채취한다. 실외, 차양 밑에서 건조 작업을 한다. 완성된 원료는 헝겊이나 종이 자루에 포장한다. 건조하고 직사광선이 안 들어 오는 곳에서 보관한다. 보관 기간은 1년이다.

화학성분. 식물의 성분에는 글리코시드: 에리시민, 에리시모시드; 부페디예놀리드: 칸노겐놀, 알리오닌, 스트로판티진, 코르호로시드가 들어 있다. 지상 부분은 카르데놀리드 0.16~0.55%: 에리시민, 코르호로시드 A; 알칼로이드 0.01%; 비타민 C, P; 플라보노이드: 크웨르체친 글리코시드, 이소람네친을 함유. 줄기는 카르데놀리드 0.12~0.14%를 함유. 잎은 트리테르펜 사포닌, 카르데놀리드 0.16~0.26%: 에리시민을 함유. 꽃은 카르데놀리드 0.26~0.95%, 씨는 스테로이드: β-시토스테린, 캄페스테린, 홀레스테린; 카르데놀리드 0.98~2.55%: 에리시모시드, 에리미신, 코르호로시다; 지방유 27.0~38.7%; 글류코시놀라트를 함유하고 있다.

효능. 민간요법에서 심장병 그리고 심장 부종 때 이뇨제, 심장 혈관제로 사용한다.

의학에서 신선한 식물의 즙이 원료가 되는 《카르디오왈렌》 약품은 심장 류머티즘에 사용한다.

유독성 식물이다. 이 약을 의사의 처방에 따라 사용해야 한다.

장식용, 양봉용 식물이다.

용법용량:

말린 초본 4티 스푼(20g)에 찬물 1.5컵(300ml)을 부어 에나멜 용기에 담아 작은 불에 20~25분 끓인다. 식혀서 걸러낸다. 달인 약을 1일 3회 1/4컵(50ml)씩 복용한다.

말린 꽃 1큰 스푼(15g)에 끓은 물 1컵(200ml)을 부어 에나멜 용기에 담아 작은 불에 10분 끓인다. 걸러낸다. 달인 약을 1일 3회 식전 30분전에 1큰 스푼(15ml)씩 복용한다.

잘게 썬 꽃 1큰 스푼(15g)에 끓는 물 1컵(200ml)을 부어 30분 우린다. 걸러낸다. 탕액을 1일 3회 식전 20~30분전에 1큰 스푼(15ml)씩 복용한다.

물냉이
Kenarot
Nasturtium officinale

개요. 산악 지대에 자라는 약용 식물이다. 세계에서 6종이 있는데 투르크메니스탄에선 1종이 있다.

물냉이는 높이가 15~50cm에 달하는 십자화과에 속하는 나체형 다년생 초본 식물이다. 속이 빈 줄기는 두껍다. 잎은 우상복엽이며 소엽은 2~7쌍이다. 악편은 길이가 2~3mm이다. 꽃잎은 흰색, 길이가 4~6mm이다. 핵과는 선형-원통형이며 약간 구부러졌다. 길이가 10~25mm, 너비는 1.5~2.5mm이다. 자루의 길이는 10~20mm이다. 씨는 작은 구멍이 많으며 납작하다.

식물특징. 해발 400~1600m, 물에서 또는 강가에서 자란다. 개화기와 결실기는 4~6월이디. 씨로 번식한다.

분포 · 산지. 서남 코페트다그: 마흐툼쿨리, 이올데레; 중잉 코페트다그: 게르마브, 게르마브, 섹이잘, 아르차빌, 곡데레, 완놉스키 촌; 코이텐다그: 프리코페트다그 오아시스: 아쉬하바드, 바기르.

자연자원. 물냉이는 우리 나라에서 희귀한 식물에 속하지 않는다. 원료는 개화기(4~5월)에 채취한다. 실외, 차양 밑에서 건조 작업을 한다. 완성된 원료는 헝겊 자루에 포장한다. 건조하고 직사관선이 안 들어 오는 곳에서 보관한다. 보관 기간은 1년이다.

화학성분. 식물 성분에는 정유가 들어 있다. 지상 부분은 사포닌, 알칼로이드, 겨자유 0.06%, 티오글리코시드를 함유. 잎은 비타민 C, E, 카로틴 약 10% 함유. 씨는 지방유 22~24%(올레인산 34%, 리놀레산, 에루코산, 에이코센산 11%, 팔미틴산 9%, 스테아린산 2%), 글리코시드 시니그린을 함유하고 있다.

효능. 민간요법에서 만성 기관지 카타르, 당뇨, 담낭, 위염, 수족통풍, 방광, 담즙관, 자궁출혈, 객혈, 빈혈, 비타민 결핍증,류머티즘, 복수병, 소화불량에 사용한다. 항괴혈병제, 이뇨제, 항염제, 구충제로 쓰인다. 습진, 피부염, 발진, 지방종, 화상, 구강 각막에 외용약으로 사용한다. 잎을 달인 약은 악성 종양, 빈혈, 신장염, 신장 결석, 피부염, 화상에 사용한다.

투르크멘 민간요법에서 물냉이를 달인 약은 심장 작동이 약화되면서 혈압이 내려 갈 때 사용하며 또한 암, 종양, 폴립에 쓰인다. 지혈제, 상처 치료제, 구충제, 해열제로도 쓰인다.

의학에서 물냉이 성분에 들어 있는 요오드염이 갑상선 기능 저하에 도움이 된다. 물냉이 풀은 신진 대사를 개선하며 항괴혈병제, 해열제, 가래 제거제, 이뇨제 효과가 있다.

장식용, 식물용, 양봉용, 사료용 식물이다.

용법용량:

말린 풀 1~2컵(15~30g)에 끓은 물 1컵(200ml)을 부어 에나멜 용기에 담아 작은 불에 30분 끓인다. 식힌 다음 걸러낸다. 달인 약을 1일 3회 1큰 스푼(15ml)씩 복용한다.

말려서 잘게 썬 풀 1티 스푼(5g)에 끓는 물 1.5컵(300ml)을 부어 실내 온도까지 우려낸다. 걸러낸다. 탕액을 1일 3회 식전에 1큰 스푼(15ml)씩 복용한다.

말린 풀 2큰 스푼(30g)을 보온병에 담아30분 우린다. 탕액을 1일 3회 1컵(200ml)씩 복용한다. 피부 질환에 효과가 있다.

말린 풀 1~2큰 스푼(15~30g)을 버터 50g과 혼합시켜 유리병에 담아 어두운 장소에서 일주일 둔다. 정기적으로 섞어 준다. 연고를 1일 2회(아침, 저녁) 피부의 상처에 바른다.

즙은 1일 3회 1티 스푼(5ml)씩 복용한다. 담석증과 위염에 복용한다.

속속이풀
Batga oty
Rorippa palustris

개요. 잡초 약용 식물이다. 투르크메니스탄에 1종이 자생한다.

속속이풀은 높이가 10~40cm에 달하며 나체형, 드물게 털이 있으며 보통 푸르스름하고 붉은 줄기의 십자화과에 속하는 한해살이 풀이다. 잎은 깃꼴로 깊게 갈라지며 밑부분 잎은 긴 자루에 더욱 크며 윗부분 잎은 무병이다.

악편은 길이가 1.5~2.5mm, 조각은 길이가 약 2mm이며 엷은 노란색이다. 핵과는 약간 길며 조금 구부러지고 양끝은 뭉툭하거나 둥굴며 길이가 5~8mm, 폭은 2~3mm이다. 꽃자루 길이는 5~10mm이다. 씨의 크기는 약 0.50~0.75mm이다.

식물특징. 강변의 습기가 많은 땅, 오아시스에서 자생한다. 개화기와 결실기는 5~6월이다. 씨로 번식한다.

분포 · 산지. 코이텐다그: 켈리프, 무르가브 오아시스; 아무다리야 오아시스: 화라브; 다쇼구즈 오아시스에서 분포한다.

자연자원. 속속이풀은 우리 나라에서 보기 드문 식물에 속한다. 약용 원료는 적다. 잡초로서 자생한다.

약용자원. 약용 목적으로 풀을 장만한다. 원료는 개화기(5월)에 채취한다. 실외, 차양 밑에서 건조 작업을 한다. 완성된 원료는 헝겊 자루에 포장한다. 건조하고 어두운 장소에서 보관한다. 보관 기간은 1년이다.

화학성분. 식물 뿌리는 유황이 포함된 화합물을 함유한다. 지상 부분은 사포닌, 비타민 C, 플라보노이드, 모노글리코시드, 비오시드, 크웨르체친을 함유하고 있다. 잎은 비타민 C, 씨는 지방유 22%를 함유하고 있다.

효능. 민간요법에서 풀을 달인 약과 탕액을 결핵, 두통에 쓰이며 구충제로 사용한다. 신선한 즙은 항괴혈병제로 쓰인다. 씨는 구충제 성분이 있다.

장식용, 식물용, 양봉용, 사료용 식물이다.

용법용량:

잘게 썬 풀 2큰 스푼(30g)에 끓은 물 2컵(400ml)을 부어 에나멜 용기에 담아 작은 불에 10~15분 끓인다. 식혀서 걸러낸다. 달인 약을 1일 3회 1/4컵(50ml)씩 복용한다.

말려서 잘게 썬 풀 4티 스푼(20g)에 끓는 물 1컵(200ml)을 부어 3시간 우린다. 걸러낸다. 탕액을 1일 4회 1컵(200ml)씩 복용한다.

잘게 썬 풀에 1:1비율로 냉각시킨 끓은 물을 부어 1시간 우린다. 즙을 짠다. 걸러낸 즙을 1일 4회 1큰 스푼(15ml)씩 복용한다.

아주가 치아
Ýalan murt
Ajuga chia

개요. 아주가 치아는 산악 지대에 자라는 약용 식물이다. 투르크메니스탄에 1종이 있다.

아주가 치아는 높이가 10~30cm, 꿀풀과에 속하는 여러해살이 풀이다. 줄기는 기초에서부터 많은 가지가 벌어졌으며 양측에 가지들이 밀착됐다. 잎은 뻣뻣한 털로 덮였다. 정점의 잎은 줄기 잎과 길이가 거의 같으며 꽃보다 짧다. 줄기 잎은 밑부분 잎처럼 세 갈래로 갈라지고 길이는 15~35mm이다.

꽃은 윗잎 익판에 한개씩 배치됐으며 이삭 모양의 꽃차례를 이룬다. 꽃받침은 종 모양이고 길이가 4~5mm, 절반까지 잘라졌으며 폭넓은 3각형 톱니 5개가 있다. 꽃받침의 관은 맥이 드러난다. 꽃부리는 길이가 16~20mm, 꽃받침에 비해 4~5배 길다. 수술실과 암술대는 약간의 솜털이 있다. 씨는 불룩하고 약간 길며 길이가 2.5~3.0mm 폭은 약 1mm이며 회색이다.

식물특징. 해발 1200~1600m에 미립성 및 돌이 많은 경사에서 자란다. 5~7월에 꽃이 피며 6~8월에 열매를 맺는다. 씨로 번식한다.

분포 · 산지. 큐렌다그: 손구다그; 서남 코페트다그: 초하가츠. 마흐툼쿨리, 보군다르, 하사르다그, 굳준다그에서 분포한다.

자연자원. 아주가 치아는 우리 나라에서 희귀한 식물에 속하지 않는다. 약용 원료는 충분하다. 순트-하사르다그 국립보호림에서 보호한다.

약용자원. 약용 목적으로 풀을 장만한다. 원료는 개화기(5~6월)에 채취하며 실외, 차양 밑에서 건조 작업을 한다. 완성된 원료는 헝겊 자루에 포장한다. 건조하고 서늘한 장소에서 보관한다. 보관 기간은 1년이다.

화학성분. 식물 성분에는 정유; 이리도이드: 가르파기드, 8-O-아쩨틸가르파기드; 알칼로이드; 비타민 C; 플라보니드가 들어 있다. 식물 지상 부분은 정유 0.01%; 트리테르페노이드: 우르술산; 피토엑디존: 찌아스테론, 엑지스테론; 비타민 C; 타니물질 2.02%; 쿠마린: 에스쿨레틴을 함유. 꽃은 엑지스테론, 투르케스테론을 비롯한 피토엑디존을 함유. 씨는 지반유 17.4%, 팔미틴산 4.6%, 스테아린산 1.6%, 올레인산 16.1%, 리놀레산 55.7%, 리놀레노산 29.1%를 함유한다.

효능. 민간요법에서 지혈제, 항말라리아제로 사용한다.

장식용, 양봉용, 사료용 식물이다.

용법용량:

말린 풀 1큰 스푼(15g)에 끓은 물 1컵(200ml)을 부어 에나멜 용기에 담아 작은 불에 5분 끓인다. 한시간 시킨 후 걸러낸다. 달인 약을 1일 3회 식전에 1/3컵(75ml)씩 복용한다.

말린 풀 1큰 스푼(15g)에 끓은 물 1.5컵(300ml)을 부어 에나멜 용기에 담아 작은 불에 5분 끓인다. 한시간 시킨 후 걸러낸다. 달인 약을 1일 3회 식전에 1/2컵(100ml)씩 복용한다.

로니세라 누물라리폴리아
Eýran üçgaty
Lonicera nummulariifolia

개요. 산악 지대에 자라는 약용 식물이다, 세계에 200여 종이 있는데 투르크메니스탄에는 4종이 있다.

로니세라 누물라리폴리아는 높이가 2~3m에 달하는 회색 껍질의 인동과에 속하는 관목이다. 싹눈은 달걀 모양이며 솜털이 있다. 1년생 가지는 회색-노란색이고 솜털이 있으며 2년생 가지는 거의 흰색이다. 잎은 길이가 2~4cm이고 폭은 1.5~2.5cm이며 약간 긴-난형, 잎의 윗면은 회색-녹색, 드물게 솜털이 있으며 하부면은 색깔이 더 하얗다. 잎자루는 길이가 4~8mm, 꽃자루보다 길다. 포엽은 피침형이고 씨방에 비해 짧으며 도란형 모양이고 뭉툭하다. 꽃받침 조각은 달걀-피침형이며 섬모가 있다. 화관은 개화기에 노란색이고 다음에 장미색으로 바뀌며 길이는 17~23mm이다. 수술은 화관에 비해 짧으며 암술대는 털이 덮였다. 열매는 투명한 흰색이며 2~3개의 굵은 씨가 있다.

식물특징. 해발 400~1600m, 산기슭, 계곡, 강변 바위 속에서 자란다. 5~6월에 꽃이 피며 7~9월에 열매가 맺는다. 씨와 뿌리의 곁가지로 번식한다.

분포 · 산지. 볼쇼이 발한: 바쉬모구르, 아티올; 큐렌다그; 서남 코페트다그: 훝자칼라; 중앙 코페트다그: 바미, 카라얄치, 이파이, 아르와즈, 술류클리, 쿠르쿨라브, 게르마브, 세만수르, 아르차빌, 카란키 등에서 분포한다.

자연자원. 로니세라 누물라리폴리아는 우리 나라에서 희귀한 식물에 속하지 않는다. 약용 원료는 충분하다. 재배를 권유한다.

약용자원. 약용 목적으로 잎과 열매를 장만한다. 잎은 개화기(5~6월)에 열매는 결실기(8~9월)에 채취한다. 실외의 차양 밑에서 건조 작업을 한다. 완성된 잎 원료는 헝겊 자루, 열매는 종이 자루나 유리병에 포장한다. 건조하고 서늘한 장소에서 보관한다. 잎 보관 기간은 1~2년, 열매는 2~3년이다.

화학성분. 식물 성분에는 정유와 플라보노이드가 들어 있다. 씨는 찌클리톨과 그의 유도체: 피틴, 지방유를 함유하고 있다.

효능. 투르크메니스탄을 비롯한 중앙아시아 민간용법에서 잘게 썬 잎을 영양궤양, 치료가 힘든 상처에 사용하며 잎을 달인 탕액을 갑상선, 신장, 방광 질환 또한 부종, 설사, 화상에 쓰인다. 열매의 달인 약과 탕액은 혈압, 위염, 빈혈, 비타민 결핍증에 사용한다. 즙은 외용약으로도 쓰인다.

장식용, 식료품용, 양봉용 식물이다.

용법용량:

말린 잎 2티 스푼(10g)에 끓는 물 1컵(200ml)을 부어 2시간 우린다. 걸러낸다. 탕액을 1일 4회 1큰 스푼(15ml)씩 복용한다.

말린 열매 4티 스푼(20g)에 끓는 물 1컵(200ml)을 부어 4시간 우린다. 걸러낸다. 탕액을 1일 3회 1/4컵(50ml)씩 복용한다.

로니세라 브랙테올라리스
Gülýanly üçgat
Lonicera bracteolaris

개요. 산악 지대에 자라는 약용 식물이다. 로니세라 브랙테올라리스는 높이가 1.0~2.5m에 달하며 인동과에 속하는 관목이다. 싹눈은 뾰족하고 2개의 외부 비늘로 구성됐다. 연한 줄기는 보통 가는 솜털이 잇다. 잎은 길이가 1.5~3.0cm, 폭은 1.6~1.8cm 대부분 약간 긴-타원형 모양, 무디하거나 뾰족하며 잎의 양면이 나체형이거나 하부면은 맥에 따라 털이 있다. 잎자루의 길이는 2~5mm이다.

화경은 부드러운 털로 덮였으며 길이가 5~10mm이다. 포엽은 길이가 7~13mm, 피침형 또는 피침형-선형 모양이며 씨방에 비해 3~4.5배 길다. 화관은 길이가 13~19mm이며 노란색이다. 암술대는 거의 정점까지 털이 있다. 열매는 붉고 회청색의 물질이 덮였다.

식물특징. 해발 1200~2800m, 돌이 많은 산기슭, 계곡에서 자란다. 5~6월에 꽃이 피며 7~9월에 열매가 맺는다. 씨와 뿌리의 곁가지로 번식한다.

분포 · 산지. 서남 코페트다그: 아이데레, 초하가츠, 하르사다그, 순트; 중앙 코페트다그: 노후르, 카라얄치, 아르와즈, 술류클리, 헤이라바드, 차엑, 초판다그, 아르차빌, 담치, 호브단에서 분포한다.

자연자원. 포엽의 인동은 우리 나라에서 희귀한 식물에 속하지 않는다. 약용 원료는 충분하다. 재배를 권유한다.

약용자원. 약용 목적으로 로니세라 브랙테올라리스의 인동의 가지의 껍질과 열매를 장만한다. 껍질은 수액유동(3~4월) 시작하기 전에 열매는 결실기(7~9월)에 채취한다. 실외, 차양 밑에서 건조 작업을 한다. 완성된 껍질 원료는 헝겊 자루, 열매는 종이 자루, 상자, 유리병에 포장한다. 건조하고 서늘한 장소에서 보관한다. 원료의 보관 기간은 3년이다.

화학성분. 포엽의 인동의 화학성분은 잘 연구되지 않았다. 식물의 성분에는 정유와 지방유, 플라보노이드가 들어 있다.

효능. 민간요법에서 가지 껍질은 관절염, 두통, 류머티즘, 복수병에 사용한다. 껍질과 가지를 달인 약은 식욕 상실, 설사, 부종, 비타민 결핍증에 사용한다. 열매는 지혈제, 고혈압, 위염, 빈혈 등에 쓰인다. 습진, 마른버짐, 영양궤양에 외용약으로 쓰인다.

장식용, 식품용, 양봉용 식물이다.

용법용량:

말린 껍질과 가지 4티 스푼(20g)에 끓은 물 1컵(200ml)을 부어 에나멜 용기에 담아 작은 불에 15분 끓인다. 식혀서 걸러낸다. 달인 약을 1일 3회 식전에 1큰 스푼(15ml)씩 복용한다.

말린 열매 4티 스푼(20g)에 끓는 물 1컵(200ml)을 부어 4시간 우린다. 걸러낸다. 탕액을 1일 3회 1/4컵(50ml)씩 복용한다.

람너스 코리아세아
Galyň ýaprakly garatiken
Rhamnus coriacea

개요. 산악 지대에 자라는 약용 식물이다, 세계에 110여 종이 있는데 투르크메니스탄에는 2종이 있다. 가죽 같은 잎이 달린 람너스 코리아세아는 가시가 있고 짙은 갈색 또는 검은색 껍질의 높이가 0.5~2.5m에 달하는 갈매나무과에 속하는 관목이다. 싹은 거의 보이지 않는다. 잎은 거의 나체형, 어린 가지에 어긋나고 주걱 또는 피침형 모양이며 길이가 15~20mm, 폭은 4~5mm이다. 꽃은 폭이 넓은 종 모양으로 삼각-달걀 모양의 꽃받침 조각이 있으며 지름이 약 2mm, 꽃자루가 짧다. 열매는 약간 건조하거나 물기가 많으며 색은 짙은 갈색, 대부분 핵과가 되며 2~3개의 코어로 형성됐다. 씨는 약간 긴 달걀 모양이며 길이가 약 3mm, 누르스름한 엷은 황색 또는 담갈색이다.

식물특징. 해발 400~1600m, 돌이 많은 산기슭, 계곡, 바위에서 자란다. 4~6월에 꽃이 피며 7~8월에 열매가 맺는다. 씨와 뿌리의 곁가지로 번식한다. 새 가지들로 번식한다.

분포 · 산지. 볼쇼이 및 말리 발한; 큐렌다그; 서남 코페트다그: 파르하이, 마흐툼쿨리, 아이데레, 이올데레; 중앙 코페트다그: 바미, 카라얄치, 이파이, 아르와즈, 술류클리, 쿠르쿨라브, 게르마브, 세만수르, 아르차빌, 호브단; 동 코페트다그; 바드희제; 프리카스피 사막: 카라보가스골, 투르크멘바쉬, 우스츄르트에서 분포한다.

자연자원. 람너스 코리아세아는 우리 나라에서 희귀한 식물에 속하지 않는다. 약용 원료는 충분하다. 재배를 권유한다.

약용자원. 약용 목적으로 갈매의 껍질과 열매를 장만한다. 껍질은 이른 봄(수액 유동이 시작하기 전)열매는 늦은 가을에 채취한다. 종이에 깔아 놓고 공기가 잘 통하는 장소에서 건조 작업을 한다. 완성된 원료는 검보라색이며 약간의 냄새가 있고 달고 매콤한 맛이 있다. 껍질 원료는 헝겊 자루, 열매는 종이 자루, 상자에 포장한다. 건조하고 직사광선이 안 들어 오며 통풍이 잘 되는 곳에 보관한다. 원료의 보관 기간은 2~3년이다.

화학성분. 식물 성분에는 안료; 플라보노이드; 당; 펙친, 타닌물질이 들어 있다. 껍질은 타닌물질; 안트라글리코시드를 함유하며 잎은 비타민 C, 열매는 플라보노이드, 펙친물질, 탄수화물,색소를 함유한다.

효능. 민간요법에서 달인 약과 탕액을 만성 변비에 사용한다. 말려서 잘게 썬 열매는 완화제로 쓰이며 또한 황달, 수종, 피부질환, 치질, 수족통품에 사용한다. 투르크메니스탄을 비롯한 중앙아시아 민간요법에서 가지를 달인 약은 위궤양, 뿌리를 달인 약은 장 카타르와 저하 위산에 사용한다. 열매는 변비에 쓰인다.

의학에서 식물의 완화제 장기간 효과가 연구됐다.

장식용, 양봉용 식물이다.

용법용량:

말린 열매 1큰 스푼(15g)에 끓는 물 1컵(200ml)을 부어 에나멜 용기에 담아 작은 불에 10분 끓인다. 2시간 시킨 후 걸러낸다. 달인 약을 취침전에 1/2컵(100ml)씩 복용한다.

말려서 잘게 썬 열매 1큰 스푼(15g)에 끓는 물 1컵(200ml)을 부어 2시간 우린다. 걸러낸다. 탕액을 취침전에 1/2컵(100ml)씩 복용한다.

말려서 잘게 썬 열매 2티 스푼(10)에 끓은 물 1컵(200)을 부어 8시간 우려낸다. 걸러낸다. 탕액을 하루에 두번(아침, 저녁) 복용한다.

에로디움 말라코이데스
Mamamçörek temenlik
Erodium malacoides

개요. 잡초 약용 식물이다. 에로디움 말라코이데스는 높이가 20~45cm에 달하는 쥐손이풀과에 속하는 한해살이 풀이다. 식물은 곱슬머리며 줄기에는 일부 강모가 있다. 오름차순 줄기는 높이가 20~40cm이다. 잎의 모양은 난형, 기부는 심장 모양이고 윗부분 잎은 둥근형 아랫 잎은 자루가 길며 보통 2~3개로 갈라진 우상엽이다. 꽃자루는 악편에 비해 2~2.5배 길다. 포엽은 많다. 악편의 길이는 4~5mm 열매에 붙은 악편은 길이가 6mm에 달한다. 꽃잎은 장미-연보라빛이며 길이가 6~7mm이다. 판막의 길이는 약 4mm, 주름으로 둘러싼 구덩이가 있다. 부리는 길이가 20~25mm이다.

식물특징. 해발 400~800m에 미립성 토양의 경사, 계곡에서 자란다. 4~5월에 꽃이 피며 5~6월에 열매를 맺는다. 씨로 번식한다.

분포 · 산지. 서남 코페트다그: 마흐툼쿨리에서 분포한다.

자연자원. 재라늄은 우리 나라에서 희귀한 식물에 속한다. 약용원료는 충분하지 않다. 재배를 권유한다. 국립 순트-하사르다그 보호림에서 보호한다.

약용자원. 약용 목적으로 풀과 잎을 장만한다. 원료는 개화기(5~6월)에 채취한다. 실외의 차양 밑에서 건조 작업을 한다. 완성된 원료는 헝겊 자루에 포장한다. 건조하고 직사광선이 안 들어 오는 장소에서 보관한다. 잎과 풀 보관 기간은 1~2년이다.

화학성분. 식물 성분에 플라보노이드가 들어 있다.

효능. 민간용법에서 풀을 달인 약과 탕액은 내출혈, 자궁출혈, 감기, 폐렴, 늑막염에 사용한다. 병적 소질에 외용약으로 쓰인다.

의학에서 지혈 효과가 연구됐다.

장식용 식물이다.

용법용량:

잘게 썬 풀 1큰 스푼(15g)에 더운 물 1컵(200ml)을 부어 에나멜 용기에 담아 작은 불에 5~6분 끓인다. 식혀서 걸러낸다. 달인 약을 1일 3회 식전에 1/2컵(100ml)씩 복용한다.

말린 풀 2티 스푼(10g)에 끓는 물 1컵(200ml)을 부어 7~8시간 우린다. 걸러낸다. 탕액을 1일 3~4회 3~4큰 스푼(45~60ml)씩 복용한다.

말려서 잘게 썬 잎 2티 스푼(10g)을 양이나 낙타 기름 100g과 섞어 유리병에 담아 어두운 곳에서 8일 우린다. 정기적으로 섞어준다. 연고를 하루에 2번(아침, 저녁) 피부 상처에 바른다.

라고칠러스 지프사세우스
Zylçaly towşandodak
Lagochilus gypsaceus

개요. 산기슭의 부분 토지에서 자라는 약용 식물이다. 라고칠러스 지프사세우스는 높이가 30~40cm에 달하는 꿀풀과에 속하는 관목이다. 가지들은 삐쳐 나왔으며 솜털이 있다. 잎은 털로 덮였으며 아랫 잎은 뾰족하고 자루는 짧으며 넓은 도란형 모양이다. 포엽은 작으며 뾰족하고 도란형 모양이며 꽃보다 짧다.

거짓 윤생은 많으며 대부분 6개의 꽃이 있다. 탁엽과 포엽은 송곳모양이고 가시가 있으며 털이 있으며 거의 2배나 관보다 짧다. 꽃받침은 꽃이 핀 이후 길이가 12~15mm이다. 꽃부리는 길이가 약 2.5cm이며 부드러운 털이 있다. 꽃부리의 관은 꽃받침에 숨겨 있다. 윗 입술은 길이가 약 10mm, 폭은 5mm이다.

식물특징. 해발 400~800m에서 자란다. 개화기와 결실기는 5~8월이다. 꽃은 생식의 3~4년만에 꽃이 핀다. 씨로 번식한다.

분포 · 산지. 코이텐다그에서 분포한다.

자연자원. 라고칠러스 지프사세우스는 우리 나라에서 희귀한 식물에 속한다. 약용 식물은 많지 않다. 재배를 권유한다. 국립 코이텐다그 보호림에서 보호한다.

약용자원. 약용 목적으로 줄기, 잎, 꽃을 장만한다. 원료는 개화기와 그 이후(5~7월)에 채취하며 실외에서 차양 밑에서 건조작업을 한다. 완성된 원료는 꽃, 적은 량의 잔 잎과 가는 줄기의 혼합물이다. 완성 줄기 잎 원료는 헝겊 자루, 꽃은 종이 자루나 상자에 포장한다. 건조하고 어두운 곳에 보관한다. 보관 기간은 1~2년이다.

화학성분. 뿌리는 타닌물질을 함유한다. 지상 부분은 정유 0.082%, 디테르페노이드: 라고힐린 1.976%,; 비타민 C, K1, 카로틴; 유기산; 타닌물질; 탄수화물; 칼슘을 함유한다. 줄기는 디테르페노이드: 라고힐린 0.09%, 타닌물질을 함유. 잎은 탄수화물 3.5%,; 유기산: 구연산, 5.78%, 정유, 타닌물질; 카로틴, 비타민 C; 칼슘, 마그네슘을 함유. 잎과 꽃은 디테르페노이드: 라고힐린 1.53%을 함유.

효능. 민간요법에서 잎 탕액은 치육염, 아이들의 치조농루에 사용한다. 의학에서 진정제, 혈관 확장제, 경련을 멎게 하는 효과가 연구됐다.

라고칠러스 지프사세우스로 제조한 약은 특히 폐, 소화기, 자궁을 비롯한 내부 출혈 정지에 사용한다.

장식용, 양봉용 식물이다.

용법용량:

말린 잎과 꽃 2티 스푼(10g)에 더운 물 1컵(200ml)을 부어 에나멜 용기에 담아 15분 끓인다. 실내 온도에서 45분 식힌다. 걸러내고 남은 원료는 짠다. 탕액에 끓은 물을 용량 200ml까지 탄다. 지혈제로 1일 3~5회 1~2큰 스푼(15~30ml)씩 복용한다. 출혈 병적 소질에 1일 3~4회 1/2~1/3컵(100~65ml)씩 복용. 말려서 잘게 썬 잎과 꽃 2티 스푼(10g)에 70% 알콜 1/2컵(100ml)을 부어 유리병에 담아 어두운 곳에 10일 우린다. 정기적으로 흔들어준다, 탕액을 1일 3~5회 1/2컵(100ml)씩 복용한다.

시에베라 나나
Kiçijik zibera
Siebera nana

개요. 산기슭 토지에서 자라는 약용 식물이다. 투르크메니스탄에 1종이 있다. 시에베라 나나는 높이가 3~10cm에 달하며 국화과에 속하는 한해살이 풀이다. 줄기는 밀착된 흰 털로 덮여있다. 잎은 무병이며 타원형이나 선형 모양이다. 두상화는 어린 가지들의 정점에 정착됐으며 꽃은 12~20개가 있다. 총포는 짧은 펠트로 덮였으며 밀착돼 있다.

식물특징. 해발 400~800m에 건조한 미립성자-쇄석성 산기슭에서 자란다. 4~5월에 꽃이 피며 열매를 맺는다. 씨로 번식한다.

분포 · 산지. 큐렌다그: 트르고이, 드젤리라; 서남 코페트다그: 시힘데레; 동코페트다그: 샤믈리; 받희제에 분포한다. 투르크메니스탄의 고유 식물이다.

자연자원. 시에베라 나나는 우리 나라에서 희귀한 식물에 속한다. 약용 원료는 많지 않다. 이 식물을 재배한다. 아쉬하바드 식물원에서 자란다. 국립 코페트다그 보호림에서 보호한다. 투르크메니스탄 적색 목록에 기입됐다(1999, 2011).

약용자원. 약용 목적으로 시에베라 나나의 초본을 장만한다. 원료는 개화기(4월)에 채취한다. 실외, 차양 밑에서 건조 작업을 한다. 완성된 원료는 헝겊 자루에 포장한다. 건조하고 서늘한 곳에 보관한다. 보관 기간은 1~2년이다.

화학성분. 시에베라 나나의 화학 성분은 잘 연구되지 않았다.

효능. 투르크멘 민간요법에선 달인 약과 탕액은 류머티즘, 수족통풍, 피부질환에 사용한다.

장식용 식물이다.

용법용량:

말려서 잘게 썬 초본 1큰 스푼(15g)에 끓은 물 1컵(200ml)을 부어 에나멜 용기에 담아 작은 불에 5분 끓인다. 걸러낸다. 달인 약을 1일 3회 1/2컵(100ml)씩 복용하며 외용약으로 하루 2번 피부에 바른다.

말린 초본 2큰 스푼(30g)에 끓는 물 1컵(200ml)을 부어 30~40분 우린다. 걸러낸다. 탕액을 피부의 통증 부분에 바른다.

지지포라 클리노포디오이데스
Süýri ýaprakly keýikot
Ziziphora clinopodioides

개요. 산악 지대에 자라는 약용 식물이다. 지지포라 클리노포디오이데스는 높이가 20~50cm에 달하는 꿀풀과에 속하는 가지가 많은 관목이다. 잎은 피침형, 난형 모양이며 길이가 0.4~1.8cm이다.

꽃자루에 달린 장미, 장미-연보라빛 꽃들은 반구형 또는 두상 꽃차례를 이루며 지름이 1~2cm. 꽃차례는 많은 윤생이 있다. 열매는 약간 긴-난형 모양이며 (길이 1.5~1.7mm 폭은 약 0.5mm) 흰-갈색이고 평평하다.

식물특징. 해발 1200~2800m, 미립성자-쇄석성 산기슭, 계곡에서 자란다. 5~8월에 꽃이 피며 7~8월에 열매를 맺는다. 씨로 번식한다.

분포 · 산지. 큐렌다그: 손구다그; 서남 코페트다그: 아이데레, 초하가츠, 하사르다그, 순트, 갸즈다그; 중앙 코페트다그: 카라울, 노후르, 아르와즈, 타가레브, 술류클리, 게르마브, 세만수르, 초판다그, 아르차빌, 카란키, 다기쉬, 호브단; 동 코페트다그: 세를록, 코이텐다그에서 분포한다.

자연자원. 지지포라 클리노포디오이데스는 우리 나라에서 희귀한 식물에 속하지 않는다. 약용 원료는 충분하다. 재배를 권유한다. 매년 채취량은 35~40톤에 달한다.

약용자원. 약으로 쓰기 위해 초본, 잎, 꽃을 장만한다. 약용 원료는 개화기(5~6월)에 채취하며 실외, 차양 밑에서 건조 작업을 한다. 완성된 초본 및 잎 원료는 헝겊 자루, 꽃은 종이 자루에 포장한다. 건조하고 직사광선이 들어 오지 않는 곳에 보관한다. 보관 기간은 1~2년이다.

화학성분. 식물 성분에는 정유가 들어 있다. 뿌리는 유기산, 정유, 사포닌, 알칼로이드, 비타민 C, 타닌물질, 플라보노이드를 함유한다. 식물의 지상 부분은 유기산, 정유를 함유. 줄기, 잎, 꽃은 유기산, 정유, 사포닌, 알칼로이드, 플라보노이드, 비타민 C, 타닌물질을 함유한다.

효능. 민간요법에서 초본을 고혈압, 동맥경화, 위통, 구역질에 사용한다. 꽃에서 뽑아낸 추출물은 위염, 구토, 단복 고창에 쓰인다.

투르크멘 민간요법에선 달인 약과 탕액은 심장 활동이 쇠약해질 때 일반 강장제로 쓰이며 고혈압, 신경 쇠약, 소화기 질병, 설사에 사용한다. 피부 질환에 외용약으로 사용한다. 잎을 달인 약은 소화기, 성병에 사용한다. 잎과 꽃을 달인 탕액과 차는 이뇨제, 발한제, 식욕 자극제로 사용한다.

의학에서 식물의 지혈, 강심 성분이 연구됐다. 추출물, 달인 약, 탕액은 심근 경색, 심근염, 고혈압에 쓰인다.

용법용량:

말린 풀 1티 스푼(5g)에 끓은 물 1컵(200ml)을 부어 에나멜 용기에 담아 작은 불에 10~15분 끓인다. 걸러낸 후 달인 약을 1일 3회 1/2컵(100ml)씩 복용한다.

잘게 썬 잎 1티 스푼(5g)에 끓은 단 맛을 낸 물 1컵(200ml)을 부어 에나멜 용기에 담아 작은 불에 5~10분 끓인다. 걸러낸다. 달인 약을 1일 3회 식전에 1티 스푼(5ml)씩 복용한다.

초본 1큰 스푼(15g)을 1리터 보온병에 담아 더운 물을 부어 우린다. 걸러낸다. 탕액을 1일 3회 식전에 1컵(200ml)씩 복용한다. 복용 기간은 30일이다.

지지포라 테누이오르

Inçejik keÿikot

Ziziphora tenuior

개요. 산기슭 토지에서 자라는 약용 식물이다. 높이가 5~15cm에 달하는 꿀풀과에 속하는 한해살이 풀이다. 줄기는 대부분 가지가 많으며 잎은 좁은 선-피침형 모양이며 잎맥들이 뚜렷하게 보인다.

꽃들은 식물의 전부에 무성한 이삭 모양의 꽃차례를 구성한다. 포엽 잎은 보통 꽃 보다 2~3배 많다. 꽃받침은 원통 모양이며 달걀 모양의 뾰족한 톱니가 있다. 꽃부리는 연보라색이며 겨우 꽃받침을 능가하며 길이가 10mm이다. 열매는 길이가 1.5~1.8mm, 폭이 0.5~0.6mm이며 등은 돌출하며 노란색 또는 갈색이다.

식물특징. 해발 400~1600mm, 건조한 산기슭에서 자란다. 4~6월에 꽃이 피며 6~7월에 열매가 맺는다. 씨로 번식한다.

분포 · 산지. 사막을 제외한 투르크메니스탄의 전체 영토에서 분포한다.

자연자원. 지지포라 테누이오르는 우리 나라에서 희귀한 식물에 속하지 않는다. 약용 원료는 충분하다. 재배를 권유한다. 매년 채취량은 70~80여 톤에 달할 수 있다.

약용자원. 약용 목적으로 풀과 열매를 장만한다. 풀은 개화기(4~6월), 열매는 결실기(7월)에 채취한다. 실외, 차양 밑에서 건조 작업을 한다. 완성된 풀 원료는 헝겊 자루, 열매는 종이 자루나 상자에 포장한다. 건조하며 어두운 직사광선이 안 들어오는 곳에서 보관한다. 풀 보관 기간은 1~2년이며 열매는 2~3년이다.

화학성분. 식물의 성분에는 정유 0.14~1.0%(α-피넨, β-피넨. 캄펜, β-미르첸,테르피놀렌, 피페리톤); 플라보노이드; 쿠마린이 들어 있다. 잎과 꽃은 비타민 C를 함유한다. 씨는 지방유 20%; 팔미친산 3.7%, 스테아린산 0.9%;, 올레인산 5.3%, 리놀레산 11.9%, 리놀레노산 78.2%를 함유한다.

효능. 민간요법에서 풀을 발기 부전, 단복 고창, 소화기 질환, 식욕 부진에 사용하며 열매는 이질, 열병에 쓰인다. 투르크메니스탄을 비롯한 중앙아시아 민간요법에서 풀을 달인 약, 탕액을 설사, 신경 쇠약, 장복통, 심장-혈관 계통에 사용한다. 즙은 위염. 결핵에 사용한다.

장식용, 식용, 양봉용 식물이다.

용법용량:

말린 풀 1티 스푼(5g)에 끓은 물 1컵(200ml)을 부어 에나멜 용기에 담아 작은 불에 10~15분 끓인다. 걸러낸다. 달인 약을 1일 3회 1/2컵(100ml)씩 복용한다.

풀 1큰 스푼(15g)을 1리터의 보온병에 담아 끓는 물을 부어 우린다. 걸러낸 다음 탕액을 1일 3회 식전에 1컵(200ml)씩 복용한다. 복용 기간은 30일이다.

잘게 썬 풀 1티 스푼에 알코올 1/2컵(100ml)을 부어 유리병에 담아 10일 어두운 곳에서 우린다. 정기적으로 흔들어 준다. 걸러낸 다음 탕액을 1일 3회 5~7방울씩 복용한다.

조시마 오리엔탈리스
Gündogar zozimasy
Zosima orientalis

개요. 산악 지대에 자라는 약용 식물이다. 투르크메니스탄에 1종이 있다. 조시마 오리엔탈리스는 높이가 30~40cm에 달하는 미나리과에 속하는 다년생 또는 2년생 식물이다. 줄기는 곧게 서며 단단하고 늑골 모양이며 털이 있다. 아래 가지들은 어긋나며 윗 가지들은 윤생체에 배치됐다. 잎은 주로 근엽이며 무성히 회색 털로 덮였다. 줄기 잎은 무엽이다. 산형화서는 다양하다. 줄기의 정점에 있는 산형꽃차례는 12cm 길이의 많은 방사선으로 이루어졌다. 총포는 8~10개의 피침형 잎으로 구성됐다. 작은 산형화서들은 20개의 꽃이 달렸다. 꽃자루는 직립이고 꽃받침은 톱니가 없다. 꽃잎은 난형이고 크림색이며 외면은 털로 덮였다. 열매는 도란형이고 털이 있으며 길이가 6~12mm이다.

식물특징. 해발 800~1600m에서 평지, 점토-쇄석, 미립 자성 토지에서 자란다. 3~5월에 꽃이 피며 4~6월에 열매를 맺는다. 씨로 번식하며 다결실 식물이다.

분포 · 산지. 식물은 볼쇼이 발한: 쿠르반녜페스 계곡, 다쉴레데레; 말리 발한: 큐렌다그; 서남 코페트다그; 중앙 코페트다그: 카라얄치, 아르와─, 게르마브, 헤이라바드, 초판다그, 아르차빌, 마흐툼칼라, 곡데레, 다기쉬, 아쉴마, 호브단; 동 코페트다그: 로베르곱스키, 샤믈리, 메아나; 프리카스피 사막 등에서 분포한다.

자연자원. 조시마 오리엔탈리스는 우리 나라에서 희귀한 식물에 속하지 않는다. 약용 원료는 충분하다. 재배를 권유한다. 매년 채취량은 3~5여톤에 달할 수 있다.

약용자원. 약용 목적으로 풀, 꽃, 열매를 장만한다. 풀과 꽃은 개화기(3~5월)에 열매는 결실기(4~6월)에 채취한다. 실외, 차양 밑이나 공기가 잘 통하는 곳에서 건조 작업을 한다. 완성된 풀은 헝겊 자루, 꽃과 열매는 종이 자루나 상자에 포장한다. 건조하고 어두운 곳에서 보관한다. 풀과 꽃 보관 기간은 1~2년이며 열매는 2~3년이다.

화학성분. 식물의 지상 부분은 정유 0.26%, 쿠마린, 플라보노이드를 함유한다. 줄기는 정유 0.04%, 잎은 정유 0.08%; 플라보노이드: 크웨르체친, 켐페롤, 3-글류코시드, 7-글류코시드를 함유한다. 꽃은 정유 0.11%, 열매는 정유 0.9~1.8%, 쿠마린, 지방유 20.1%를 함유한다.

효능. 민간요법에서 식물을 달인 약과 탕액은 피부 질환, 염증, 간, 신장, 위, 장 폐색에 사용한다.

의학에서 열매에 함유된 항암 성분이 연구됐다.

열매에 함유된 정유 및 지방유는 화장품 산업에서 이용한다.

장식용, 양봉용, 기술용 식물이다.

용법용량:

말린 꽃 1~2큰 스푼(15~30g)에 끓는 물 2컵(200ml)을 부어 에나멜 용기에 담아 작은 불에 15분 끓인다. 30분 식혀서 걸러낸다. 달인 약을 1일 3회 3~4큰 스푼(45~60ml)씩 복용한다.

말린 풀 1큰 스푼(15g)을 0.5l의 보온병에 담아 더운 물을 부어 1시간 우린다. 걸러낸다. 탕액을 1일 3회 식전에 1/4컵(50ml)씩 복용한다.

말려서 잘게 썬 열매 2티 스푼(10g)에 끓는 물 1/2컵(100ml)을 부어 15분 우린다. 걸러낸다. 탕액을 1일 3회 1/3컵(75ml)씩 복용한다.

리코푸스 엑샐타터스
Uzyn möjekaýak
Lycopus exaltatus

개요. 산악 지대에 자라는 약용 식물이다. 리코푸스 엑샐타터스는 높이가 30~120cm에 달하는 꿀풀과에 속하는 여러해살이 풀이다. 줄기는 단순하거나 가지가 많지 않다. 잎 양면은 털이 있으며 약간 길거나 난형-길죽하고 깃털-갈라진 모양이며 자루가 짧다. 아랫 잎은 톱니 열편형이며 윗 잎 열편은 항상 전연엽이다. 포엽은 선-피침형이다.

꽃은 잘다. 꽃받침은 가시가 있는 톱니가 있다. 꽃부리는 약간 꽃받침보다 크며 흰색이나 라일락색이다.

식물특징. 해발 800~1600m, 계곡, 강변, 습지가 있는 곳에서 자란다. 8월에 꽃이 피고 열매가 맺는다. 씨로 번식한다.

분포 · 산지. 아이데레, 마흐툼쿨리, 숨바르를 비롯한 서남 코페트다그에서 분포한다.

자연자원. 리코푸스 엑샐타터스는 우리 나라에서 희귀한 식물에 속한다. 약용 원료는 많지 않다. 재배를 권유한다. 국립 순트-하사르다그 보호림에서 보호한다.

약용자원. 약용 목적으로 풀과 잎을 장만한다. 원료는 개화기(6~7월)에 채취한다. 실외, 차양 밑에서 건조 작업을 한다. 완성된 원료는 헝겊 자루에 포장한다. 건조하고 어두운 곳에서 보관한다. 풀과 잎 보관 기간은 1~2년이다.

화학성분. 식물의 지상 부분은 정유; 디테르페노이드: 피톨 0.03%; 트리테르페노이드: 우르숲산 1.19%; 스테로이드 0.05%; 카르데놀리드; 사포닌; 알칼로이드; 타닌물질 8%; 플라보노이드를 함유한다.

효능. 민간요법에서 풀을 달인 약과 탕액은 류머티즘, 심장병, 결핵에 사용하며 잎을 달인 약은 열병, 바세도병, 자궁출혈, 설사, 이질에 쓰인다.

투르크멘의 일부 지방 민간요법에서 풀과 잎은 동맥경화, 고혈압, 관부전에 사용한다.

의학에서 지상 부분의 지혈, 항균성 성분이 연구됐다.

장식용, 양봉용, 사료용, 염색용 식물이다.

용법용량:

잘게 썬 풀 1티 스푼(5g)에 더운 물 1/2컵(100ml)을 부어 에나멜 용기에 담아 작은 불에 7~8분 끓인다. 걸러낸 후 1일 3회 식전에 1/4컵(50ml)씩 복용한다.

말린 잎 1큰 스푼(15g)에 끓은 물 1컵(200ml)을 부어 에나멜 용기에 담아 작은 불에 5~10분 끓인다. 식혀서 걸러낸다. 달인 약을 1일 3회 식전에 1/2컵(100ml)씩 복용한다. 외용약으로도 쓰인다.

말린 풀 1큰 스푼(15g)에 끓은 물 1컵(200ml)을 부어 2시간 우린다. 걸러낸 후 탕액을 1일 3~4회 1/3컵(65ml)씩 복용한다.

조레니오프시스 세셀로이데스
Köpetdag tümmüljesi
Johreniopsis seselioides

개요. 산악지대에 자라는 약용 식물이다. 투르크메니스탄에는 1종이 있다. 조레니오프시스 세셀로이데스는 높이가 70~115cm에 달하는 미나리과에 속하는 여러해살이 풀이다. 가지는 몇 개가 있고 중간 부분은 가지들이 벌어졌으며 밑 부분은 잎에 쌓였다. 근생엽과 밑부분 줄기 잎은 길고 단단한 자루가 있다. 산형화서는 길이(1.5~5.0cm)가 다양한 11~19개의 방사선으로 구성됐다. 총포는 잎이 3개이며 잎은 피침형으로 3개의 잎맥이 있다. 작은 산형화서는 총포가 있는 12~20개의 꽃으로 이루어졌으며 꽃받침의 톱니는 삼각형 모양이다. 꽃잎은 푸르스름한-노란색이고 거의 둥글하며 열매는 약간 길며 자루에 비해 2배나 길고 길이는 7mm이다.

식물특징. 해발 1200~1600m, 풀이 많은 산기슭에서 관목 사이에 자란다. 꽃은 6~7월에 피며 7~9월에 열매를 맺는다. 씨로 번식하며 일임 식물이다.

분포 · 산지. 포르데레를 비롯한 서남 코페트다그에서 분포한다.

자연자원. 조레니오프시스 세셀로이데스는 우리 나라에서 희귀한 식물에 속하지 않는다. 약용 원료는 그리 많지 않다. 재배를 권유한다. 국립 순트-하사르다그 보호림에서 보호한다.

약용자원. 약용 목적으로 뿌리와 풀을 장만한다. 뿌리는 이른 봄(3월)이나 가을(9월)에 풀은 개화기(6~7월)에 채취한다. 실외, 차양 밑에서 또는 공기가 잘 통하는 곳에서 건조 작업을 한다. 완성된 원료는 헝겊 자루에 포장한다. 건조하고 직사광선이 안 들어 오는 장소에서 보관한다. 뿌리는 2~3년 보관하며 풀은 보관 기간이 1~2년이다.

화학성분. 조레니오프시스 세셀로이데스의 화학성분은 분석되지 않았다. 뿌리는 쿠마린을 함유하며 잎은 켐프페롤, 크웨르체친, 루틴을 비롯한 플라보노이드를 함유한다.

효능. 민간 요법에서 뿌리와 풀은 피부 및 심장 질환, 고혈압, 천식에 사용한다.

장식용, 식용, 양봉용 식물이다.

용법용량:

말린 뿌리 8티 스푼(40g)을 에나멜 용기에 담아 끓는 물 1l를 부어 작은 불에 7~8분 끓인다. 20분 우려낸다. 걸러낸 다음 탕액을 하루 사이에 4번 복용한다.

말린 풀 1티 스푼(15g)을 에나멜 용기에 담아 끓는 물 1컵(200ml)을 부어 작은 불에 10분 끓인다. 걸러낸다. 달인 약을 1일 3회 식전 30분전에 2큰 스푼(30g)씩 복용한다.

잘게 썬 뿌리 2티 스푼(10g)에 끓는 물 1컵(200ml)을 부어 1시간 우려낸다. 탕액을 1일 3회 식전 30분전에 1/3컵(65ml)씩 복용한다. 외용약으로도 쓰인다.

어저귀
Başbugdaý
Abutilon theophrasti

개요. 잡초 약용 식물이다. 투르크메니스탄에 1종이 있다. 어저귀는 높이가 40 내지 150cm에 달하는 아욱과에 속하는 한해살이 풀이다. 줄기는 곧게 서고 위에는 가지가 많으며 잔털이 총총하다. 잎자루는 길고 엽신은 넓은 달걀 모양이며 기부에 둥근 심장형, 끝은 뾰족하고 잎 양면은 잔털이 있다.

꽃은 익판의 총상꽃차례에 있다. 꽃잎은 노란색, 악편에 비해 1.5~2배 길며 길이가 12~15mm이다. 열매는 12~15개, 부드러운 강모로 덮였다. 씨는 신장형 폭이 4mm, 흰색의 아주 작은 사마귀가 있다.

식물특징. 주로 오아시스에서 잡초로 자란다. 6~8월에 꽃이 피며 8~10월에 열매를 맺는다. 씨로 번식한다.

분포 · 산지. 서남 코페트다그: 야르티칼라, 마흐툼쿨리; 발희제: 타흐타바자르; 프리코페트다그 오아시스: 아르츠만, 아쉬하바드에서 분포한다.

자연자원. 어저귀는 우리 나라에서 희귀한 식물에 속하지 않는다. 약용 원료는 충분하다. 매년 채취량은 70~80톤에 달할 수 있다.

약용자원. 약용 목적으로 어저귀의 뿌리, 풀, 잎과 꽃을 장만한다. 뿌리는 이른 봄(3월)이나 가을(9월)에, 풀, 잎과 꽃은 개화기(6~8월)에 채취한다. 실외, 차양 밑에서 건조 작업을 한다. 완성된 뿌리, 풀, 잎 원료는 헝겊 자루, 꽃은 종이 자루에 보관한다. 뿌리 보관 기간은 2년, 풀, 잎과 꽃 보관 기간이 1년이다.

화학성분. 어저귀의 성분에는 점액이 들어 있다. 뿌리는 점액, 사포닌, 플라보노이드를 함유. 잎은 탄수화물, 무코폴리사하리드, 비타민 C, 플라보노이드, 루틴 0.1%를 함유. 씨는 알칼로이드, 지방유 15~30%, 포스폴리피드 0.8%, 피친 3%를 함유한다.

효능. 민간요법에서 장, 림프 질병, 이질, 백내장, 만성 맹장염에 사용하며 뿌리, 잎, 꽃은 가래 제거제로 쓰인다. 뿌리를 달인 약은 피부 질환, 설사, 위염에 사용한다.

투르크멘 민간요법에서 일부 지역에서 꽃을 달인 약과 탕액을 발한제로 사용하며 씨는 이질제, 완화제로 쓰인다.

장식용, 양봉용, 기술용 식물이다.

용법용량:

말려서 잘게 썬 뿌리 1티 스푼(5g)을 애나멜 용기에 담아 끓은 물 1/2컵(100ml)을 부어 작은 불에 15~20분 끓인다. 걸러낸 다음 달인 약을 1일 3회 1큰 스푼(15ml)씩 복용한다.

말린 잎과 꽃 4티 스푼(20g)을 에나멜 용기에 담아 끓은 물 1컵(200ml)을 부어 작은 불에 5~7분 끓인다. 실내 온도까지 식힌후 걸러낸다. 달인 약을 1일 2회 1/2컵(100ml)씩 복용한다.

말린 꽃 2~3큰 스푼(30~45g)을 1l의 보온병에 담아 더운 물을 부어 6시간 우려낸다. 걸러낸다. 탕액을 1일 3~4회 식전에 1/4컵(50ml)씩 복용한다.

카시니아 매크란세라
Garadennan
Caccinia macranthera

개요. 산악 지대에 자라는 약용 식물이다. 투르크메니스탄에 1종이 있다.

카시니아 매크란세라는 높이가 25~80cm에 달하는 지치과에 속하는 여러해살이 풀이다. 근경은 직립이고 땅속으로 깊이 들어가며 두께는 1~10cm이다. 줄기는 곧게 서고 기초에서 분기한다. 잎은 약간 길거나 약간 긴-피침형 모양, 길이가 10~15cm, 폭은 1.2~5.0cm이다. 꽃은 가지 끝에 총상화서를 구성한다. 꽃차례는 뻗어졌다. 꽃이 피는 가지는 윗 및 중간 줄기잎 익판에서 나온다. 포엽은 넓은 피침형이며 꽃자루보다 좀 길다. 꽃이 필 때 꽃받침 열편은 좁은 선 모양이다. 화관은 보라-장미색, 꽃받침에 비해 1.5~2배 길다. 작은 견과는 달걀 모양이고 길이가 8~10mm이다.

식물특징. 해발 400~1600m의 미립성 및 돌이 많은 사면에서 자란다. 꽃은 4~5월에 피며 5~7월에 열매를 맺는다. 씨와 근경으로 번식한다.

분포 · 산지. 말리 발한, 서남 코페트다그, 중앙 코페트다그, 동 코페트다그, 중앙 카라쿰, 동 카라쿰, 동남 카라쿰에서 분포한다.

자연자원. 카시니아 매크란세라는 우리 나라에서 희귀한 식물에 속하지 않는다. 약용 원료는 충분하다. 재배를 권유한다. 매년 채취량은 약 55~60톤에 달할 수 있다.

약용자원. 약용 목적으로 카시니아 매크란세라의 뿌리, 풀을 장만한다. 뿌리는 이른 봄(3월)이나 가을(9월)에, 풀은 개화기(4~5월)에 채취한다. 실외, 차양 밑에서 건조 작업을 한다. 파낸 뿌리는 깨끗이 씻고 말려서 조각으로 나눈다. 완성된 원료는 헝겊 자루에 포장한다. 건조하고 직사광선이 안 들어 오는 장소에서 보관한다. 뿌리는 3년 보관하며 풀은 보관 기간이 1~2년이다.

화학성분. 카시니아 매크란세라의 화학성분은 미지의 상태에 있다. 이 식물의 뿌리는 타닌물질과 교착성물질; 점액; 사포닌을 함유한다.

효능. 민간요법에서 식물 뿌리와 풀을 달인 약은 기관지 질환에 진정제로 사용한다.

장식용, 양봉용, 염색용 식물이다.

용법용량:

뿌리 1티 스푼(5g)을 에나멜 용기에 담아 끓는 물 1컵(200ml)을 부어 작은 불에 20분 끓인다. 걸러낸다. 달인 약을 1일 3회 1티 스푼(5ml)씩 복용한다.

말린 풀 1큰 스푼(15g)을 에나멜 용기에 담아 끓은 물 1컵(200ml)을 부어 작은 불에 10분 끓인다. 걸러낸 다음 1일 3회 식전에 1큰 스푼(15ml)씩 복용한다.

코토네아스터 누물라리오이데스
Iri ýaprakly ýylgaý
Cotoneaster nummularioides

개요. 산악 지대에 자라는 약용 식물이다. 코토네아스터

누물라리오이데스는 높이가 1.5~2.0m에 달하는 드물게 잎이 배열된 장미과에 속하는 관목이다. 잎은 폭이 넓고 둥그스름하거나 넓은 타원형 모양이다. 아랫잎은 노란색, 잘고 짧은 가지에 달렸으며 길이는 5~10mm를 초과하지 않으며 너비는 4~8mm이다.

꽃차례는 꽃 2~4개로 이루어졌다. 꽃자루는 길이가 1~2mm, 꽃은 개방됐고 흰색이며 잘다. 꽃잎은 길이가 2~3mm. 열매는 한 개나 2(3)개, 익지 않은 열매는 갈색이고 익은 것은 검은색이다.

식물특징. 해발 800~1600m, 계곡, 북쪽 돌-쇄석성 사면에서 자란다. 4~6월에 꽃이 피며 9~10월에 열매를 맺는다. 씨로 번식한다.

분포 · 산지. 볼쇼이 발한, 큐렌다그, 서남 코페트다그, 중앙 코페다그, 프리카스피 사막에서 분포한다.

자연자원. 코토네아스터 누물라리오이데스는 우리 나라에서 희귀한 식물에 속하지 않는다. 약용 원료는 충분하다. 재배를 권유한다.

약용자원. 약용 목적으로 코토네아스터 누물라리오이데스의 뿌리, 껍질, 싹, 잎, 꽃, 열매를 장만한다. 뿌리, 껍질, 싹은 이른 봄(3월)이나 가을(9월)에, 잎과 꽃은 개화기(4~6월)에 열매는 결실기(9~10월)에 채취한다. 원료는 실외, 차양 밑에서 건조 작업을 한다. 완성된 뿌리, 껍질, 싹. 잎 원료는 헝겊 자루에 꽃은 종이 자루나 상자, 열매는 종이 상자나 유리병에 포장한다. 건조하고 서늘한 장소에서 보관한다. 뿌리, 껍질, 싹과 열매는 2~3년 보관하며 잎과 꽃 보관 기간은 1~2년이다.

화학성분. 식물의 성분에는 질소 화합물, 청산, 비타민 C, 플라보노이드, 안토치안, 페놀카르본산이 들어 있다. 잎은 폴리이소프레노이드를 함유. 열매는 청산을 비롯한 질소 화합물을 함유한다.

효능. 민간요법에서 코토네아스터 누물라리오이데스의 탕액을 류머티즘, 껍질의 천연 껌은 습진, 가려움, 단복고창, 설사, 탄저, 이질 및 기타 전염병에 사용한다.

투르크메니스탄을 비롯한 중앙아시아 민간요법에서 뿌리의 탕액은 류머티즘, 가지의 탕액은 장티푸스에 쓰인다.

의학에서 항균 성분이 연구됐다.

장식용, 식용, 양봉용 식물이다.

용법용량:

말려서 잘게 썬 뿌리 1티 스푼(5g)에 끓은 물 1컵(200ml)을 부어 20~30분 우려낸다. 걸러낸 이후 탕액을 1일 3회 1/2컵(100ml)씩 복용한다.

찧은 뿌리 1티 스푼(5g)에 알코올 1컵(200ml)을 부어 유리병에 담아 어두운 장소에서 10~15일 우린다. 정기적으로 흔들어 준다. 걸러낸다. 탕액을 1일 3회 10~15방울씩 복용한다. 또는 아픈 상처에 하루2번(아침, 저녁) 바른다.

천연 껌 1큰 스푼(15g)에 오리브유나 해바라기유 1컵(200ml)을 부어 녹인다. 혼합물을 외용 물약으로 쓰인다.

코엘피니아 리네아리스
Adaty atýelmik
Koelpinia linearis

개요. 산악 지대에 자생하는 약용 식물이다. 코엘피니아 리네아리스는 높이가 10~40cm에 달하는 국화과에 속하는 한해살이 풀이다. 줄기는 가지들이 있으며 곧게 서고 솜털이 덮였다. 잎은 좁은 선형 모양이고 전연엽, 길이가 6cm까지 너비는 3mm, 대부분 엽맥이 하나다. 두상화는 작으며 길이가 약 7mm이다. 꽃받기는 나체형이다. 총포의 외부 잎은 2~5개이며 내부 잎은 7~8mm까지이다. 수과는 6~12개, 어린 수과는 직립이며 그보다 오래된 것은 구부러졌으며 길이가 1.5~2.0cm, 너비는 2mm까지이다.

식물특징. 해발 400~1600m, 평지, 모래밭에서 자란다. 5~6월에 꽃이 피며 5~7월에 열매를 맺는다. 씨로 번식한다.

분포 · 산지. 코엘피니아 리네아리스는 투르크메니스탄 전국에서 분포한다.

자연자원. 코엘피니아 리네아리스는 우리 나라에서 희귀한 식물에 속하지 않는다. 약용 원료는 충분하다. 매년 채취량은 35~40여톤에 달할 수 있다.

약용자원. 약용 목적으로 풀과 꽃을 장만한다. 원료는 개화기(4~6월)에 채취한다. 실외, 차양 밑에서 건조 작업을 한다. 완성된 풀은 헝겊 자루, 꽃은 종이 자루나 상자에 포장한다. 건조하고 서늘한 곳에서 보관한다. 원료 보관 기간은 1~2년이다.

화학성분. 식물의 성분에는 알칼로이드가 들어 있다. 지상 부분은 쿠마린을 함유한다. 잎은 질소 함유 화합물; 쿠마린: 찌호리인, 에스쿨린, 에스쿨레틴을 함유. 꽃은 쿠마린: 찌호리인,

에스쿨린, 에스쿨레틴을 함유한다.

효능. 민간요법에서 풀과 꽃은 단복고창, 심장병에 사용한다.

장식용, 양봉용, 사료용 식물이다.

용법용량:

말린 풀 4티 스푼(20g)을 에나멜 용기에 담아 끓은 물 1컵(200ml)을 부어 작은 불에 15분 끓인다. 실내 온도에서 45분 식힌다. 걸러낸 이후 달인 약을 1일 2~3회 1큰 스푼(15ml)씩 복용한다.

말린 꽃 1티 스푼(5g)을 에나멜 용기에 담아 끓는 물 1컵(200ml)을 부어 작은 불에 5분 끓인다. 식힌 다음 걸러낸다. 달링 약을 1일 3회 1큰 스푼(15ml)씩 복용한다.

아캔소필리움 글랜덜로섬
Berk bugratiken
Acanthophyllum glandulosum

개요. 산악 지대에 자생하는 약용 식물이다. 아캔소필리움 글랜덜로섬은 높이가 20~40cm, 가지가 많으며 석죽과에 속하는 반관목이다. 잎은 튀어나오고 송곳 모양, 가시가 있으며 길이가 20~30mm, 너비는 0.5~1.0mm.

꽃은 머리 모양의 꽃차례를 구성한다. 정점 잎은 작다. 포엽은 약간 길며 보트 모양, 가장자리는 날카롭다. 꽃받침은 길이가 약 9mm, 약간 길며 원통형 모양, 날카로운 톱니가 있다. 꽃잎은 희거나 장미색, 약간 긴-주걱 모양이고 뭉툭하며 꽃받침에 비해 1.5배 더 길다. 씨는 둥그스름-콩팥 모양, 반들하며 지름이 약 2mm이다.

식물특징. 해발 1200~2800m, 돌이 많은 산기슭에서 자생한다. 6~8월에 꽃이 피며 열매를 맺는다. 씨로 번식한다.

분포 · 산지. 식물은 서남 코페트다그, 중앙 코페트다그에서 분포한다.

자연자원. 아캔소필리움 글랜덜로섬은 우리 나라에서 희귀한 식물에 속하지 않는다. 약용 원료는 충분하다. 재배를 권유한다. 국립 순트-하사르다그스크 보호림에서 보호한다.

약용자원. 약용 목적으로 뿌리를 장만한다. 원료는 이른 봄(3월)이나 가을(9월)에채취하며 실외에서 차양 밑에서 건조 작업을 한다. 완성된 원료는 헝겊 자루에 포장한다. 건조하고 서늘한 장소에서 보관한다. 보관 기간은 2~3년이다.

화학성분. 완전히 성분이 분석되지 않았다. 뿌리는 트리테르펜 사포닌 12~30%를 함유.

효능. 민간요법에서 뿌리를 달인 약은 가래 제거제, 완화제, 상처 치료제로 사용한다.

의학에서 뿌리에서 순 사포닌을 추출하기 위해 사용한다.

장식용 식물이다.

용법용량:

말려서 잘게 썬 뿌리 1티 스푼(5g)을 에나멜 용기에 담아 끓은 물 1컵(200ml)을 부어 작은 불에 5~10분 끓인다. 실내 온도에서 식혀서 걸러낸다. 달인 약을 1일 3회 식전에 1큰 스푼(15ml)씩 복용한다.

말려서 잘게 썬 뿌리 1티 스푼(5g)을 에나멜 용기에 담아 끓은 물 1컵(200ml)을 부어 작은 불에 10~15분 끓인다. 거러낸다. 달인 약을 1일 3회 1티 스푼(5g)씩 복용하며 하루에 두번(아침, 저녁) 피부 상처에 바른다.

카를리나 불가리스
Adaty karlina
Carlina vulgaris

개요. 산악 지대에 자생하는 약용 식물이다. 투르크메니스탄에 1종이 있다. 카를리나 불가리스는 높이가 20~80(100)cm

에 달하는 국화과에 속하는 두해살이 풀이다. 줄기는 단순하거나 위에 가지가 있으며 약간 거미줄 모양이며 노르스름한 녹색이다. 잎은 전연엽이며 좁고 피침형 또는 선형-피침형이다. 근엽은 점차 자루로 좁아진다.

산형화서는 너비가 3.5~5.0cm. 총포의 외부 잎은 거미줄 모양이며 윗면은 가시들이 있다. 중간 잎들은 대부분 검은 진홍색이다. 작은 꽃은 많으며 잘다. 수과는 털이 있으며 길이가 2.5~4.0mm. 관모는 뻣뻣한 털이 있다.

식물특징. 해발 1200~1600m, 계곡의 사면에서 자란다. 6~8월에 꽃이 피며 열매를 맺는다. 씨로 번식한다.

분포 · 산지. 식물은 서남 코페트다그, 중앙 코페트다그. 투르크메니스탄과 중앙 아시아만 분포한다.

자연자원. 칼라나 불가리스는 우리 나라에서 희귀한 식물에 속한다. 약용 원료는 충분하지 않다. 재배를 권유한다. 국립 순트-하사르다그스크 및 코페트다그 보호림에서 보호한다.

약용자원. 약용 목적으로 칼라나 불가리스의 풀을 장만한다. 원료는 개화기(6~7월)에 채취한다. 실외에서 차양 밑에서 건조 작업을 한다. 완성된 원료는 헝겊 자루에 포장한다. 건조하고 직사광선이 안 들어 오는 장소에서 보관한다. 보관 기간은 1~2년이다.

화학성분. 식물의 성분에는 알칼로이드가 들어 있다. 뿌리는 폴리아체칠렌 화합물을 함유하며 줄기는 타닌물질, 잎은 플라보노이드, 루틴, 오리엔틴, 샤프토시드를 함유한다.

효능. 민간요법에서 달인 약과 탕액은 이뇨제, 발한제, 진정제로 사용한다. 외용약으로 류머티즘에 쓰인다.

의학에서 칼라나 불가리스 추출물의 진정 효과가 연구됐다.

장식용 식물이다.

용법용량:

말린 풀 3큰 스푼(45g)을 에나멜 용기에 담아 끓은 물 1.5컵(300ml)을 부어 작은 불에 10분 끓인다. 걸러낸다. 달인 약으로 통증이 나는 자리에 바른다.

잘게 썬 풀 1~2티 스푼(5~10g)에 끓는 물 2컵(400ml)을 부어 2시간 우린다. 걸러낸다. 탕액을 1일 3회 식전에 1-큰 스푼(15~30ml)씩 복용한다.

뮤레인
Adaty sygyrguýruk
Verbascum thapsus

개요. 사막에 자라는 약용 식물이다. 세계에 약 300종류가 있는데 투르크메니스탄에 10종이 있다.

뮤레인은 무성하게 회백색이나 누르스름한 엷은 황색의 솜털이 덮였으며 높이가 30~120cm에 달하는 현삼과에 속하는 두해살이 풀이다. 근생엽은 약간 긴 타원형 모양, 길이가 9~18cm, 너비는 4~7cm. 중간 줄기 잎은 약간 길거나 약간 긴-도란형 모양이며 길이가 8~14cm, 너비는 2~5cm 자루가 짧거나 무병이다. 포엽은 달걀형-약간 긴 모양이며 뾰족하다.

노란색 꽃들은 줄기의 정점에서 이삭 모양의 꽃차례를 이룬다. 열매는 계란 모양이며 길이가 0.5~1.0cm. 씨앗은 작으며 갈색이다.

식물특징. 주로 사면에서 모래 토양에서 자란다. 6~8월에 꽃이 피며 열매를 맺는다. 씨로 번식한다.

분포 · 산지. 프리카스피 사막, 투르크멘바쉬에서 분포한다.

자연자원. 뮤레인은 우리 나라에서 희귀한 식물에 속한다. 약용 원료는 그리 많지 않다. 재배를 권유한다. 국립 하자르스크 보호림에서 보호한다.

약용자원. 약용 목적으로 잎과 꽃을 장만한다. 원료는 개화기(6~7월)에 채취한다. 실외에서 차양 밑에서 건조 작업을 한다. 잘 말린 꽃잎은 선명한 황색이며 달콤한 맛이 있으며 향기가 있다. 완성된 원료는 헝겊 자루, 꽃은 유리병에 포장한다. 건조하고 서늘한 장소에서 보관한다. 보관 기간은 1~2년이다.

화학성분. 뮤레인의 성분에는 사포닌, 플라보노이드, 점액, 수지함유 물질이 들어 있다. 꽃은 점액 2.5%, 당 약 11%,

카로틴, 쿠마린, 사포닌 등을 함유한다.

효능. 민간요법에서 꽃은 간, 소화기, 호흡기 질환에 사용하며 가래 제거제, 완화제, 상처 치료제, 항염제로 쓰인다. 잎으로 만든 가루나 씨의 기름으로 만든 연고는 상처 치료에 사용하며 잎에 우유를 부어 달인 약은 화상, 종기에 사용한다.

투르크메니스탄을 비롯한 중앙아시아 민간요법에서 꽃을 끓여서 만든 차를 완화제, 가래 제거제, 이뇨제, 항염제로 쓰이며 잎을 달인 약은 장, 위 카타르, 간, 비장, 류머티즘 질환, 천식, 결핵에 사용한다.

장식용, 양봉용, 염색용 식물이다.

용법용량:

말린 꽃 1티 스푼(5g)에 끓는 물 1컵(200ml)을 부어 5~6시간 우려낸다. 걸러낸 후 탕액을 1일 2~3회 1/3~1/2컵(75~100ml)씩 복용한다. 탕액을 외용약으로도 사용한다.

말린 뮤레인의 꽃 1티 스푼(5g)을 잘게 썬 알데아의 뿌리 1티 스푼(5g)과 썩어 끓는 물 1컵(200ml)을 붓고 거기에 가루 설탕 200그램을 넣고 시럽 상태가 될 때까지 끓인다. 1일 3회 식전에 1티 스푼(5ml)씩 복용한다.

아트로파 코마로비
Komarowyň melegi
Atropa komarovii

개요. 산기슭에서 자라는 약용 식물이다. 세계에 5종이 있는데 투르크메니스탄에 1종이 있다. 아트로파 코마로비는 높이가 1.0~1.5m에 달하는 가지과에 속하는 여러해살이 풀이다. 이 식물은 짧은 목질화된 근경이 있다. 줄기는 곧게 서고 둥글며 윗부분은 갈퀴-분기 모양이다. 잎들은 굵고 전연이며 나체형, 약간 긴-계란이나 약간 긴-타원형 모양이다. 잎은 보통 한 쌍으로 배열됐다.

꽃자루는 곁눈에서 나며 1개의 꽃이 있고 길이는 2.0~2.5cm이다. 꽃받침의 날개는 계란-삼각형 모양이며 뾰족하다. 꽃부리는 노란색이고 관-종 모양 길이가 2.5cm까지에 달한다. 꽃실은 나체형이며 반질반질하고 공 모양이다.

식물특징. 해발 400~800m에서 산 강변 따라 골짜기, 나무와 관목의 그늘 밑에서 자란다. 5~7월에 꽃이 피며 8월에 열매를 맺는다. 씨로 번식한다.

분포 · 산지. 식물은 서남 코페트다그에서 분포한다.

자연자원. 아트로파 코마로비는 우리 나라에서 희귀한 식물에 속한다. 약용 원료는 많지 않다. 재배하고 있다. 국립 순트-하사르다그스크 보호림에서 보호한다. 투르크메니스탄의 적색목록에 기입됐다.

약용자원. 약용 목적으로 아트로파 코마로비의 뿌리와 잎을 장만한다. 뿌리는 이른 봄(3월)이나 가을(9월)에 잎은 개화기(5~7월)에 채취한다. 실외, 차양 밑에서 건조 작업을 한다. 완성된 원료는 헝겊 자루에 포장한다. 건조하고 서늘한 장소에서 포장한다. 뿌리의 보관 기간은 2~3년, 잎은 1~2년이다.

화학성분. 식물의 성분에는 아트로핀, 기오스찌아민, 벨라돈닌, 스코폴라민 및 기타를 비롯한 알칼로이드가 들어 있다. 뿌리의 알칼로이드 함유량은 0.21 내지 1.1%, 줄기는 0.11~1.15%, 잎은 0.31 내지 1.1%, 꽃은 0.28~0.53%, 열매는 0.16~0.35%이다.

효능. 투르크메니스탄 민간요법에서 잎 탕액은 버섯으로 중독 시에 사용한다.

의학에서 위궤양, 십이지장에 진통제, 경련성 효과가 연구됐다.

식물을 이용해 제조한 《아트로핀》약은 소화기관, 심장 질환, 위궤양, 신장및간 급경련통, 협심증에 사용한다.

Atropa는 유독성 식물이다.

장식용 식물이다.

용법용량:

말려서 잘게 썬 잎 1티 스푼(5g)에 끓는 물 1컵(200ml)을 부어 우려낸다. 걸러낸 다음 1일 3회 1티 스푼(5ml)씩 복용한다.

말린 풀과 잎 2티 스푼(10g)에 알코올 1컵(200ml)을 부어 유리병에 담아 어두운 장소에서 1주일 우려낸다. 정기적으로 흔들어 주며 걸러낸다. 탕액으로 피부의 상처에 바른다.

크레사 크레티카
Adaty torumgaldyran
Cressa cretica

개요. 잡초 약용 식물이다. 투르크메니스탄에 1종이 있다.

크레사 크레티카는 높이가 20~30cm에 달하는 메꽃과에 속하는 여러해살이 풀이다. 몇 개의 줄기는 뿌리의 목에서 지상에서 분기, 기초부터 시작해 가지가 많으며 털이 있다. 잎은 잘고 자루가 없으며 뾰족하고 약간 긴 달걀 모양이나 피침형이다. 꽃은 짧은 이삭 모양의 꽃차례를 구성하며 꽃자루는 짧거나 없다. 악편은 도란형이며 털이 있고 꽃받침의 기초는 2개의 포엽이 있다. 꽃부리는 조금 허였으며 꽃받침에 비해 2배 길다. 꼬투리는 타원형이며 씨는 달걀 모양이다.

식물특징. 평야, 오아시스 드물게 해발 400~800m의 계곡, 습지, 염류 토양에서 자란다. 5~7월에 꽃이 피며 7~8월에 열매가 맺는다. 씨로 번식한다.

분포 · 산지. 큐렌다그, 서남 코페트다그, 프리카스피 사막, 서북 카라쿰, 프리코페트다그 오아시스, 아무다리야 오아시스에서 분포한다.

자연자원. 크레사 크레티카는 우리 나라에서 희귀한 식물에 속하지 않는다. 약용 원료는 충분하다. 잡초로서 무성하게 자란다. 매년 채취량은 20~25여톤에 달할 수 있다.

약용자원. 약용 목적으로 풀과 씨를 장만한다. 풀은 개화기(5~7월), 씨는 결실기(8월)에 채취한다. 실외, 차양 밑에서 공기가 잘 통하는 장소에서 건조 작업을 한다. 완성된 풀은 헝겊자루, 씨는 종이 상자나 유리병에 보관한다. 건조하고 직사광선이 안 들어 오는 장소에서 보관한다. 풀 보관기간은 1~2년, 씨는 3~4년이다.

화학성분. 크레사 크레티카의 화학성분은 잘 연구되지 않았다. 식물의 성분에는 알칼로이드, 글리코시드, 비타민 C가 들어 있다.

효능. 민간요법에서 풀과 씨를 달인 약과 탕액은 피를 정제하며 이뇨제로 쓰이며 탕약은 완화제로 사용한다.

장식용 식물이다.

용법용량:

말려서 잘게 썬 풀 1큰 스푼(15g)을 에나멜 용기에 담아 끓은 물 1컵(200ml)을 부어 작은 불에 15분 끓인다. 10분 우려낸다. 걸러낸 달인 약을 하루에 두번(아침, 저녁) 1/4컵(50ml)씩 복용한다.

말린 풀 1큰 스푼(15g)에 끓는 물 1컵(200ml)을 부어 40분 우린다. 걸러낸 탕액을 1일 3회 1~2큰 스푼(15~30ml)씩 복용한다.

말린 씨 1티 스푼(5g)에 끓는 물 1컵(200ml)을 부어 1시간 우린다. 걸러낸 탕액을 1일 3회 식전 30분전에 2큰 스푼(30ml)씩 복용한다.

잘게 썬 풀 2~3큰 스푼(30~45g)에 70% 알코올 1컵(200ml)을 부어 유리병에 담아 어두운 장소에서 14일 우린다. 정기적으로 흔들어준다. 걸러낸 탕액을 1일 3회 식전 20분전에 1티 스푼(5ml)씩 복용한다.

쿠지니아 매크로카르파
Ownuk tohumly pakyr
Cousinia microcarpa

개요. 잡초 약용 식물이다. 투르크메니스탄에 74종이 있다.

쿠지니아 매크로카르파는 높이가 30~50cm에 달하는 국화과에 속하는 두해살이 풀이다. 줄기는 거미줄, 털이 있으며 기초 윗부분에 가지가 많다. 가지들은 옆으로 기울어졌으며 한

개씩 굵은 두상화가 있다. 잎은 부드럽고 근생엽은 타원형-길죽하며 양면은 거미줄, 털이 있다. 줄기 잎은 길죽하며 근생엽과 유사하며 가장자리는 톱니와 가시가 있다.

두상화는 지름이 2.5cm, 공 모양이며 가시가 심하며 꽃이 많다. 총포 잎은 뻣뻣하다. 총포의 중간 잎은 길이가 약 2.5cm, 내부 잎은 더 짧으며 넓은 선-피침형, 가죽 같다. 두상화는 꽃 90~120개로 구성됐다. 꽃부리는 장미색 또는 붉은색, 길이가 1.5cm이다. 수과는 작고 도란형 모양이다.

식물특징. 해발 400~1600m에서 계곡, 미립성 토양의 사면에서 자란다. 5~7월에 꽃이 피며 열매가 맺는다. 씨로 번식한다.

분포 · 산지. 서남 코페트다그, 중앙 코페트다그, 동부 코페트다그, 프리코페트다그 오아시스에서 분포한다.

자연자원. 쿠지니아 매크로카르파는 우리 나라에서 희귀한 식물에 속하지 않는다. 약용 원료는 충분하다. 매년 채취량은 50여톤에 달할 수 있다.

약용자원. 약용 목적으로 쿠지니아 매크로카르파의 뿌리와 열매를 장만한다. 뿌리는 이른 봄(3월)이나 가을(9월)에 열매는 결실기(7월)에 채취한다. 실외 차양 밑에서 건조 작업을 한다. 완성된 뿌리 원료는 헝겊 자루, 열매는 종이 상자에 포장한다. 건조하고 서늘한 장소에서 보관한다. 뿌리, 열매 보관기간은 3~4년이다.

화학성분. 식물의 성분에는 탄수화물 4.95%가 들어 있다. 뿌리와 지상 부분은 탄수화물과 그의 유사한 화합물을 함유한다. 잎은 천연 고무와 타르를 함유한다.

효능. 민간요법에서 쿠지니아 매크로카르파의 열매를 달인 약과 탕액을 간, 방광, 요도 질환에 사용한다.

투르크멘 민간요법에서 뿌리는 당뇨, 간 질환에 쓰인다.

장식용 식물이다.

용법용량:

말린 뿌리 2큰 스푼(30g)을 에나멜 용기에 담아 끓은 물 1리터를 부어 작은 불에 15분 끓인다. 식혀서 걸러낸다. 달인 약을 1일 3회 1/2컵(100ml)씩 복용한다.

짧게 썬 뿌리 2티 스푼(10g)에 끓는 물 1컵(200ml)을 부어 2시간 우린다. 걸러낸 다음 1일 4회 식전 30분전에 1/4컵(50ml)씩 복용한다.

말린 열매 1큰 스푼(15g)을 0.5l의 유리병에 담아 20분 우린다. 걸러낸 탕액을 1일 3회 식전에 1/2컵(100ml)씩 복용한다.

쿠지니아 움브로사
Kölegeli pakyr
Cousinia umbrosa

개요. 잡초 약용식물이다. 쿠지니아 움브로사는 높이 60~120cm에 달하는 국화과에 속하는 여러해살이 풀이다. 줄기는 곧게 서고 고랑이 있으며 거미줄 모양 털이 있으며 가지가 많으며 가지는 대부분 짤막하다. 잎은 부드럽고 자루가 길며 폭넓은 타원형-심장 모양이며 잎 윗면은 나체형, 하부면은 거미줄-펠트형이다. 아랫부분 잎은 길이가 15~20cm, 자루가 길다. 자루 길이는 6cm. 윗부분 잎은 무병엽이고 세로 홈이 있는 큰 톱니 모양, 정점 잎은 피침형, 전연엽이다.

10~12mm 길이의 두상화는 가지 끝에 3개시씩 배치됐다. 총포의 잎은 40개 내지 60개이며 타원형으로 길죽하며 가장자리는 거칠다. 두상화는 꽃이 8내지 9개, 꽃부리는 진홍색이며 길이가 10mm. 수과는 나체형, 반들반들하며 톱니가 없고 도란형이다.

식물특징. 해발 400~800m에서 샘 주변과 강변의 습지가 있고 그늘진 곳에서 자란다. 6~7월에 꽃이 피며 열매가 맺는다. 씨로 번식한다.

분포 · 산지. 큐렌다그, 서남부 코페트다그, 중앙 코페트다그, 동부 코페트다그에서 분포한다.

자연자원. 쿠지니아 움브로사는 우리 나라에서 희귀한 식물에 속하지 않는다. 약용 원료는 충분하다. 매년 채취량은 약 45~55톤에 달한다.

약용자원. 약용 목적으로 뿌리와 풀을 장만한다. 뿌리는 이른 봄(3월)이나 가을(9월)에 풀은 개화기(6월)에 채취한다. 실외, 차양 밑, 공기가 잘 통하는 장소에서 건조 작업을 한다. 완성된 원료는 헝겊이나 종이 자루에 포장한다. 건조하고 서늘한 장소에서 보관한다. 뿌리는 2~3년, 풀은 1~2년 보관한다.

화학성분. 식물의 성분에는 이눌린을 비롯한 탄수화물이 들어 있다. 뿌리는 단당류 0.79~1.63%, 올리고당류 2.07~3.05%, 다당류 13.18%~25.0%, 천연고무를 함유한다. 잎, 줄기, 꽃차례는 단당류를 함유한다.

효능. 투르크메니스탄을 비롯한 중앙아시아 민간요법에서 뿌리와 풀은 당뇨, 간 질환에 사용한다.

의학에서 식물의 지하 및 지상 부분은 다당류를 추출하는 데 쓰인다.

장식용, 사료용 식물이다.

용법용량:

말린 뿌리 2큰 스푼(30g)을 에나멜 용기에 담아 끓은 물 1리터를 부어 작은 불에 15분 끓인다. 식혀서 걸러낸 달인 약을 1일 3회 1/2컵(100ml)씩 복용한다.

짤게 썬 뿌리 2티 스푼(10g)에 끓는 물(200ml)을 부어 2시간 우린다. 걸러낸 탕액을 1일 4회 식전 30분전에 1/4컵(50ml)씩 복용한다.

말린 풀 1큰 스푼(15g)을 0.5l의 보온병에 담아 끓은 물을 부어 우린다. 걸러낸 탕액을 1일 4회 1/4컵(50ml)씩 복용한다.

가시 상추
Ýabany süýtleňňiç
Lactuca serriola

개요. 잡초 약용 식물이다. 투르크메니스탄에 9종이 있다. 가시상추는 높이가 50~125cm에 달하며 국화과에 속하는 한해살이 또는 두해살이 풀이다. 줄기는 직립이고 홈이 있으며 황색으로서 밑에는 빳빳한 강모로 덮여 위에는 가지들이 있다. 잎은 무병엽이며 회청색이고 윗부분 잎은 피침형 전연엽이다.

두상화는 원통형 또는 약간 길며 평균 12~25개씩 꽃이 달렸다. 수과는 회색 또는 갈색이며 길죽한 타원형이다.

식물특징. 주로 잡초로서 포도원, 공원, 도랑, 계곡, 강변에서 자란다. 꽃은 5~10월에 피며 6~10월에 열매를 맺는다. 씨로 번식한다.

분포 · 산지. 식물은 거의 도처에서 분포한다.

자연자원. 가시상추는 우리 나라에서 희귀한 식물에 속하지 않는다. 약용 원료는 충분하다. 재배를 권유한다. 잡초 야생식물로서 자란다. 매년 채취량은 적어도 10~15톤에 달할 수 있다.

약용자원. 약용 목적으로 가시상추의 풀과 씨를 장만한다. 풀은 개화기(5~8월), 씨는 결실기(9월)에 채취한다. 실외, 차양 밑이나 공기가 잘 통하는 장소에서 건조 작업을 한다. 완성된 풀 원료는 헝겊 자루, 씨는 종이 상자에 포장한다. 건조하고 직사 광선이 안 들어 오는 장소에서 보관한다. 풀은 1~2년, 씨는 2~3년 보관한다.

화학성분. 가시상추의 성분에는 천년고무가 들어 있다. 뿌리는 세스크위테르페노이드, 락투친, 락투코피크린을 함유한다. 열매는 글류코시드 락투친, 지방유 35%을 씨는 지방유를 함유한다.

효능. 민간요법에서 풀은 눈병, 천식, 기침, 협심증, 복수병, 자궁출혈에 사용하며 항경련제, 저혈압, 설사제, 완화제로 쓰인다. 풀을 달인 약은 천식, 백일해, 호흡곤란, 수족통풍, 부종에 쓰인다. 중앙아시아의 민간요법에서 풀을 위장에 사용하며 피부 상처 치료에 가루를 만들어 바른다. 열매는 가래 제거제로 사용한다. 동종요법에서는 식물의 유백색 수액을 심장 및 혈관 질환에 사용한다.

장식용, 식용, 양봉용, 사료용 식물이다.

용법용량:

말린 풀 2큰 스푼(30g)을 에나멜 용기에 담아 끓은 물 1컵(200ml)을 부어 작은 불에 5~10분 끓인다. 1시간 반 식혀서 걸러낸 다음 달인 약을 1일 3회 식전에 1/2컵(100ml)씩 복용한다.

찧은 씨 1티 스푼(5g)에 끓는 물 1/2컵(100ml)을 부어 3시간 우린다. 걸러낸 탕액을 1일 3~4회 식전에 1큰 스푼(15ml)씩 복용한다.

말려서 잘게 썬 풀 4큰 스푼(60g)에 올리브유 1컵(200ml)을 부어 유리병에 담아 어두운 장소에서 14일 동안 우린다. 정기적으로 흔들어 준다. 이렇게 만든 연고를 피부의 염증이 생긴 자리에 하루 2번(아침, 저녁) 바른다.

라렐맨티아 이베리카
Gruziýa narpyzagy
Lallemantia iberica

개요. 산악 지역에 자라는 약용 식물이다. 라렐맨티아 이베리카는 높이가 20~40cm에 달하는 꿀풀과에 속하는 한해살이 풀이다. 줄기는 대부분 가지가 있으며 기초에 회청색의 솜털이 있다. 밑부분 잎은 자루가 있으며 약간 긴 모양이다.

꽃차례는 길죽하며 이삭 모양, 줄기에 거짓 윤생이 배치됐다. 포엽은 약간 길거나 도란형, 꽃보다 길다. 꽃받침은 길이가 15~18mm이며 꽃부리의 길이가 18~20mm, 옅은 황색이다. 씨는 평탄하고 검은 색이며 약간 길고 길이가 약 3.5mm, 너비는 1.8mm이다.

식물특징. 해발 400~1600m, 미립성자 쇄석성 토양에서 자란다. 4~5월에 꽃이 피며 5~6월에 열매를 맺는다. 씨로 번식한다.

분포 · 산지. 서남 코페트다그, 중앙 코페트다그, 동부 코페트다그에서 분포한다.

자연자원. 라렐맨티아 이베리카는 우리 나라에서 희귀한 식물에 속한다. 약용 원료는 많지 않다. 재배를 권유한다. 순트-하사르다그 및 코페트다그 국립 보호림에서 보호한다.

약용자원. 약용 목적으로 풀을 장만한다. 원료는 개화기(4~5월)에 채취한다. 실외, 차양 밑에서 건조 작업을 한다. 완성된 원료는 헝겊 자루에 포장한다. 건조하고 어두운 장소에서 보관한다. 풀 보관 기간은 1~2년이다.

화학성분. 식물 성분에는 정유, 알칼로이드, 쿠마린, 플라보노이드가 들어 있다. 열매는 정유를 함유한다. 씨는 지방유를 함유.

효능. 민간요법에서 풀을 달인 약과 탕액을 감기, 장 출혈, 이뇨제로 사용한다. 씨의 지방유는 도료산업에서 페인트, 와니스 등 생산에 사용한다.

장식용, 식용, 양봉용 식물이다.

용법용량:

말린 풀 1큰 스푼(15g)을 에나멜 용기에 담아 끓은 물 1컵(200ml)을 부어 작은 불에 5~10분 끓인다. 짜서 받은 달인 약을 1일 3회 식전에 1큰 스푼(15ml)씩 복용한다.

말려서 잘게 썬 풀 1티 스푼(5g)에 끓는 물 2컵(400ml)을 부어 15~20분 우린다. 걸러낸 다음 탕액을 1일 3회 1/2컵(100ml)씩 복용한다.

알리움 바비올비
Wawilowyň sogany
Allium vavilovii

개요. 산악 지대에 자라는 약용 식물이다. 세계적으로 약 750종이 있으며 투르크메니스탄에는 68종이 분포한다.

알리움 바비올비는 높이가 60~100cm에 달하는 파과(수선화과)에 속하는 여러해살이 풀이다. 인경은 달걀형-공 모양이며 굵기는 4~6cm, 인편엽은 녹색 또는 갈색이다. 인경은 2~3개씩 짧은 근경에 달린다. 줄기는 높고 굵으며 속이 빈 원통형,

중간 밑부분에 부풀은 곳이 있으며 그 밑에 3개의 10 내지 40mm 굵기의 잎이 있다. 꽃은 산형 화서로 구형이다. 별 모양 화개의 잎은 푸르스름한 흰색이고 4~5mm의 푸른색 엽맥이 있다. 수술실은 화게 잎에 비해 1/4배 길다.

식물특징. 해발 800~1600m의 미립성자 쇄석성 토양, 돌바위 사면에서 자란다. 이 식물은 내열성이 있다. 5~6월에 꽃이 피며 7~8월에 열매를 맺는다. 씨와 인경으로 번식한다.

분포 · 산지. 식물은 중앙 코페트다그, 코이텐다그에서 분포한다.

자연자원. 알리움 바비올비는 우리 나라에서 희귀한 식물에 속한다. 약용 원료는 충분치 않다. 이 품종은 재배한다. 아쉬하바드 식물원에서 재배한다. 코페트다그 국립보호림에서 보호한다. 투르크메니스탄의 적색목록에 기입됐다.

약용자원. 약용 목적으로 인경과 씨를 장만한다. 인경은 이른 봄(3월)에 씨는 결실기(8월)에 채취한다. 실외, 차양 밑에서 또는 공기가 잘 통하는 장소에서 건조 작업을 한다. 완성된 인경은 헝겊 또는 종이 자루, 씨는 종이 상자에 포장한다. 건조하고 서늘한 장소에서 보관한다. 원료 보관 기간은 2~3년이다.

화학성분. 알리움 바비올비는 단당류, 다당류, 이눌린, 비타민 C, 카로틴, 비타민 B, E, PP, 효소, 사포닌, 피톤치드, 단백질, 섬유소, 재, 광물질, 칼슘, 철, 인을 함유한다. 인경과 잎은 정유요오드, 유기산, 구연산, 능금산을 함유.

효능. 민간요법에서 창자 이완, 결장염. 고혈압, 동맥경화, 식욕 부진, 후두염, 천식에 사용한다. 꿀을 섞거나 우유에 달여서 기침, 감기, 담즙관 운동장애, 수족통풍, 노화 예방에 쓰인다. 인경을 달인 약을 기관지 질환에 탕액은 신장 결석병, 심장-혈관 질환에 사용한다.

투르크멘 민간요법에서 변비, 신장 결석에 사용하며 담즙 분비제, 구충제, 살균제, 비타민 보충제로 쓰인다.

의학에서 핀토치드의 유독성 작용이 연구됐다.

장식용, 식용, 양봉용, 염색용 식물이다.

용법용량:

잘게 썬 1개의 인경과 벌꿀 3큰 스푼(45g)을 에나멜 용기에 담아 끓은 물 1/2컵(100ml)을 부어 작은 불에 5분 끓인다. 2시간 우린다. 걸러낸 달인 약을 1일 4회 1티 스푼(5ml)씩 복용한다.

잘게 썬 인경 500g, 벌꿀 50g과 설탕 2컵(400g)을 에나멜 용기에 담아 물 1l를 부어 작은 불에 3시간 끓인다. 달인 약을 1일 3회 2큰 스푼(30ml)씩 복용.

인경 1개를 썰어서 끓은 물 1컵(200ml)을 부어 12시간 우린다. 걸러낸 다음 탕액을 3~4일간 1/2컵(100ml)씩 복용한다. 구충제로 사용한다.

잘게 썬 인경에 1:4비율로 찬물을 부어 용기에 담아 하루 동안 우린다. 탕액을 1일 3회 1/2컵(100ml)씩 복용한다. 복용 기간은 1주일이다.

리나리아 포포비
Popowyň zygyrbaldagy
Linaria popovii

개요. 산악 지대에 자라는 약용 식물이다. 투르크메니스탄에는 4종류가 있다.

리나리아 포포비는 높이가 25~50cm에 달하는 현삼과에 속하는 여러해살이 초본이다. 줄기는 1~3개 직립이며 윗부분은 가지가 많으며 회청색이다. 잎은 어긋나기, 무병엽이고 선 및 선형-피침형이며 길이가 2.0~6.5cm, 너비는 0.1~0.6cm이다. 꽃은 약간 누르스름하며 자루는 짧으며 굵다. 열매는 공 모양이며 씨는 갈색이고 신장형이고 날개가 넓다.

식물특징. 해발 1600~2800m, 돌이 많고 미립성 토양의 사면에서 자란다. 5~6월에 꽃이 피며 6~7월에 열매를 맺는다. 씨로 번식한다.

분포 · 산지. 코이텐다그에서 분포한다.

자연자원. 리나리아 포포비는 우리 나라에서 희귀한 식물에 속하지 않는다. 약용 원료는 충분하다. 재배를 권유한다. 코이텐다그 국립 보호림에서 보호한다.

약용자원. 약용 목적으로 풀을 장만한다. 원료는 개화기(5~6월)에 채취하며 차양 밑 또는 실외에서 그늘진 곳에서 건조 작업을 한다. 완성된 원료는 헝겊 자루에 포장한다. 건조하고 직사광선이 들어 오지 않는 장소에서 보관한다. 보관 기간은 1~2년이다.

화학성분. 식물의 지상 부분은 알칼로이드, 플라보노이드, 사포닌, 비타민 C, 카로틴, 타닌물질, 유기산을 함유한다.

효능. 민간요법에서 수종, 황달, 두통, 나력, 탈장에 사용한다.달인 약은 외용약으로 피부 질환에 쓰인다.

투르크멘 민간요법에서 구충제, 발한제, 담즙 분비제, 완화제로 사용한다.

리나리아의 약품은 이뇨제, 항염제, 완화제 성분이 있으며 치질, 신장염, 방광염에 복용한다.

장식용, 양봉용 식물이다.

용법용량:

잘게 썬 풀 1큰 스푼(15g)에 끓는 물 1.5컵(300ml)을 부어 30~40분 우린다. 걸러낸 탕액을 1일 3회 1큰 스푼(15ml)씩 복용한다. 외용약으로도 사용한다.

리나리아 풀, 수레국화꽃, 접골목 꽃을 섞은 4티 스푼(20g)에 끓는 물 2컵(400ml)을 부어 8시간 우린다. 걸러낸 다음 탕액을 하루에 1~2방울씩 여러번 복용한다.

만드라고라 투르코마니카
Türkmen selmelegi
Mandragora turcomanica

개요. 산악 지대에 자라는 약용 식물이다. 세계에 6종이 있는데 투르크메니스탄에는 1종이 있다. 투르크멘 이름은 《셀리멜렉》이라고 하는데 《사랑의 들풀》이라는 뜻이다.

만드라고라 투르크멘스카야는 높이가 20~40cm에 달하는 가지과에 속하는 줄기가 없는 굵은 여러해살이 풀이다. 잎들은 땅 위에 뻗치고 직경이 160cm까지의 로제트를 형성한다. 밑부분 잎은 길이가 80cm까지 너비는 60cm이고 넓은 타원형-달걀 모양이다. 윗부분 잎들은 더 작으며 약간 긴-달걀 모양, 대부분 전엽이다.

꽃은 약간 털이 덮인 짧은 자루에 하나씩 또는 2~3개씩, 잎은 열매가 맺을 때 길이가 7~18cm까지 7~18cm까지 자란다. 꽃받침은 길이가 약 1.5~2.0cm. 꽃부리는 종 모양이며 연한 보라색이다. 수술은 5개나 6개, 수술실은 길이가 약 0.5cm. 열매는 둥글며 지름이 6cm까지고 반들하다. 씨는 신장 모양이고 단단하며 길이가 약 0.4~0.5cm, 너비는 0.6~0.7cm이며 노란색이다.

식물특징. 만드라고라 투르코마니카는 해발 800~1200m의 점토, 쇄석, 돌이 많은 습지가 있는 남쪽 사면에서 자란다. 11~4월에 꽃이 피며 5~7월에 열매를 맺는다. 성체가 된 식물은 100개까지 열매를 맺는다. 이른 봄에 씨로 번식하며 영양 번식한다.

분포 · 산지. 서남 코페트다그에서 분포한다. 고유 식물이다.

자연자원. 만드라고라 투르코마니카는 우리 나라에서 희귀한 식물에 속한다. 약용 원료는 충분하지 않다. 재배를 한다. 아쉬하바드 식물원에서 재배한다. 순트-하르다그 국립보호림에서 보호한다. 투르크메니스탄의 적색 목록에 기입됐다(1999, 2011년).

약용자원. 약용 목적으로 뿌리, 잎, 열매를 장만한다. 뿌리는 이른 봄(3월)이나 가을(9월), 잎은 개화기(11~4월), 열매는 결실기에 채취한다. 실외, 차양 밑에서 건조 작업을 한다. 완성된 뿌리와 잎 원료는 헝겊 자루, 열매는 종이 상자 또는 유리병에 포장한다. 건조하고 서늘한 장소에서 보관한다. 뿌리와 열매는 2~3년 보관하며 잎 보관 기간은 1~2년이다.

화학성분. 만드라고라 투르코마니카의 전체 화학 분석은 하지 않았다. 식물의 성분에는 알칼로이드, 전분이 들어 있다. 열매는 비타민 C를 함유하고 있다.

효능. 만드라고라 투르코마니카의 약초 성분은 옛적부터 알려졌다. 기원전 5세기경 히포크라테스는 만드라고라 투르코마니카의 효능을 세심하게 관찰한 결과 극소량도 불안감과 우울증을 치료하는데 효과가 있음을 밝혀냈다. 만드라고라 투르코마니카는 고대 그리스에서 《사랑의 사과》라고 불렀다. 그 뿌리는 사람의 모습과 같다.

투르크멘 민간요법에서 뿌리는 수족통풍, 불면, 단독에 사용하며 잎은 잘 아물지 않은 상처에 쓰이며 익은 열매는 괴혈병, 상처, 위궤양, 종기에 사용한다. 투르크멘들은 만드라고라 투르코마니카를 찾은 사람은 익은 열매를 자기가 먹어야 하며 익지 않은 열매는 집에 가져와서 익는 대로 먹거나 행복을 비는 사람에게 주면 건강과 행복을 가져 온다고 한다. 예전에는 수술용 마취제로도 쓰였다. 뿌리와 잎으로 만든 허브차는 흥분 효과가 있으며 천식과 기침에도 효능이 있는 것으로 알려졌다.

용법용량:

잘게 썬 뿌리 1티 스푼(5g)을 에나멜 용기에 담아 끓는 물 1컵(200ml)을 부어 작은 불에 5~10분 끓인다. 30분 우려낸 다음 짜서 받은 달인 약을 1일 3회 식후 1티 스푼(5ml)씩 복용한다. 또한 외용약으로 하루 2번(아침, 저녁) 바른다.

잘게 썬 씨 1/2티 스푼(2.5g)을 에나멜 용기에 담아 끓은 물(200ml)을 부어 작은 불에 5~6분 끓인다. 걸러낸 다음 달인 약을 1일 3회 식전에 1큰 스푼(15ml)씩 복용.

잘게 썬 씨 1티 스푼(5g)을 1l 보온병에 담아 끓은 물을 부어 30분 달인다. 탕액을 1일 3회 1/4컵(50ml)씩 복용.

말린 잎 2큰 스푼(30g)에 40% 알코올 1/2컵(100ml)을 부어 유리병에 담아 어두운 곳에서 10일 우린다. 정기적으로 흔들어 주며 걸러낸 다음 탕액을 1일 2회 1/4컵(50ml)씩 복용.

잘게 썬 또는 말린 열매 5g에 알코올 1/2컵(100ml)을 부어 유리병에 담아 어두운 곳에서 1주일 우려낸다. 정기적으로 흔들어 주며 걸러낸다. 탕액을 1일 2회(아침, 저녁) 식전 30분 전에 1티 스푼(5ml)씩 복용한다.

수토핸델리아 움벨리페라
Saýawanly psewdohandeliýa
Pseudohandelia umbellifera

개요. 산악 지대에 자라는 약용 식물이다. 투르크메니스탄에 1종이 분포한다.

수토핸델리아 움벨리페라는 높이가 35~80cm에 달하는 거미줄 모양의 흰색 털로 덮인 국화과에 속하는 두해살이 초본의 풀이다. 뿌리는 직립이며 비교적으로 얇다. 단독 줄기는 곧게 서고 굵기가 약 1cm이며 둥그스름하다. 근생엽과 줄기의 밑부분 잎은 자루가 있으며 길이가 14~20cm, 너비가 3~4cm, 세번 깃털-잘라졌다. 줄기의 중간 잎은 무병엽이며 그렇게 크지 않다. 포엽 잎은 작으며 마주나기다.

두상화는 100개까지 달하고 줄기의 정점에 산형 꽃차례를 구성한다. 총포는 잔 모양이고 너비가 6~8mm, 2~3열로 형성돼 있다. 총포 잎은 거꿀-약간 길고 뻣뻣하다. 수많은 꽃들은 작으며 꽃부리는 관 모양이다. 수술은 크기가 꽃부리와 비슷하거나 좀 더 크다. 꽃밥은 선형이며 수과는 선형, 평탄하며 좀 구부러졌다. 관모는 없다.

식물특징. 해발 400~800m에서 주로 산기슭에서 자란다. 5~7월에 꽃이 피며 열매를 맺는다. 씨로 번식한다.

분포 · 산지. 중앙 코페트다그, 동 코페트다그, 받히즈 에서 분포한다.

자연자원. 수토핸델리아 움벨리페라는 우리 나라에서 희귀한 식물에 속하지 않는다, 약용 원료는 충분하다. 매년 채취량은 15~20여톤에 달할 수 있다.

약용자원. 약용 목적으로 수토핸델리아 움벨리페라의 잎, 꽃, 꽃차례를 장만한다. 원료는 개화기(5~6월)에 채취한다. 실외, 차양 밑에서 건조 작업을 한다. 완성된 잎은 헝겊 자루, 꽃과 꽃차례는 종이 자루나 상자에 포장한다. 건조하고 직사 광선이 안 들어 오는 장소에서 보관한다. 보관 기간은 1~2년이다.

화학성분. 식물의 지하 부분은 세스크위테르페노이드를 함유. 지상부분은 세스크위테르페노이드, 정유 0.17~0.21%, 플라보노이드, 사포닌, 타닌물질, 유기산을 함유. 꽃차례는 세스크위테르페노이드, 한필린, 아르테칼린을 함유한다.

효능. 민간요법에서 달인 약과 탕액은 이뇨제로 사용하며 담석증, 황달에 쓰인다. 꽃의 탕액은 간, 신장, 심장-혈관 질환, 잦은 맥박, 간질병에 사용한다.

투르크멘 민간요법에서 잎을 달인 약과 탕액은 담석증, 황달에 사용하며 꽃 탕액과 차는 간, 신장, 소화기관, 간질병에 사용하며 구충제, 발한제, 이뇨제로 쓰인다.

의학에서 정유의 항염제 효과가 발견됐다.

장식용, 염색용 식물이다.

용법용량:

말린 잎과 꽃 4티 스푼(20g)을 에나멜 용기에 담아 끓은 물 2컵(400ml)을 부어 작은 불에 30분 끓인다. 식혀서 짜낸다. 달인 약을 1일 3회 식전에 1큰 스푼(15ml)씩 복용.

잘게 썬 잎과 두상화 1큰 스푼(15g)을 에나멜 용기에 담아 끓은 물 1.5컵(300ml)을 부어 작은 불에 20분 끓인다. 30분 우려낸다. 걸러낸 다음 달인 약을 1일 3회 식전에 1큰 스푼(15ml)씩 복용한다.

말린 꽃 2티 스푼(10g)에 끓는 물 1컵(200ml)을 부어 40분 우린다. 걸러낸다. 탕액을 1일 3회 식전 30분전에 1/4컵(50ml)씩 복용한다.

콜루테아 아타바제비
Atabaýewiň haramçybygy
Colutea atabajevii

개요. 산악 지대에 자라는 약용 식물이다. 콜루테아 아타바제비는 높이가 60~150cm에 달하는 콩과에 속하는 반관목이다. 잎은 길이가 3~4cm, 1~2개 쌍의 잎이 달렸다. 잎은 둥그스름-도란형 모양이고 너비가 7~8mm, 길이는 12~15mm이다.

꽃차례는 3~5개의 꽃이 달린 총상화서 길이는 약 5cm이다. 꽃은 길이가 14~15mm, 보라색의 엽맥이 있다. 용골판은 진홍색이다. 꽃받침은 넓은 종 모양이다. 날개는 용골판보다 짧으며 평탄하고 100~130도 각도로 구부러졌다. 콩은 크지 않고 약간 긴-달걀 모양이다.

식물특징. 해발 400~800m의 쇄석, 미립성 토양의 사면에서 자란다. 4~5월에 꽃이 피며 5~6월에 열매가 맺는다. 씨로 번식한다.

분포 · 산지. 중앙 및 동 코페트다그에서 분포한다. 고유 식물이다.

자연자원. 콜루테아 아타바제비는 우리 나라에서 희귀한 식물에 속한다. 약용 원료는 충분하지 않다. 재배용 식물이다. 아쉬하바드 식물원에서 재배한다. 코페트다그 국립보호림에서 보호한다. 투르크메니스탄의 적색 목록에 기입됐다.

약용자원. 약용 목적으로 잎, 열매, 씨를 장만한다. 잎은 개화기(4~5월), 열매와 씨는 결실기(6월)에 채취한다. 실외, 차양 밑에서 건조 작업을 한다. 완성된 잎은 헝겊 자루, 열매와 씨는 종이 상자나 유리병에 포장한다. 건조하고 서늘한 곳에서 보관한다. 잎 보관 기간은 1~2년이며 열매와 씨는 2~3년 보관한다.

화학성분. 콜루테아 아타바제비의 성분은 잘 알려지지 않았다. 식물의 성분에는 알칼로이드(0.033%)가 들어 있다.

효능. 투르크멘 민간요법에서 잎을 달인 약과 탕액은 만성 변비에 완화제로 열매는 급성 기관지염에 씨는 구토제로 사용한다.

장식용, 양봉용 식물이다.

용법용량:

말린 잎 1큰 스푼(15g)을 에나멜 용기에 담아 찬물 1컵(200ml)을 부어 작은 불에 10~15분 끓인다. 걸러낸다. 달인 약을 1일 3회 식전에 1/2컵(100ml)씩 복용.

말린 씨 1티 스푼(5g)을 에나멜 용기에 담아 끓는 물 1컵(200ml)을 부어 작은 불에 5분 끓인다. 식혀서 걸러낸다. 달인 약을 1일 3회 1컵(200ml)씩 복용한다.

말린 잘게 썬 잎 1큰 스푼(15g)을 보온병에 담아 끓은 물을 부어 30분 우린다. 걸러낸다. 탕액을 1일 3회 식전에 1/2컵(100ml)씩 복용한다. 효과적인 완화제로 쓰인다.

린데라 테트라스피스
Dörtdiş rindere
Rindera tetraspis

개요. 산악 지대에 자라는 약용 식물이다. 투르크메니스탄에 2종이 있다.

린데라 테트라스피스는 높이가 20~30cm에 달하는 지치과에 속하는 여러해살이 초본 식물이다. 뿌리는 굵고 검은 색이다. 줄기는 낮고 윗부분은 털이 많으며 꽃차례에 가지들이 있다. 잎은 털이 좀 있다가 나중엔 거의 나체형이 되며 선형-피침형 모양으로 길이가 10cm, 너비가 1.5cm이다.

꽃부리는 보라색, 관 모양이다. 그의 열편은 피침형이고 직선적이며 길이가 관과 같거나 1.5배 짧다. 꽃받침의 쪼각들은 선형이며 꽃부리의 관과 같다. 꽃자루는 방패 원추형이고 길이는 길며 솜털이 많다. 꽃밥은 길이가 2~3mm 약간 긴 모양이다. 열매는 둥그스름하며 날개는 넓다.

식물특징. 해발 400~800m의 돌이 많고 미립성 토양의 사면에서 자란다. 4~5월에 꽃이 피며 열매를 맺는다. 씨로 번식한다.

분포 · 산지. 중앙, 동 코페트다그, 받히즈, 코이텐다그에서 분포한다.

자연자원. 린데라 테트라스피스는 우리 나라에서 희귀한 식물에 속한다. 약용 원료는 그리 많지 않다. 재배를 권유한다. 코페트다그, 받히즈, 코이텐다그 국립 보호림에서 보호한다.

약용자원. 약용 목적으로 린데라 테트라스피스의 풀을 장만한다. 원료는 개화기(4월)에 채취한다. 실외, 차양 밑에서 건조 작업을 한다. 완성된 원료는 헝겊 자루에 포장한다. 건조하고 직사 광선이 안 들어 오는 곳에서 보관한다. 보관 기간은 1~2년이다.

화학성분. 린데라 테트라스피스의 화학 성분은 잘 연구되지 않았다. 식물의 성분에는 사포닌, 플라보노이드, 정유, 비타민 C, 유기산이 들어 있다.

효능. 민간요법에서 풀을 이뇨제, 발한제, 완화제, 항염제로 사용한다. 장식용, 염색용 식물이다.

용법용량:

말린 풀 4티 스푼(20g)을 에나멜 용기에 담아 끓은 물 1~1.5컵(200~300ml)을 부어 작은 불에 10분 끓인다. 걸러낸다. 달인 약을 1일 3회 식전에 1큰 스푼(15ml)씩 복용.

말린 풀 1큰 스푼(15g)에 끓는 물 1컵(200ml)을 부어 완전히 식을 때까지 우린다. 걸러낸다. 탕액을 하루에 몇 번씩 복용한다.

말린 잘게 썬 풀 2큰 스푼(30g)에 끓는 물 1컵(200 ml)을 부어 4~5시간 우린다. 걸러낸다. 탕액을 1일 5~6회 식전 30분전에 2큰 스푼(30ml)씩 복용한다.

소르버스 그라에카
Grek gyzylagajy
Sorbus graeca

개요. 산악 지대에 자라는 약용 식물이다. 세계적으로 90여종이 분포하는데 투르크메니스탄에는 3종이 있다.

소르버스 그라에카는 높이가 3~4m에 달하는 장미과에 속하는 나무다. 싹은 약간 펠트가 덮였거나 거의 나체형이다. 잎은 탄탄하고 가죽 같으며 도란 형이나 약간 긴-달걀 모양으로 길이가 5~10cm, 너비는 3~6cm이다. 잎자루 길이는 1~2cm, 꽃받침과 자루는 흰색 펠트가 있으며 뾰족한 삼각형 톱니가 있다. 꽃잎은 둥그스름한-달걀 모양이다. 열매는 둥글며 적색이다.

식물특징. 해발 1200~1600m의 돌이 많고 미립성 토양의 북쪽 사면에서 자란다. 가뭄을 견디며 광선을 좋아한다. 5~7월에 꽃이 피며 8~9월에 열매를 맺는다. 씨와 뿌리 곁가지로 번식한다.

분포 · 산지. 서남 코페트다그, 중앙 코페트다그에서 분포한다.

자연자원. 소르버스 그라에카는 우리 나라에서 희귀한 식물에 속한다. 약용 원료는 그리 많지 않다. 최근 자료에 따르면 약 100개의 소르버스 그라에카가 발견. 재배를 권유한다. 순트-하사르다그 국립 보호림에서 보호한다. 소르버스 그라에카는 투르크메니스탄의 적색 목록에 기입됐다.

약용자원. 약용 목적으로 껍질과 열매를 장만한다. 껍질은 이른 봄(3월)이나 가을(9월), 열매는 결실기(9월)에 채취한다. 실외, 차양 밑에서 건조 작업을 한다. 완성된 원료는 특이한 향기가 있다. 완성된 껍질 원료는 헝겊 자루, 열매는 종이 상자에 포장한다. 건조하고 어두운 장소에서 보관한다. 껍질과 열매는 2

년이다.

화학성분. 열매는 10%까지의 당류(포도당, 과당, 자당), 유기산(능금산, 펙틴 물 타닌 물질), 글리코시드, 플라보노이드, 엽산, 니코틴산, 비타민 B, P, PP, 카로틴 그리고 여러가지 미량 원소: 철, 구리, 몰립덴, 요오드 등 기타 원소들을 함유한다.

효능. 민간요법에서 소르버스 그라에카의 즙을 고혈압, 동맥경화, 위염에 사용하며 지혈제, 진정제로 쓰인다. 열매와 즙은 빈혈, 바세도병, 방사능 질병, 고혈압에 사용한다. 열매에는 요오드가 들어 있기 때문에 갑상선에 도움이 된다. 투르크멘 민간요법에서 이 식물을 심장-혈관 질환에 또한 혈관벽 강화에 쓰인다.

의학에서 저혈압 예방 효과가 연구됐으며 신선한 열매와 즙은 비타민 결핍증에 사용한다.

장식용, 식용, 비타민 보충제, 양봉용, 염색용 식물이다.

용법용량:

열매 1큰 스푼(15g)에 끓는 물 1컵(200ml)을 부어 식혀질 때까지 우려낸다. 탕액을 1일 2~3회 식전에 1/2컵(100ml)씩 복용한다.

소르버스 그라에카의 신선한 즙을 1일 3회 식전 30분전에 1/4컵(50ml)씩 복용. 2~3주일 내지 1달까지 복용하면 효과가 있다.

열매 1kg을 설탕 1kg과 섞어서 1일 3회 1티 스푼(5g)씩 복용한다. 갑상선에 사용한다.

소르버스 페르시카
Eýran gyzylagajy
Sorbus persica

개요. 산악 지대에 자라는 약용 식물이다. 소르버스 페르시카는 높이가 4~5m에 달하는 장미과에 속하는 나무다. 싹눈은 약간 솜털이 덮였으며 잎은 타원형 또는 약간 긴 타원형 모양이며 윗부분 잎은 뭉턱하거나 뾰족하며 밑으로 내려 가면서 좁아진 모양으로 길이가 5.5~7.5cm, 너비는 3.5~4.5cm이다. 잎은 가죽 같으며 윗면은 나체형이며 가장자리는 25~35개 톱니가 있다. 톱니는 뾰족하다. 열편은 약간 긴-둥그스름하며 자루는 솜털이 덮였고 길이는 1~2cm이다. 산방화서는 꽃이 많으며 꽃자루는 꽃이 필 때 털이 있으며 나중에 털이 떨어진다. 꽃받침은 뾰족한 삼각형 톱니가 있으며 열매는 둥그스름하며 또는 드물게 타원형 모양이다.

식물특징. 해발 1200~2300m에서 돌이 많은 미립성 토양의 북쪽 사면에서 자란다. 가뭄을 견디며 광선을 좋아한다. 5~6월에 꽃이 피며 8~9월에 열매를 맺는다. 씨와 뿌리 곁가지로 번식한다.

분포 · 산지. 중앙 코페트다그, 희르스데레 계곡의 북쪽 사면에서 분포한다.

자연자원. 소르버스 페르시카는 우리 나라에서 희귀한 식물에 속한다. 약용 원료는 그리 많지 않다. 최근 자료에 따르면 중앙 코페트다그에 약 50개의 소르버스 페르시카가 발견. 재배를 권유한다. 코페트다그 국립 보호림에서 보호한다. 소르버스 페르시카는 투르크메니스탄의 적색 목록에 기입됐다(1999, 2011년도).

약용자원. 약용 목적으로 껍질과 열매를 장만한다. 껍질은 이른 봄(3월)이나 가을(9월), 열매는 결실기(9월)에 채취한다. 실외, 차양 밑에서 건조 작업을 한다. 완성된 원료는 특이한 향기가 있다. 완성된 껍질 원료는 헝겊 자루, 열매는 종이 상자에 포장한다. 건조하고 직사 광선이 안 들어 오는 장소에서 보관한다. 원료 보관 기간은 2~3년이다.

화학성분. 열매는 탄수화물, 포도당, 과당, 펙틴, 능금산, 구연산을 비롯한 유기산, 비타민 C, P, E, B2, 카로티노이드 그리고 타닌 물질을 함유. 씨는 22%의 지방유를 함유한다.

효능. 민간요법에서 뿌리를 달인 약은 동맥경화, 심장경화에 사용하며 이뇨제, 담즙 분비제로 쓰인다. 탕액은 신잔 결석, 수족통풍, 류머티즘에 사용하며 뿌리의 가루는 당뇨에 쓰인다. 열매는 항괴혈병, 완하, 항염, 지혈 효과가 있다. 투르크멘 민간요법에서 열매는 들장미와 쐐기풀과 같이 사용한다. 달인 약은 위장염, 탕액은 빈혈과 쇠약에, 즙은 담즙 분비제로 즙은 결핵, 치질에 사용한다.

의학에서 신선한 열매는 비타민 결핍증, 괴혈병에 사용한다.

장식용, 식용, 염색용 식물이다.

용법용량:

말린 뿌리 200g을 에나멜 용기에 담아 끓는 물 0.5l를 부어 작은 불에 2시간 끓인다. 식혀서 걸러낸다. 달인 약을 1일 1회 식전에 1~2큰 스푼(15~30ml)씩 복용.

뿌리 200g을 에나멜 용기에 담아 물 0.5l를 부어 작은 불에 30분 끓인다. 걸러낸다. 달인 약을 1일 3회 식전 30분전에 1큰 스푼(15ml)씩 복용한다.

열매 2티 스푼(10g)에 끓는 물 2컵(400ml)을 부어 1시간 우린다. 걸러낸다. 설탕을 첨가한다. 탕액을 하루에 3~4번 복용한다.

소르버스 투르케스타니카
Türküstan gyzylagajy
Sorbus turkestanica

개요. 산악 지대에 자라는 약용 식물이다. 소르버스 투르케스타니카는 높이가 4~6m 정도이며 장미과에 속하는 교목이다. 싹눈은 약간 털이 있으며 잎은 약간 긴-타원형 모양이며 잎끝 모양은 뾰족하며 잎의 기부는 쐐기-좁아진 모양이다. 잎몸은 길이가 6.0~10.0cm, 너비는 3.5~6.5cm이고 깃꼴 모양이며 가죽 같으며 윗면은 나체, 하부면은 희색펠트로 덮였으며 가장자리에 톱니 30~50개가 있다. 톱니는 작으며 뾰족하다. 측 잎맥은 7~9개 잎맥과 45도 각을 이룬다. 날개는 약간 길며 뾰족하다. 산방화서는 꽃이 많으며 꽃자루는 꽃이 필 때 나체 모양이다. 꽃받침은 좁은 피침형 톱니가 있으며 열매는 둥그스름하며 오렌지색이다.

식물특징. 해발 1600~2800m에서 미립성 통지, 돌이 많은 북쪽 사면, 관목 사이에서 자란다. 추위를 잘 견디며 아무 토지에서나 적응한다. 5~7월에 꽃이 피며 8~9월에 열매가 맺는다. 씨와 뿌리 곁가지로 번식한다.

분포 · 산지. 중앙 코페트다그에서 분포한다.

자연자원. 소르버스 투르케스타니카는 우리 나라에서 희귀한 식물에 속한다. 약용 원료는 그리 많지 않다. 최근 자료에 따르면 중앙 코페트다그에 약 400개의 소르버스 투르케스타니카가 발견. 재배를 권유한다. 코페트다그 국립 보호림에서 보호한다. Sorbus turkestanica는 투르크메니스탄의 적색 목록에 기입됐다(1999, 2011년도).

약용자원. 약용 목적으로 껍질과 열매를 장만한다. 껍질은 이른 봄(3월)이나 가을(9월), 열매는 결실기(9월)에 채취한다. 실외, 차양 밑에서 건조 작업을 한다. 완성된 원료는 특이한 향기가 있다. 완성된 껍질 원료는 헝겊 자루나 종이 자루, 열매는 종이 상자에 포장한다. 건조하고 어두운장소에서 보관한다. 원료 보관 기간은 2~3년이다.

화학성분. 식물의 지상 부분은 페놀카르본산과 그들의 유도체, 플라보노이드를 함유한다. 열매는 페놀카르본산과 그들의 유도체, 플라보노이드, 비타민 C, 카로틴, 유기산, 타닌물질을 함유. 씨는 지방유를 함유한다.

효능. 민간요법에서 열매의 탕애과 추출액은 파라티푸스에 사용하며 외용약으로 항균제로 쓰인다. 투르크멘 민간요법에서 열매와 꽃을 달인 약은 위장 질환에 사용한다.

의학에서 열매의 괴혈, 이뇨, 담즙 분비 효과가 발견됐다.

장식용, 식용, 비타민 보충용, 양봉용, 염색용 식물이다.

용법용량:

3:1 비율로 팥배의 뿌리, 꽃과 창포 뿌리를 섞은 혼합물 1큰 스푼(15g)에 찬물 1컵(200ml)을 부어 1시간 우린 다음 에나멜 용기에 작은 불에 5분 끓인다. 식혀서 걸러낸다. 달인 약을 1일 3회 식전에 1/2컵(100ml)씩 복용.

말린 열매 2티 스푼(10g)에 끓는 물 2컵(400ml)을 부어 1시간 우린다. 설탕을 첨가한다. 탕액을 하루에 3~4번 복용한다.

신선한 열매의 즙에 설탕을 첨가하고 물 1컵(200ml)과 같이 작은 잔 2개씩 복용한다. 치질에 쓰인다.

카르사무스 투르케스타니커스
Türküstan guşgonmazy
Carthamus turkestanicus

개요. 잡초 약용 식물이다. 세계적으로 19종이 있는데 투르크메니스탄에는 2종이 있다.

카르사무스 투르케스타니커스는 높이 30~100cm정도로 국화과에 속하는 한해살이 초본이며 보풀이 많고 회색–녹색이다. 줄기는 곧게 자라며 줄기 끝에 가지를 치며 산방화서로 끝난다. 잎은 선이 있으며 근생엽은 리라 모양으로서 6~8개의 약간 긴–피침형이며 뾰족한 톱니가 있다. 줄기 잎은 가죽 같으며 잎맥이 뚜렷하게 보이고 가시가 있다. 두상화는 너비가 1.5~2.0cm, 달걀 모양이다. 총포의 외부잎은 날카로운 가시가 있으며 내부잎은 피침형이며 가시가 있다. 겉의 수과는 관모가 없으며 둥그스름한 사각형, 길이가 약 5cm, 너비가 3.0~3.5mm이다. 내부 수과는 관모가 있고 굵으며 사각형 모양이다.

식물특징. 해발 400~1600m에서 산밑 평지, 산기슭에서 자란다. 5~6월에 꽃이 피며 6~8월에 열맬를 맺는다. 싸로 번식한다.

분포 · 산지. 볼쇼이 및 말리 발한, 큐렌다그, 서남 코페트다그, 중앙 코페트다그, 동 코페트다그, 프리카스피사막, 프리카스키오아시스에서 분포한다.

자연자원. 잇꽃은 우리 나라에서 희귀한 식물에 속하지 않는다. 약용원료는 충분하다. 매년 원료 채취량은 적어도 50~70톤이 예측된다.

약용자원. 약용 목적으로 잇꽃의 잎과 열매를 장만한다. 잎은 개화기(5~6월)에 열매는 결실기(6~8월)에 채취한다. 실외, 차양 밑에서 건조 작업을 한다. 완성된 잎 원료는 헝겊 자루에 열매는 종이 자루나 상자에 포장한다. 건조하고 어두운 곳에서 보관한다. 잎 보관 기간은 1~2년, 열매는 2~3년이다.

화학성분. 식물 성분에는 정유와 지방유가 들어 있다. 꽃은 붉은 카르타민, 이소카르타민을 열매는 리놀레산 글리세리드를 함유한다.

효능. 민간요법에서 잎을 달인 약과 탕액을 이뇨제, 담즙 분비제, 발한제로 사용하며 외용약으로 목구멍을 양치질 하는데 쓰인다. 열매는 완하제로 사용한다.

의학에서 포도당 구균 돌연변이와 암세포에 대한 잇꽃의 추출물의 효과가 연구됐다.

식용, 양봉용, 사료용 염색용 식물이다.

용법용량:

말린 풀 1큰 스푼(15g)을 에나멜 용기에 담아 끓은 물 1컵(200ml)을 부어 작은 불에 10분 끓인다. 그리고 30분 우린다. 짜낸 달인 약을 1일 3~4회 식전 10~15분전에 1/4컵(50ml)씩 복용한다.

잘게 썬 잎 2티 스푼(10g)에 끓는 물 1컵(200ml)을 부어 1시간 우린다. 걸러낸다. 탕액을 1일 3~4회 식전에 1/2컵(100ml)씩 복용한다.

말린 열매 1큰 스푼(15g)에 끓는 물 1컵(200ml)을 부어 1시간 우린다. 걸러낸다. 탕액을 1일 3회 1/2컵(100ml)씩 복용한다.

니트라리아 코마로비
Komorowyň aktikeni
Nitraria komarovii

개요. 사막 지대에 자라는 약용 식물이다. 니트라리아 코마로비는 높이가 1~2m, 니트라리아과에 속하는 관목이다. 어린 가지들과 윗부분 잎은 털이 있다. 잎은 거의 선형 모양이다.

3~4개의 꽃이 어린 가지 끝에 달렸으며 꽃받침은 무성한 털이 있다. 열매는 길죽한 달걀 모양이며 씨는 원추형 모양이다.

식물특징. 광물염 모래 및 점토 토지에서 자란다. 4~6월에 꽃이 피며 5~8월에 열매를 맺는다. 씨로 번식한다.

분포 · 산지. 이 식물은 카스피해 연안 사막, 아트레크 오아시스에서 분포한다.

자연자원. 니트라리아 코마로비는 우리 나라에서 희귀한 식물에 속하지 않는다. 약용원료는 충분하다.

약용자원. 약용 목적으로 풀을 장만한다. 원료는 개화기(4~6월)에 채취한다. 실외, 차양 밑에서 건조 작업을 한다. 완성된 원료는 헝겊 자루에 포장한다. 건조하고 서늘한 곳에서 보관한다. 보관 기간은 1~2년이다.

화학성분. 뿌리는 0.036% 알칼로이드를 함유. 식물의 지상 부분은 0.25% 알칼로이드, 코마로인, 니트라마린, 니트라인, 테트라기드로니트라마린, 코마로위지니 등을 함유한다. 줄기는 0.2% 알칼로이드, 잎은 0.5% 알칼로이드: 니트라린, 이소니트라린, 니트라미진, 쇼베리진을 함유. 열매는 알칼로이드: 니트라린, 이소니트라린, 쇼베리진, 씨는 0.11% 알칼로이드를 함유한다.

효능. 투르크메니스탄을 비롯한 중앙아시아 민간요법에서 풀을 달인 약과 탕액은 수족통풍, 피부 질환에 사용한다.

의학에서 알칼로이드 니트라린의 항부정맥, 관산동맥 확대 효과가 연구됐다.

양봉용, 사료용 식물이다.

용법용량:

말린 풀 1큰 스푼(15g)을 에나멜 용기에 담아 더운 물 1컵(200ml)을 부어 작은 불에 15분 끓인다. 식혀서 짜낸 달인 약을 피부의 상처에 바른다.

말려서 잘게 썬 풀 2큰 스푼(30g)을 0.5l의 보온병에 담아 끓은 물을 부어 30분 우린다. 걸러낸다. 탕액은 외용약으로 쓰인다.

니트라리아 시비리카
Sibir aktikeni
Nitraria sibirica

개요. 평지에서 자라는 약용 식물이다. 니트라리아 시비리카는 껍질이 흰색-회색이고 가지가 많으며 가시가 많은 높이가 40~80cm에 달하는 니트라리아과에 속하는 관목이다. 턱잎은 흰색, 작다. 잎은 도피침형 모양이다. 씨는 작으며 달걀 모양이다.

식물특징. 해발 400~800m에서 염토, 쇄석, 돌이 많이 있는 토지에서 자란다. 5~6월에 꽃이 피며 6~8월에 열매를 맺는다. 씨로 번식한다.

분포 · 산지. 식물은 받희제에서 분포한다.

자연자원. 니트라리아 시비리카는 우리 나라에서 드문 식물에 속한다. 약용 원료는 충분하지 않다. 재배를 권유한다. 받희즈 국립보호림에서 보호한다.

약용자원. 약용 목적으로 열매를 장만한다. 원료는 결실기(7~8월)에 채취한다. 실외, 차양 밑에서 건조 작업을 한다. 완성된 원료는 헝겊 자루에 포장한다. 건조하고 서늘한 곳에서 보관한다. 보관 기간은 3년이다.

화학성분. 뿌리는 0.029~0.056% 알칼로이드: 시비리닌을 함유. 지상 부분은 0.25~0.28% 알칼로이드: 이소니트라민, 니트라라민을 함유. 줄기, 잎, 꽃봉우리, 꽃, 열매, 씨는 0.16%, 0.67%, 0.31%, 0.35%. 0.29%, 0.12% 각각 함유한다.

효능. 민간요법에서 류머티즘, 관절염, 피부 질환에 사용한다. 의학에서 저혈압 효과가 연구됐다.

양봉용, 사료용 식물이다.

용법용량:

말린 열매 2티 스푼(10g)을 에나멜 용기에 담아 끓는 물

1컵(200ml)을 부어 작은 불에 10분 끓인다. 20~30분 우린다. 짜낸 다음 달인 약으로 아픈 자리에 바른다.

말린 열매 2큰 스푼(30g)을 보온병에 담아 끓은 물을 부어 우린다. 짜낸 다음 탕액을 외용약으로 쓴다.

시엘라 에렉타
Dogry siella
Siella erecta

개요. 산악 지대에 자라는 약용 식물이다. 투르크메니스탄에 1종이 있다.

시엘라 에렉타는 높이가 50~80cm에 달하는 미나리과에 속하는 여러해살이 풀이다. 줄기는 직립이고 속이 비어 있으며 잎이 많은 가지를 치고 있다. 밑부분 잎은 물에 잠겨 있으며 깃꼴-잘라졌다. 윗부분 잎은 약간 긴 타원형 모양이다. 줄기 잎은 피침형 및 선형-피침형 모양이다.

마주나기 짧은 꽃꼭지에서 나오는 10~20개 방사선으로 이루어진 산형화서. 방사선 길이는 2~3cm로 같지 않다. 총포는 밑으로 기울어진 피침형 잎으로 구성됐다.

식물특징. 해발 400~1200m에서 시냇물, 강가에서 자란다. 6~7월에 꽃이 피며 8월에 열매가 맺는다. 씨로 번식한다.

분포 · 산지. 서남 코페트다그, 중앙 코페트다그, 받희제, 코이텐다그에서 분포한다.

자연자원. 시엘라 에렉타는 우리 나라에서 희귀한 식물에 속하지 않는다. 약용 원료는 그리 많지 않다. 재배를 권유한다. 순트-하사르다그, 코페트다그, 받희즈 및 코이텐다그 국립보호림에서 보호한다.

약용자원. 약용 목적으로 뿌리와 잎을 장만한다. 뿌리는 이른 봄(3월)이나 가을(9월)에 잎은 개화기에 채취하며 실외, 차양 밑에서 건조 작업을 한다. 뿌리는 씻어서 말린 다음 쪼가리를 만든다. 완성된 원료는 헝겊 자루에 포장한다. 건조하고 어두운 곳에서 보관한다. 뿌리는 2~3년, 잎은 1~2년 보관한다.

화학성분. 식물 성분에는 탄수화물과 그의 유도체: 마니트, 플라보노이드 0.23%, 정유 0.18%, 쿠마린이 들어 있다. 뿌리는 폴리아체틸렌 화합물을 함유한다. 지상 부분은 플라보노이드를 함유한다. 꽃은 크웨르체친을 비롯한 플라보노이드를 함유한다. 열매는 지방유(카프린산, 팔미틴산 5.97%, 스테린산 1.3%, 올레인산 18.0%, 리놀레산 25.95%)를 함유한다.

효능. 민간용법에서 잎을 달인 약, 탕액, 즙을 자극제, 항괴혈병, 이뇨제로 사용하며 뿌리는 치통에 쓰인다.

장식용, 식용 식물이다.

용법용량:

2티 스푼(10g)의 말려서 잘게 썬 잎을 에나멜 용기에 담아 끓은 물 1컵(200ml)을 부어 작은 불에 5분 끓인다. 1시간 식힌다. 걸러낸다. 탕약을 1일 3회 식전에 1/4컵(50ml)씩 복용한다.

2티 스푼(10g)의 잘게 썬 잎에 끓는 물 1컵(200ml)을 부어 2시간 우린다. 짜낸 다음 탕액을 1일 3회 1큰 스푼(15ml)씩 복용한다.

잘게 썬 2큰 스푼(30g)을 1리터의 보온병에 담아 1시간 우린다. 탕액으로 입안을 양치질한다.

에치움 비에베르스테이니
Biberşteýniň ýylangüli
Echium biebersteinii

개요. 산악 지대에 자라는 약용 식물이다. 세계적으로 50종이 있는데 투르크메니스탄에 2종이 있다.

에치움 비에베르스테이니는 탄탄한 가시가 있는 뻣뻣한 털로 덮인 높이가 40~70cm에 달하는 지치과에 속하는 두해살이 초본이다. 줄기는 직립이고 굵으며 가지를 많이 친다. 수많은 근생엽은 양쪽 끝이 뾰족하다. 자루는 길이가 2~5(8)cm이다. 잎몸은 피침형 모양이며 길이가 5~15cm, 너비는 12~20mm이다. 포엽 잎은 좁은 선형 모양이다.

꽃차례는 밑에서부터 원추형이며 가지가 많다. 꽃받침은 크지 않고 꽃부리는 흰색-푸르스름하며 겉으로 털이 있다. 심피는 회색이며 높이가 약 3mm 이다.

식물특징. 해발 400~1200m의 계곡, 산기슭에서 자란다. 5~6월에 꽃이 피며 6~8월에 열매를 맺는다. 씨로 번식한다.

분포 · 산지. 큐렌다그, 서남 코페트다그, 중앙 코페트다그, 동 코페트다그에서 분포한다.

자연자원. 에치움 비에베르스테이니는 우리 나라에서 희귀한 식물에 속하지 않는다. 약용 원료는 충분하다. 재배를 권유한다. 순트-하사르다그, 코페트다그 국립 보호림에서 보호한다.

약용자원. 약용 목적으로 뿌리와 초본을 장만한다. 뿌리는 이른 봄(3월)이나 가을(9월)에 풀은 개화기(5~6월)에 채취하며 실외, 차양 밑에서 건조 작업을 한다. 완성된 원료는 헝겊 자루에 포장한다. 건조하고 직사 광선이 안 들어 오는 곳에서 보관한다. 뿌리는 2~3년, 풀은 2년까지 보관한다.

화학성분. 에치움 비에베르스테이니의 화학성분은 잘 연구되 않았다. 뿌리는 사포닌 5.5%. 알카닌 색소를 함유한다.

효능. 민간요법에서 뿌리와 풀을 상처 고름에 사용한다.

장식용, 양봉용, 염색용 식물이다.

용법용량:

말린 뿌리 1티 스푼(5g)과 잘게 썬 풀 2티 스푼(10g)에 끓는 물 1컵(200ml)을 부어 1시간 우린다. 짜낸 탕액을 외용약으로 사용한다.

에치움 불가레
Adaty ýylangül
Echium vulgare

개요. 산악 지대에 자라는 약용 식물이다. 에치움 불가레는 높이가 30~60cm에 달하는 지치과에 속하는 두해살이 초본 풀이다. 단일 줄기는 직립이고 단단하다. 잎은 줄기에 많이 있으며 피침형 모양이다.

꽃차례는 포도 송이 모양, 자주 이삭 모양으로 길이가 20 내지 30cm이다. 포엽은 피침-선형 모양이고 꽃보다 작다. 꽃받침은 길이가 약 7mm, 선형 모양의 뾰족한 조각들이 있다. 꽃부리는 검붉으며 관-종 모양이다. 열매는 검은 색이다.

식물특징. 산기슭에서 자란다. 6~7월에 꽃이 피며 7~8월에 열매를 맺는다. 씨로 번식한다.

분포 · 산지. 식물은 중앙 코페트다그: 아르와즈, 헤이라바드에서 분포한다.

자연자원. 에치움 불가레는 우리 나라에서 희귀한 식물에 속한다. 약용 원료는 충분하지 않다. 재배를 권유한다. 코페트다그 국립 보호림에서 보호한다.

약용자원. 약용 목적으로 초본을 장만한다. 원료는 개화기(6~7월)에 채취하며 실외; 차양 밑에서 건조 작업을 한다. 완성된 원료는 헝겊 자루에 포장한다. 건조하고 직사 광선이 안 들어 오는 곳에서 보관한다. 풀은 1~2년 보관한다.

화학성분. 식물의 성분에는 알칼로이드, 홀린, 사포닌, 비타민 C, E, 카로틴이 들어 있다. 씨는 32% 지방유를 함유한다.

효능. 풀을 달인 약과 탕액은 기침 때 가래 제거제오 사용한다.

장식용, 식용, 양봉용, 염색용 식물이다.

용법용량:

말린 풀 1큰 스푼(15g)을 에나멜 용기에 담아 더운 물 1컵(200ml)을 부어 작은 불에 5~10분 끓인다. 식혀서 짜낸다. 달인 약을 1일 3회 식전에 1/4컵(50ml)씩 복용한다.

잘게 썬 풀 1티 스푼(5g)에 끓는 물 1컵(200ml)을 부어 2시간 우린다. 짜낸 다음 탕액을 1일 4회 1/2컵(100ml)씩 복용한다.

스카비오사 송가리카
Jungar goturoty
Scabiosa songarica

개요. 산악 지대에 자라는 약용 식물이다. 스카비오사 송가리카는 높이가 25~60cm에 달하는 산토끼꽃과에 속하는 여러해살이 풀이다. 식물 전체가 짧은 솜털고 강모로 덮였다. 근생엽은 피침형 모양, 줄기의 밑부분 잎처럼 자루가 짧으며 줄기 잎은 깃꼴-약간 벤 모양이다. 두상은 지름이 3.5~6cm, 긴 화경에 달렸다. 총포 잎은 피침형 모양이며 솜털이 있다.

꽃부리는 노란-보라색이며 변두리 꽃은 길이가 25mm까지다.

식물특징. 해발 1200~2800m에서 미립성-쇄석 토양의 산기슭에서 자란다. 6~7월에 꽃이 피며 열매가 맺는다. 씨로 번식한다.

분포 · 산지. 식물은 코이텐다그에서 분포한다.

자연자원. 스카비오사 송가리카는 우리 나라에서 희귀한 식물에 속하지 않는다. 약용 원료는 충분하다. 재배를 권유한다. 코이텐다그 국립보호림에서 보호한다.

약용자원. 약용 목적으로 뿌리와 풀을 장만한다. 뿌리는 이른 봄(3월)이나 가을(9월)에 풀은 개화기(6월)에 채취하며 실외, 차양 밑에서 건조 작업을 한다. 뿌리는 씻어서 말린 다음 쪼가리를 만든다. 완성된 원료는 헝겊 자루에 포장한다. 건조하고 어두운 곳에서 보관한다. 뿌리는 3년, 풀은 1~2년 보관한다.

화학성분. 뿌리는 0.13% 유기산, 9.4~17.9% 트리테르페노이드, 스테로이드, 0.29% 알칼로이드, 비타민 C, 타닌물질, 0.12% 쿠마린, 0.77% 플라보노이드를 함유한다. 지상 부분은 0.16% 유기산, 8.4% 트리테르페노이드, 0.03% 알칼로이드, 페놀카르본산과 그의 유도체, 2.4% 플라보노이드를 함유. 줄기와 잎은 2.06~3.6% 사포닌, 비타민 C, 1.3% 타닌물질, 꽃은 2.9% 사포닌, 알칼로이드, 비타민 C, 3.3% 타닌물질을 함유한다.

효능. 민간요법에서 심장, 피부, 치아 질환에 풀을 달인 약과 탕액은 감기에 쓰인다. 의학에서 사포닌의 진정 효과가 발견됐다. 또한 식물 성분에 들어 가는 사포닌은 혈압을 낮춘다.

장식용, 양봉용, 사료용 식물이다.

용법용량:

짤게 썬 뿌리 2큰 스푼(30g)을 에나멜 용기에 담아 끓은 물 1컵(200ml)을 부어 작은 불에 5~10분 끓인다. 달인 약을 1일 3회 1티 스푼(5ml)씩 복용한다.

말려서 잘게 썬 풀 2티 스푼(10g)을 에나멜 용기에 담아 끓은 물 1컵(200mk)을 부어 작은 불에 5~10분 끓인다. 식혀서 짜낸다. 달인 약을 1일 3회 1큰 스푼(15ml)씩 복용.

말린 풀 1티 스푼(5g)에 끓는 물 1컵(200ml)을 부어 우린다. 걸러낸 다음 1일 3회 2큰 스푼(30ml)씩 복용한다.

실레네 스조판다엔시스

Çopandag aýgüli

Silene czopandagensis

개요. 고산에서 서식하는 약용 식물이다. 높이가 10~15cm에 달하는 석죽과에 속하는 여러해살이 풀이다. 뿌리는 굵고 꽃이 안 피는 수많은 어린 가지를 친다. 근생엽은 길죽한 도란형이고 점차 넓은 자루로 넘어가며 길이는 3.5~6.0cm, 폭은 0.5~1.3cm이다. 줄기 잎은 2~3개 쌍으로 근생엽과 비슷하고 길이가 1.5~2.0cm, 폭은 0.4~0.6cm이다. 줄기의 아랫부분은 나체형이며 윗부분은 짧은 털이 있다.

줄기의 정점에 3~8개의 꽃이 있다. 포엽은 피침형이며 잘다. 꽃받침은 종 모양이고 길이가 12~14mm, 폭은 3.0~3.5mm이다. 꽃잎은 흰색이고 꽃받침에 비해 1.5배 길다. 꼬투리는 달걀 모양이며 길이가 6~9mm이다.

식물특징. 해발 2600~2800m의 돌이 많은 산기슭에서 자란다. 7~8월에 꽃이 피며 열매를 맺는다. 씨와 뿌리 곁가지로 번식한다.

분포 · 산지. 중앙 코페트다그: 초판다그에서 분포한다. 유일하게 서식하는 곳이다. 고유 식물이다.

자연자원. 우리 나라에서 드문 식물에 속한다. 약용 원료는 충분하지 않다. 재배를 권유한다. 코페트다그 국립보호림에서 보호한다. 투르크메니스탄의 적색 목록에 기입됐다.

약용자원. 약용 목적으로 풀을 장만한다. 원료는 개화기(7월)에 채취하며 실외, 차양 밑에서 건조 작업을 한다. 완성된 원료는 헝겊 자루에 포장한다. 건조하고 서늘한 곳에서 보관한다. 보관 기간은 1~2년이다.

화학성분. 화학성분은 잘 연구되지 않았다. 식물 성분에는 트리테르페노이드, 스테로이드, 질소함유 화랍물, 플라보노이드가 들어 있다.

효능. 투르크멘 민간요법에서 식물 초본은 항종양제, 구토제로 달인 약은 치통에 진정제로 탕액은 두통, 불면, 심장병, 신장, 폐, 위 질환에 사용한다.

장식용, 양봉용 식물이다.

용법용량:

말려서 잘게 썬 풀 2큰 스푼(30g)을 에나멜 용기에 담아 끓은 물 1컵(200ml)을 부어 작은 불에 10분 끓인다. 식혀서 짜낸다. 달인 약을 1일 3회 1큰 스푼(15g)씩 복용하거나 입을 양치질한다.

말린 풀 1큰 스푼(15g)에 끓는 물 1컵(200ml)을 부어 우린다. 짜낸다. 탕액을 1일 3회 1/4컵(50ml)씩 복용한다.

튤립파 후지아나

Guguň çigildemi

Tulipa hoogiana

개요. 산악 지대에 자라는 약용 식물이다. 튤립파 후지아나는 높이가 15~45cm에 달하는 백합과에 속하는 여러해살이 풀이다. 인경은 길죽한 달걀 모양이며 길이가 48~60mm, 폭이 32~40mm이다. 비늘줄기의 껍데기는 파리한 갈색이며 막이 있다. 줄기는 꽃과 함께 높이가 15~45cm에 달하며 4~6개 잎이 있다. 잎은 어긋나고 밑부분은 원줄기를 감싼다. 밑부분 잎 2개는 넓은 피침형, 길이가 20~35cm, 폭은 1~2cm이다. 꽃자루에 꽃 1개씩 위로 향하여 핀다.

꽃은 종 모양이고 굵으며 선홍색이다. 화개의 잎은 길죽하거나 길죽한 피침형, 정점으로 향하면서 좁아지고 분홍색이다. 수술은 길이가 씨방과 거의 같다. 수술실은 길죽하고 검었다. 씨방은 길죽하며 꼬투리는 선형-약간 길다.

식물특징. 해발 600~1600m의 미립-쇄석성 토지의 산기슭에서 서식한다. 4~6월에 꽃이 피며 열매를 맺는다. 씨와 인경으로 번식한다.

분포 · 산지. 서남 코페트다그, 중앙 코페트다그에서 분포한다. 고유 식물이다.

자연자원. 우리 나라에서 드문 식물에 속한다. 약용 원료는 충분하지 않다. 재배를 한다. 아쉬하바드 식물원에서 재배한다. 순트 하사르다그 및 코페트다그 국립보호림에서 보호한다. 투르크메니스탄 적색 목록에 기입됐다.

약용자원. 약용 목적으로 튤립의 인경과 꽃을 장만한다. 비늘줄기는 이른 봄(3월)에 꽃은 개화기(4~5월)에 채취한다. 실외, 차양 밑에서 종이에 깔아 놓고 건조 작업을 한다. 완성된 비늘줄기 원료는 헝겊이나 종이 자루에 꽃은 종이 상자에 포장한다. 건조하고 어두운 곳에서 보관한다. 인경 보관 기간은 2~3년이며 꽃은 1~2년이다.

화학성분. 튤립 구가의 화학성분은 잘 연구되지 않았다. 식물의 성분에는 알칼로이드, 비타민 C, 탄수화물, 다당류가 들어 있다.

효능. 투르크멘 민간요법에서 인경은 지혈제, 일반 강장제, 면역 증강제로 사용한다. 신선한 잎에서 짠 즙은 출혈에 쓰인다.

장식용, 식용, 양봉용, 염색용 식물이다.

용법용량:

비늘줄기 1개에 끓은 물 1/2컵(100ml)을 부어 에나멜 용기에 담아 작은 불에 5~10분 끓인다. 식혀서 짜낸다. 달인 약을 1일 3회 1/3컵(75ml)씩 복용한다.

말린 꽃 1큰 스푼(15g)에 끓은 물 1컵(200ml)을 부어 15분 우린다. 걸러낸 다음 탕액을 1일 3회 식전 30분전에 1큰 스푼(15ml)씩 복용한다.

운제르니아 스피랄리스
Spirally gaýraç
Ungernia spiralis

개요. 산악 지대에 자라는 약용 식물이다. 투르크메니스탄에 4종이 있다.

운제르니아 스피랄리스는 높이가 10~30cm에 달하는 수선화과에 속하는 여러해살이 풀이다. 비늘줄기는 달걀 모양이다. 줄기는 잎으로 감싸 있거나 잎이 없는 꽃자루가 있다. 잎은 2열로 감싸고 겉 잎은 안 잎보다 2배 넓다. 꽃은 장미색, 흰-갈색이다. 수술은 6개다.

식물특징. 해발 800~1200m의 미립-쇄석 토양의 산기슭에서 서식한다. 8~10월에 꽃이 피며 열매를 맺는다. 비늘줄기의 다결실 식물이다. 영양 번식하며 씨로 번식한다.

분포 · 산지. 서남 코페트다그에서 분포한다. 고유 식물이다.

자연자원. 운제르니아 스피랄리스는 우리 나라에서 희귀한 식물에 속한다. 약용 원료는 충분하지 않다. 아쉬하바드 식물원에서 재배한다. 순트-하사르다그 국립보호림에서 보호한다. 투르크메니스탄의 적색 목록에 기입됐다.

약용자원. 약용 목적으로 비늘줄기와 잎을 장만한다. 비늘줄리는 이른 봄(3월)에 잎은 개화기(8~9월)에 채취한다. 실외, 차양 밑에서 공기가 잘 통하는 곳에서 건조 작업을 한다. 완성된 원료는 헝겊 자루에 포장한다. 건조하고 직사 광선이 안 들어 오는 곳에서 보관한다. 보관 기간은 2년까지다.

화학성분. 운제르니아 스피랄리스의 화학성분은 충분히 연구되지 않았다. 비늘줄기와 잎은 알칼로이드를 함유한다.

효능. 민간요법에서 잎은 급성 및 만성 천식에 사용하며 구토제와 가래 제거제로 쓰인다.

투르크멘 민간요법에서 비늘줄기를 달인 약은 진정제로 탕액은 류머티즘, 신경, 방광 질환에 사용한다.

장식용, 염색용 식물이다.

용법용량:

말린 잎 2큰 스푼(30g)에 물 1l를 부어 애나멜 용기에 담아 작은 불에 10~15분 끓인다. 실내 온도까지 식힌다. 짜낸 달인 약을 1일 3회 식전에 1/4컵(50ml)씩 복용.

말려서 잘게 썬 잎 1큰 스푼(15g)에 끓는 물 1컵(200ml)을 부어 7~8분 우린다. 탕액을 1일 3회 식전 20~30분전에 1/2컵(100ml)씩 복용한다.

말린 비늘줄기와 잎 1티 스푼(5g)에 40%의 알코올을 부어 유리병에 담아 어두운 곳에서 10일 우린다. 정기적으로 흔들어준다. 걸러낸다. 탕액을 1일 3회 식전 20~30분전에 5~10방울씩 복용한다.

프란케니아 풀베룰렌타
Birýyllyk frankeniýa
Frankenia pulverulenta

개요. 사막에 자라는 약용 식물이다. 프란케니아 풀베룰렌타는 높이가 10~20cm에 달하는 프란케니아과에 속하는 한해살이풀이다. 줄기는 가지가 뻗쳐있으며 짧은 솜털로 덮였다. 잎은 도란형으로서 뭉툭하며 길이가 2~7mm, 폭은 1.0~2.5mm 줄기의 마디 하나에 4개 잎이 있다.

꽃은 거의 단독이며 잘다. 꽃받침은 나체형, 원통 모양이며 길이가 3~4mm이다. 꽃잎은 장미색, 길이가 약 4~6mm, 수술은 6개, 씨는 길죽한 타원형으로 길이가 0.5~0.7mm, 폭이 0.3mm, 파리한 갈색이다.

식물특징. 해발 400~600m의 평지 사막과 골짜기에서 또는 광물염 토양에서 서식한다. 4~6월에 꽃이 피며 6~8월에 열매를 맺는다. 씨로 번식한다.

분포 · 산지. 투르크메니스탄의 전체 지역에서 분포한다.

자연자원. 우리나라에서 희귀한 식물에 속하지 않는다. 약용 원료는 충분하다. 매년 채취량은 20~30여톤에 달할 수 있다.

약용자원. 약용 목적으로 풀을 장만한다. 원료는 개화기(4~6월)에 채취하며 실외, 차양 밑에서 건조 작업을 한다. 완성된 원료는 헝겊 자루에 포장한다. 건조하고 직사 광선이 안 들어 오는 곳에서 보관한다. 보관 기간은 1~2년이다.

화학성분. 프란케니아 풀베룰렌타의 화학성분은 잘 연구되지 않았다. 식물의 성분에 페놀카르본산과 그의 유도체들이 들어 있다.

효능. 민간요법에서 풀을 완하제, 진통제, 진정제로 사용한다.

장식용, 사료용 식물이다.

용법용량:

말려서 잘게 썬 풀 1큰 스푼(15g)에 끓은 물 1컵(200ml)을 부어 에나멜 용기에 담아 작은 불에 10분 끓인다. 식혀서 짜낸다. 달인 약을 1일 3회 1/2컵(100ml)씩 복용한다.

말린 풀 1큰 스푼(15g)에 끓는 물 1컵(200ml)을 부어 1시간 우린다. 걸러낸다. 탕액을 1일 3회 식전에 1/4컵(50ml)씩 복용한다.

한델리아 트리초필라
Tüýli handeliýa
Handelia trichophylla

개요. 한델리아 트리초필라는 높이가 40~60cm에 달하는 국화과에 속하는 두해살이나 여러해살이 풀이다. 줄기는 직립이고 가지가 없으며 밑부분은 솜털이 있다. 근생엽은 자루가 20cm까지 줄기 잎은 자루가 없다. 전체 잎은 거미줄-솜털이 있다.

많은 두상화는 원추형-산방꽃차례를 이룬다. 두상화는 공 모양이고 지름이 약 5mm. 총포 잎은 넓고 길쭉하며 뭉툭하다. 두상화의 전체 꽃은 관 모양이고 양성화이며 5개 노란 톱니가 있다. 화탁은 돌출했으며 건막질의 비늘로 덮였다. 수과는 길이가 1.5mm이다.

식물특징. 해발 400~800m에서 산기슭과 또한 계곡에서 서식한다. 5~6월에 꽃이 피며 열매를 맺는디. 씨로 번식한다.

분포 · 산지. 받희즈와 코이텐다그에서 분포한다.

자연자원. 우리 나라에서 희귀한 식물에 속하지 않는다. 약용 원료는 충분하지 않다. 재배를 권유한다. 받희즈 및 코이텐다그 국립보호림에서 보호한다.

약용자원. 약용 목적으로 풀과 꽃을 장만한다. 원료는 개화기(5월)에 채취하며 실외, 차양 밑에서 건조 작업을 한다. 완성된 풀 원료는 헝겊 자루에 꽃은 종이 상자에 포장한다. 건조하고 어두운 곳에서 보관한다. 보관 기간은 1~2년이다.

화학성분. 식물의 성분에는 세스크위테르페노이드: 한필린, 한델린이 들어 있다. 지상 부분은 정유, 세스크위테르페노이드: 한필린, 한델린을 함유하며 꽃차례는 세스크위테르페노이드: 쿠맘브린 A, 아르테카민, 히자테르민을 함유한다.

효능. 신경, 위장 질환, 만성 변비, 피부병에 사용한다.

의학에서 세스크위테르페노이드의 항균 효과를 발견했다.

장식용, 염색용 식물이다.

용법용량:

잘게 썬 풀 1큰 스푼(15)에 끓은 물 1.5컵(300)을 부어 에나멜 용기에 담아 작은 불에 20분 끓인다. 30분 우려낸다. 걸러낸 달인 약을 1일 3회 식전에 1큰 스푼(15)씩 복용한다.

말린 풀 1티 스푼(5g)에 물 1컵(200ml)을 부어 20분 우린다. 짜낸다. 탕액을 1일 3회 식전 30분전에 1큰 스푼(15ml)씩 복용.

말린 꽃 2티 스푼(10g)에 끓는 물 1컵(200ml)을 부어 40분 우린다. 걸러낸 다음 탕액을 1일 3회 식전 30분전에 1/4컵(50ml)씩 복용한다.

개속새
Pürli atguýruk
Equisetum ramosissimum

개요. 많이 분포된 약용 식물이다. 개속새는 높이가 20~50cm에 달하는 말꼬리과에 속하는 여러해살이 풀이다. 줄기는 직립이고 다소간 가지를 치고 홈통형이며 거칠다. 잎집은 굵고 톱니가 있다. 줄기에 나는 가지는 많지 않으며 짧은 셈이다. 이삭은 달걀 모양이거나 길죽하고 뾰족하며 검은 색이다.

식물특징. 해발 400~800m에서 주로 평지, 광물염 토자, 강변, 습지 풀밭, 관개용 수로에서 서식한다. 포자는 5~10월에 생긴다. 포자로 번식한다.

분포 · 산지. 투르크메니스탄의 전체 지역에서 분포한다.

자연자원. 우리 나라에서 희귀한 식물에 속하지 않는다. 약용 원료는 충분하다. 매년 채취량은 15~25여톤에 달할 수 있다.

약용자원. 약용 목적으로 여름에 나오는 새싹을 장만한다. 원료는 포자가 생기기 전(4~5월)에 장만한다. 실외, 차양 밑에서 건조 작업을 한다. 완성된 원료는 특이한 냄새가 있으며 신맛이 나고 회색-녹색이다. 완성된 원료는 헝겊 자루에 포장한다. 건조하고 직사 광선이 안 들어 오는 곳에서 보관한다. 보관 기간은 3년까지다.

화학성분. 식물의 성분에는 탄수화물, 유기산, 타닌물질, 비타민 C, 카로틴, 담백질, 아스코르빈산, 지방유, 정유, 타르, 칼슘염, 인염이 들어 있다.

효능. 민간요법에서 풀을 달인 약은 간, 수종, 수족통풍, 류머티즘, 신장 결석, 결핵에 사용한다.

말꼬리의 탕액은 염증, 고혈압, 동맥경화에 사용하며 간, 신장, 위장, 요도염, 방광염, 수족통풍 질환에 쓰인다. 또는 이뇨제, 구충제, 지혈제로 사용하기도 한다. 외용약으로 포진, 습진, 종기를 비롯한 피부 질환에 쓰인다.

중앙아시아 민간요법에서 식물을 달인 약은 열병, 설사, 임질, 가려움, 피부 질환에 사용하며 탕액은 이뇨제, 수렴제로 쓰인다.

의학에서 이뇨, 항염 성분이 발견했다.

사료용, 염색용 식물이다.

용법용량:

말린 풀 2티 스푼(10g)에 더운 물 1컵(200ml)을 부어 에나멜 용기에 담아 작은 불에 30분 끓인다. 10분 식힌다. 짜낸 다음 달인 약에 최초의 용량(200ml)까지 끓은 물을 붓는다. 1일 2~3회 식후 1시간 이후 1/4~1/3컵(50~75ml)씩 복용한다.

말려서 잘게 썬 풀 2큰 스푼(30g)에 끓는 물 1컵(200ml)을 부어 30분 우린다. 걸러낸다. 탕액을 1일 3~4회 1/3컵(75ml)씩 복용한다.

말린 풀 1큰 스푼(15g)에 끓은 물 1컵(200ml)을 부어 보온병에서 15~20분 우린다. 탕액을 1일 3회 1컵(200ml)씩 복용한다.

풀을 짜서 받은 신선한 즙 1일 3~4회 1큰 스푼(15ml)씩 복용한다. 이뇨제로 쓰인다.

촌드릴라 준세아
Ülen görnüşli ýersakgyç
Chondrilla juncea

개요. 산악 지대에 자라는 약용 식물이다. 투르크메니스탄에 4종이 있다.

촌드릴라 준세아는 높이가 50~100cm이며 국화과에 속하는 여러해살이 풀이다. 줄기는 직립이며 아랫 부분에는 뻣뻣한 강모가 있다. 줄기 잎은 자루가 없으며 선형부터 달걀 모양, 잎몸은 전연엽 또는 톱니가 있다.

두상화는 무병, 단독 또는 2~3개씩 총상 꽃차례를 이룬다. 두상화에 꽃 11(8~12)개가 있다. 수과는 길이가 2.5~5.5mm이고 폭은 3.5mm이다.

식물특징. 해발 400~1200m의 돌이 많은 미립성-쇄석 산기슭, 골짜기에서 서식한다. 7~10월에 꽃이 피며 열매를 맺는다. 씨앗으로 번식한다.

분포 · 산지. 서남 코페트다그, 중앙 코페트다그, 동 코페트다그코이텐다그에서 분포한다.

자연자원. 촌드릴라 준세아는 우리 나라에서 희귀한 식물에 속하지 않는다. 약용 원료는 충분하다. 재배를 권유한다. 매년 채취량은 약 5~8톤에 달한다.

약용자원. 약용 원료로 뿌리와 잎을 장만한다. 뿌리는 이른 봄(3월)이나 가을(9월)에 잎은 개화기(7~8월)에 채취한다. 실외, 차양 밑에서 건조 작업을 한다. 완성된 원료는 헝겊 자루에 포장한다. 건조하고 서늘한 장소에서 보관한다. 뿌리의 보관 기간은 3년까지며 잎은 1~2년이다.

화학성분. 뿌리와 줄기는 탄성고무 각각 0.87%, 0.263%씩 타르 4.19~6.74%, 스테로이드, 혼드리스티린을 함유한다.

효능. 투르크메니스탄을 비롯한 중앙아시아 민간요법에서 뿌리와 잎을 달인 약은 설사, 위장 감염, 뱀에 물린 상처에 사용하며 외용약으로 부스럼증에 쓰인다. 식물의 지상 부분은 월경불순에 사용한다.

장식용, 식용, 사료용 식물이다.

용법용량:

말려서 잘게 썬 뿌리와 잎 2큰 스푼(30g)을 에나멜 용기에 담아 더운 물 1리터를 부어 작은 불에 15분 끓인다. 45분 식힌다. 걸러낸다. 달인 약은 1일 3회 1/3컵(75ml)씩 복용한다.

잘게 썬 뿌리 1큰 스푼(15g)에 끓는 물 2컵(400ml)을 부어 1시간 우린다. 탕액을 1일 4회 식전 30분전에 1/4컵(50ml)씩 복용한다.

코리달리스 포포비
Popowyň üpüklijesi
Corydalis popovii

개요. 산악 지대에 자라는 약용 식물이다. 세계적으로 약 320종이 있는데 투르크메스탄엔 5종이 있다.

코리달리스 포포비는 높이가 10~15cm, 현호색과에 속하는 회청색 여러해살이 풀이다. 잎은 무병 도란형 모양이다. 2~6개의 꽃이 달린 화경은 높이가 10cm까지 달한다. 꽃자루는 포엽보다 길고 25mm이다. 포엽은 도란형 모양이며 뾰족하고 길이가 15mm이다. 꽃받침은 거의 안 보이며 잘라졌다. 화관은 굵고 길이가 40~45mm, 보라색-장미색이다. 꼬투리는 수축된 상태이고 넓은 달걀 모양, 길이가 10~13mm, 폭은 5~6mm, 암술대는 길고 가늘다.

식물특징. 해발 1200~2800m의 점토 및 돌이 많은 산기슭에서 서식한다. 3~6월에 꽃이 피며 4~7월에 열매가 맺는다. 씨앗으로 번식한다.

분포 · 산지. 식물은 코이텐다그: 마르구쉬, 쉐렘에서 분포한다.

자연자원. 코리달리스 포포비는 우리 나라에서 희귀한 식물에 속한다. 약용 원료는 충분하지 않다. 재배를 권유한다. 코이텐다그 국립보호림에서 보호한다. 투르크메니스탄의 적색 목록에 기입됐다(1999, 2011).

약용자원. 약용 목적으로 구근과 풀을 장만한다. 구근은 이른 봄(3월)이나 가을(9월)에 풀은 개화기(3~5월)에 채취한다. 실외, 차양 밑에서 건조 작업을 한다. 완성된 원료는 헝겊 자루에 포장한다. 건조하고 직사 광선이 안 들어 오는 장소에서 보관한다. 구근 보관 기간은 2년이며 풀은 1~2년이다.

화학성분. 식물의 성분에는 알칼로아드가 들어 있다. 구근과 지상 부분은 알칼로이드: 코리달린, 불보캅닌을 함유한다.

효능. 민간요법에서 구근은 혈뇨, 두통, 허약, 고열, 인대 신장에 사용하며 풀은 기관지 천식에 쓰인다. 구근을 달인 약은 구충제로 사용하며 풀을 달인 약은 타박상, 습진, 고름상처에 쓰인다. 투르크멘 일부 지역민간요법에서 구근 달인 약과 탕액을 위장 경련, 급성 및 만성 위염, 류머티즘, 신경쇠약, 어지러움에 사용한다.

장식용, 식용, 염색용 식물이다.

용법용량:

말려서 잘게 썬 풀 1큰 스푼(15g)을 에나멜 용기에 담아 끓은 물 1컵(200ml)을 부어 작은 불에 10분 끓인다. 식혀서 걸러낸다. 달인 약은 피부의 상처에 바른다.

잘게 썬 구근 1큰 스푼(15g)을 보온병에 넣고 끓는 물을 부어 우려낸다. 걸러낸 탕액을 1일 3회 1/4컵(50ml)씩 복용한다.

말린 풀 2티 스푼(10g)에 끓는 물 2컵(400ml)을 부어 8시간 우린다. 탕액을 1일 3~4회 식전에 1/2컵(100ml)씩 복용한다.

크로조포라 그라실리스
Gelşikli eşekselme
Chrozophora gracilis

개요. 사막-평지에 자라는 약용 식물이다. 투르크메니스탄에 4종이 있다.

크로조포라 그라실리스는 높이가 5~30cm, 대극과에 속하는 회색의 한해살이 풀이다. 줄기는 가지가 많으며 뻗어졌다. 잎은 길이가 1.5~4.0mm, 폭이 0.8~3.5mm, 달걀 모양이며 뭉툭하거나 뾰족하다. 잎자루는 길이가 3~9cm이다. 화서의 길이는 1.0~1.5cm이다. 수술꽃은 화서의 윗부분에 배치됐으며 거의 앉은 자세다. 악편과 꽃잎은 5개다. 수술꽃의 악편은 피침형 모양이다. 열매는 짧아지는 과경에 달렸으며 익은 씨앗은 길이가 3.5mm, 폭은 2.5mm, 달걀 모양으로 검은 갈색이다.

식물특징. 해발 400~800m의 모래밭에서 서식한다. 5~10월에 꽃이 피며 열매가 익는다. 씨앗으로 번식한다.

분포 · 산지. 볼쇼이 발한, 큐렌다그, 서남 코페트다그, 받희제, 코이텐다그, 프리카스피사막, 중앙 카라쿰, 동카라쿰, 동남 카라쿰, 프리코페트다그 오아시스, 텐제노-무르가브 오아시스, 아무다리야 오아시스에서 분포한다.

자연자원. 크로조포라 그라실리스는 희귀한 식물에 속하지 않는다. 약용 원료는 충분하다. 매년 채취량은 50~60여톤에 달할 수 있다.

약용자원. 약용 목적으로 크로조포라 그라실리스의 풀과 씨를 장만한다. 풀은 개화기(5~7월)에 씨는 결실기(9~10월)에 채취한다. 실외, 차양 밑에서 건조 작업을 한다. 완성된 풀은 헝겊 자루에 씨는 종이 상자나 유리병에 포장한다. 건조하고 어두운 장소에서 보관한다. 풀 보관 기간은 1~2년이며 씨는 2~3년이다.

화학성분. 식물의 성분에는 염색물질 투르네졸이 들어 있다. 지상 부분은 알칼로이드, 페놀카르본산과 그의 유도체를 함유. 잎은 카라티노이드, 씨는 지방유 28%를 함유한다.

효능. 민간요법에서 달인 약과 탕액은 변비에 사용한다. 열매를 이용하여 식품, 화장품, 종이 생산에서 필요한 염색을 만든다.

사료용, 염색용 식물이다.

용법용량:

말린 풀 1큰 스푼(15g)을 에나멜 용기에 담아 끓은 물 2컵(400ml)을 부어 작은 불에 5~10분 끓인다. 걸러낸 다음 달인 약을 1일 3회 1/4컵(50ml)씩 복용한다.

말려서 잘게 썬 풀 2티 스푼(10g)에 끓는 물 1컵(200ml)을 부어 1시간 우린다. 걸러낸다. 탕액을 1일 3회 1/4컵(50ml)씩 복용한다.

하플로필럼 번제이
Bungeniň porsykerti
Haplophyllum bungei

개요. 산악 지대에 자라는 약용 식물이다. 하플로필럼 번제이는 높이가 30~60cm, 녹색이며 완전히 나체형이며 운향과에 속하는 여러해살이 풀이다. 줄기는 노란색이며 직립이고 가지를 치고 있다. 무병엽은 점차 짧은 자루로 좁아진다. 밑부분 잎은 약간 길거나 거의 둥그스름하다. 윗부분 잎은 약간 길며 자루와 함께 길이가 1.5~3.0cm이다.

꽃차례는 자루가 있는 꽃들로 구성. 포엽은 잘고 적으며 피침형 모양이다. 악편은 달걀 모양, 뭉툭하고 길이가 약 0.75mm이다. 꽃잎은 노란색이고 약간 길며 길이가 6mm, 폭은 2mm. 수술실은 꽃부리에 비해 1.5배 짧다. 씨방은 완전히 나체형이며 꼬투리는 지름이 4~5mm이다.

식물특징. 해발 400~1600m의 평지, 모래밭, 쇄석-점토의 산기슭에서 서식한다. 5~6월에 꽃이 피며 6~7월에 열매가 맺는다. 씨앗으로 번식한다.

분포 · 산지. 볼쇼이 발한, 말리 발한, 큐렌다그, 받희즈, 프리카스피 사막, 우스쮸르트, 서북 카라쿰, 중앙 카라쿰, 동 카라쿰, 아무다랴야 오아시스에서 분포한다.

자연자원. 하플로필럼 번제이는 희귀한 식물에 속하지 않는다. 약용 원료는 충분하다.

약용자원. 하플로필럼 번제이의 풀과 잎을 장만한다. 원료는 개화기(5~6월)에 채취한다. 실외, 차양 밑에서 건조 작업을 한다. 완성된 원료는 헝겊 자루에 포장한다. 건조하고 서늘한 장소에서 보관한다. 보관 기간은 1~2년이다.

화학성분. 식물의 성분에 알칼로이드가 들어 있다. 뿌리는 알칼로이드 0.09~0.13%를 함유. 지상 부분은 알칼로이드 0.01~0.04%, 쿠마린을 함유. 잎은 알칼로이드 0.03~0.04%를 함유.

효능. 민간요법에서 식물의 초본을 달인 약은 위장, 복부 팽만에 사용하며 탕액은 피부 질환에 쓰인다.

염색용 식물이다.

용법용량: 말려서 잘게 썬 1큰 스푼(15g)을 에나멜 용기에 담아 끓은 물 1컵(200ml)을 부어 작은 불에 5~6분 끓인다. 식혀서 걸러낸다. 달인 약을 1일 3회 식전에 1/4컵(50ml)씩 복용한다.

잘게 썬 잎 100g에 끓는 물 5리터를 부어 30분 우린다. 걸러낸다. 탕액을 1일 2회 목욕을 할 때 쓰인다.

하플로필럼 베르시컬러르
Dürli reňkli porsykert
Haplophyllum versicolor

개요. 산밑에 자라는 약용 식물이다. 하플로필럼 베르시컬러르는 높이가 10~20cm, 회청색이고 짧으며 분산됐다. 줄기는 가늘고 가지가 많다. 잎은 전연엽이고 자루가 거의 없으며 가장자리는 곱슬곱슬하다. 가장 밑부분 잎은 도란형 모양이다. 중간 및 윗부분 잎은 약간 긴-피침형, 뭉툭하며 길이는 1.0~3.5cm이다.

꽃차례는 꽃들이 자루가 없다. 포엽은 선형 모양이다. 악편은 달걀 모양, 뭉툭하고 길이가 약 0.75mm이다. 꽃잎은 회색-노란색이고 약간 길며 뭉툭하고 길이가 5~6mm, 폭은 2.5mm. 수술은 꽃잎에 비해 1.5배 짧다. 씨방은 완전히 나체형이며 꼬투리는 지름이 3mm이다.

식물특징. 평지, 산밑, 모래, 미립성 토지의 산 기슭에서 서식한다. 4~5월에 꽃이 피며 6~7월에 열매가 맺는다. 씨앗으로 번식한다.

분포 · 산지. 동 코페트다그, 받희즈, 코이텐다그, 순두클리사막, 프리코페트다그 오아시스, 텐젠스크 오아시스에서 분포한다.

자연자원. 하플로필럼 베르시컬러르는 희귀한 식물에 속하지 않는다. 약용 원료는 충분하다.

약용자원. 하플로필럼 베르시컬러르의 풀과 잎을 장만한다. 원료는 개화기(4~5월)에 채취한다. 실외, 차양 밑에서 건조 작업을 한다. 완성된 원료는 헝겊 자루에 포장한다. 건조하고 서늘한 장소에서 보관한다. 보관 기간은 1~2년이다.

화학성분. 식물의 지상 부분은 알칼로이드, 리그나늬, 쿠마린을 함유. 씨앗은 지방유를 함유한다.

효능. 민간요법에서 달인 약과 탕액은 피부 질환에 잎을 달인 약은 치통, 단복고창에 사용한다.

투르크멘 일부 지방 민간요법에서 풀을 달인 약을 식도암에 사용한다.

염색용, 사료용 식물이다.

용법용량:

말려서 잘게 썬 1큰 스푼(15g)을 에나멜 용기에 담아 끓은 물 1컵(200ml)을 부어 작은 불에 5~6분 끓인다. 식혀서 걸러낸다. 달인 약을 1일 3회 식전에 1/4컵(50ml)씩 복용한다.

말려서 잘게 썬 잎 2큰 스푼(30g)에 끓는 물 2컵(400ml)을 부어 우린다. 걸러낸 탕액을 1일 3회 식전에 1/2컵(100ml)씩 복용한다.

잘게 썬 잎 100g에 끓는 물 5l를 부어 30분 우린다. 걸러낸다. 탕액을 1일 2회 목욕을 할 때 쓰인다.

스타치스 투르코마니카
Türkmen tilkiçaýy
Stachys turcomanica

개요. 산악지대에 자라는 약용 식물이다. 스타치스 투르코마니카는 높이가 15~30cm, 수많은 직립 가지들이 흰색으로 꿀풀과에 속하는 여러해살이 풀 또는 반관목이다. 잎은 약간 긴-피침형 부터 선형-피침형 모양이며 줄기를 감싼다. 윗부분 잎은 선형이며 거의 무병엽이다. 전체 잎은 전연엽이며 뾰족하고 기부는 쐐기 모양이다. 포엽은 길죽하다.

꽃차례는 5~7개 꽃이 있는 거짓 윤생으로 이루어졌다. 꽃은 무병 또는 아주 짧은 꽃자루에 달렸다. 포엽은 잘고 강모 모양이다. 꽃받침은 관-종 모양, 길이가 약 10mm, 4~5mm의 톱니들이 있다. 꽃부리는 꽃받침에서 기부에서 중간까지 나오는 관이 있다. 윗 입술은 넓은 타원형이며 밑에 있는 입술보다 짧다. 심피는 3변이 있으며 나체형이다.

식물특징. 해발 400~1600m의 쇄석, 미립성 토지의 산기슭에서 서식한다. 5~6월에 꽃이 피며 6~7월에 열매가 맺는다. 씨앗으로 번식한다.

분포 · 산지. 볼쇼이 발한, 말리 발한, 큐렌다그, 서남 코페트다그, 중앙 코페트다그, 동 코페트다그에서 서식한다.

자연자원. 스타치스 투르코마니카는 희귀한 식물에 속하지 않는다. 약용 원료는 충분하다. 매년 원료 채취량은 25~30톤 이상 달할 수 있다.

약용자원. 스타치스 투르코마니카의 풀을 장만한다. 원료는 개화기(5~6월)에 채취한다. 실외, 차양 밑에서 건조 작업을 한다. 완성된 원료는 헝겊 자루에 포장한다. 건조하고 어두운 직사 광선이 안 들어 오는 장소에서 보관한다. 보관 기간은 1~2년이다.

화학성분. 식물의 성분에는 알칼로이드가 들어 있다. 지상 부분은 정유 0.033~0.150%, 쿠마린, 플라보노이드, 이리도이드, 타르, 칼슘염, 탄수화물, 비타민 K를 함유. 씨는 지방유를 함유한다.

효능. 투르크메니야의 일부 지방 민간요법에서 풀을 달인 약과 탕액을 심장-맥관계, 혈액순환 장애, 졸도, 간질병에 사용하며 외용약으로 피부 상처에 쓰인다. 탕액은 신경증에 사용하며 혈액 응결제, 잔정제로 쓰인다.

장식용, 양봉용, 기술용 식물이다.

용법용량:

말린 풀 1큰 스푼(15g)을 에나멜 용기에 담아 끓은 물 1컵(200ml)을 부어 작은 불에 10분 끓인다. 걸러낸다. 달인 약을 1일 3회 1큰 스푼(15ml)씩 복용한다.

말려서 잘게 썬 풀 1티 스푼(5g)에 끓는 물 2컵(400ml)을 부어 1시간 우린다. 걸러낸다. 탕액을 1일 3회 식전에 1큰 스푼(15ml)씩 복용한다.

살비아 코페트다겐시스
Köpetdag bidenegi
Salvia kopetdaghensis

개요. 산악 지대에 자라는 약용 식물이다. 살비아 코페트

다겐시스는 높이가 40~50cm에 달하는 꿀풀과에 속하는 두해살이 또는 여러해살이 풀이다. 줄기는 사각형, 고랑이 모양이며 위에서 가지들이 많이 벌어진다. 근생엽은 능형-길죽하며 때로는 넓은 피침형 모양이며 자루는 길이가 3~6cm이다. 밑부분 잎은 무병엽이며 흰색 솜털이 있다. 꽃받침 잎은 넓은 피침형 줄기를 감싼다.

4~6개의 꽃은 빽빽히 거짓 윤생으로 이루어졌다. 꽃받침은 넓은 종 모양이며 길이가 12~14mm이다. 톱니는 삼각형 모양, 털이 있다. 윗입술의 중간 톱니는 크지 않은 언덕 모양이다.

식물특징. 해발 1200~2800m의 미립성 토양의 산기슭, 계곡, 골짜기에서 서식한다. 5~6월에 꽃이 피며 6~7월에 열매가 맺는다. 씨앗으로 번식한다.

분포 · 산지. 중앙 코페트다그: 노후르, 술류클리, 게르마브, 헤이라바드에서 분포한다. 고유 식물이다.

자연자원. 살비아 코페트다겐시스는 우리나라에서 희귀한 식물에 속하지 않는다. 약용 원료는 충분하다. 재배를 권유한다. 코페트다그 국립보호림에서 보호한다.

약용자원. 약용 목적으로 살비아 코페트다겐시스의 풀을 장만한다. 원료는 개화기(5월)에 채취한다. 실외, 차양 밑에서 건조 작업을 한다. 완성된 원료는 헝겊 자루에 포장한다. 건조하고 어두운 곳에 보관한다. 보관 기간은 1년 반이다.

화학성분. 식물의 성분에는 플라보노이드, 정유가 들어 있다. 뿌리는 히논을 지상 부분은 정유 0.15%를 함유한다. 잎은 정유, 타닌물질, 유기산, 핀토치드, 비타민 B, P, PP를 함유한다.

효능. 민간요법에서 풀의 탕액은 피부의 염증, 상처, 화상, 동상, 구강염에 사용하며 수렴제, 소독제, 항염제로 쓰인다. 외용약으로 피부염에 쓰인다. 투르크메니아의 일부 지방 민간요법에서 위염, 천식, 간 및 신장, 방광염에 사용하며 가래 제거제, 완하제, 이뇨제로 쓰인다.

장식용, 양봉용, 기술용 식물이다.

용법용량:

말린 풀 2티 스푼(10g)을 에나멜 용기에 담아 더운 물 1컵(200ml)을 부어 작은 불에 15분 끓인다. 45분 식혀서 짜낸 탕액에 끓은 물을 부어 용량을 200ml까지 첨가한다. 탕액을 하루에 여러번 복용한다.

말려서 잘게 썬 풀 1큰 스푼(15g)에 끓는 물 1컵(200ml)을 부어 30분 우린다. 걸러낸다. 탕액을 1일 3회 식전 20~30분전에 1큰 스푼(15ml)씩 복용한다.

아신노스 로툰디폴리우스
Dänelije
Acinos rotundifolius

개요. 잡초 약용 식물이다. 투르크메니스탄에 1종이 있다.

아신노스 로툰디폴리우스는 높이가 5~15cm, 꿀풀과에 속하는 한해살이 풀이다. 줄기는 거칠하고 솜털이 있으며 직립이고 가지를 많이 친다. 잎은 둥그스름한-타원형이며 약간 톱니가 있고 자루가 있다. 정점 잎은 줄기 잎과 비슷하다.

꽃턱잎의 윤생에 꽃 4~6개씩 있다. 꽃받침은 거친 눈썹 모양이며 꽃부리는 진홍색으로 꽃받침보다 좀 크다. 심피는 잘고 길이가 약 1.6mm, 폭이 0.7mm, 달걀 모양이다.

식물특징. 해발 400~1600m, 건조한 미립성 및 쇄석 산기슭에서 서식한다. 4~5월에 꽃이 피며 5~7월에 열매가 맺는다. 씨앗으로 번식한다.

분포 · 산지. 볼쇼이 및 말리 발한, 큐렌다그, 서남 코페트다그, 중앙 코페트다그, 코이텐다그에서 분포한다.

자연자원. 아신노스 로툰디폴리우스는 희귀한 식물에 속하지 않는다. 약용 원료는 충분하다. 매년 원료 채취량은 8~12톤에 달할 수 있다.

약용자원. 약용 목적으로 아신노스 로툰디폴리우스의 풀을 장만한다. 원료는 개화기(5~7월)에 채취한다. 실외, 차양 밑에서 건조 작업을 한다. 완성된 원료는 헝겊 자루에 포장한다. 건조하고 어두운, 직사 광선이 안 비치는 곳에 보관한다. 보관 기간은 1~2년이다.

화학성분. 식물의 성분에는 페놀산과 그의 유도체, 플라보노이드가 들어 있다. 지상 부분은 정유 0.12~0.14%를 함유한다.

효능. 민간요법에서 위장 질환에 사용한다. 장식용, 영봉용 식물이다.

용법용량:

말린 풀 2티 스푼(10g)을 에나멜 용기에 담아 더운 물 1/2컵(100ml)을 부어 작은 불에 15분 끓인다. 45분 식혀서 짜낸다. 달인 약을 1일 3~4회 식전에 1큰 스푼(15ml)씩 복용한다.

말려서 잘게 썬 풀 1큰 스푼(15g)에 끓는 물 1.5컵(300ml)을 부어 40분 우린다. 걸러낸다. 탕액을 1일 3~5회 2큰 스푼(30ml)씩 복용한다.

란츠노필럼 고시페넘
Almaçöp
Lachnophyllum gossypinum

개요. 산 기슭에서 자라는 약용 식물이다. 투르크메니스탄에 1종이 있다.

란츠노필럼 고시페넘은 높이가 20~50cm에 달하는 국화과에 속하는 한해살이 풀이다. 솜털이 많이 덮인 식물이다. 줄기는 직립이고 제일 밑에 있는 잎은 길죽하며 점차 위로 올라가면서 작아지며 달걀-길죽한 모양이다.

두상화는 한개씩 가지 끝에 원추형 산방꽃차례에 배치됐다. 총포잎은 많으며 선형 모양이고 정점에 뾰족하고 외부잎은 피침형, 길이가 2~3mm, 폭이 0.5mm이며 내부 잎은 더 길고 선형 모양이다. 변두리꽃은 암술 혀모양, 길이가 7~8mm이다. 수과는 쐐기 모양, 길이가 2.5mm, 폭이 0.75mm, 흰색이다.

식물특징. 산록 평지, 해발 400~800m의 미립성 및 미립성-쇄석성 토지에서 서식한다. 8~11월에 꽃이 피며 열매가 맺는다. 씨앗으로 번식한다.

분포 · 산지. 큐렌다그, 서남 코페트다그, 중앙 코페트다그, 동 코페트다그, 받희즈, 코이텐다그, 순두클리 사막에서 분포한다.

자연자원. 란츠노필럼 고시페넘은 희귀한 식물에 속하지 않는다. 약용 원료는 충분하다. 재배를 권유한다. 순트-하사르다그, 코페트다그, 받희즈, 코이텐다그 국립 보호림에서 보호한다.

약용자원. 약용 목적으로 란츠노필럼 고시페넘의 풀을 장만한다. 원료는 개화기(8~9월)에 채취한다. 실외, 차양 밑에서 건조 작업을 한다. 완성된 원료는 헝겊 자루에 포장한다. 건조하고 어두운 곳에서 보관한다. 보관 기간은 1~2년이다.

화학성분. 란츠노필럼 고시페넘의 화학성분은 잘 연구되지 않았다. 식물의 성분에는 0.1~0.4% 정유가 들어 있다. 지상 부분은 알칼로이드, γ-락톤을 함유한다.

효능. 민간요법에서 잎에서 짠 즙은 상처, 종기, 습진에 사용한다. 정유는 또한 화장품 산업에서 이용한다.

사료용, 기술용, 염색용 식물이다.

용법용량:

잎에서 짜낸 신선한 즙에 올리브유 1컵(200ml)을 부어 유리병에 담아 어두운 곳에서 10일 우린다. 정기적으로 흔들어 준다. 연고를 짠 다음 피부 상처에 하루에 두번(아침, 저녁) 바른다.

스쿠텔라리아 리트위노위
Litwinowyň tuwulgalyjasy
Scutellaria litwinowii

개요. 산악 지대에 자라는 약용 식물이다. 스쿠텔라리아 리트위노위는 높이 20~30에 달하고 꿀풀과에 속하는 다년생 초본 식물이다. 꽃이 피는 초본의 줄기는 단순하고 흰색이 더러 있다. 잎은 짧은 자루에 윗부분 잎은 거의 무병엽이며 뭉툭하다.

꽃차례는 8~12개 거짓 윤생이 있다. 포엽은 거의 앉은 자세 꽃받침보다 넓고 둥그스름하며 길이가 8~10mm이다. 꽃부리는 굵고 길이가 25~30mm, 노란색이며 지름이 10mm이다.

식물특징. 해발 400~1200m의 쇄석 및 돌이 많은 산기슭에서 서식한다. 4~6월에 꽃이 피며 5~8월에 열매가 맺는다. 씨앗으로 번식한다.

분포 · 산지. 큐렌다그, 서남 코페트다그, 중앙 코페트다그에서 분포한다. 고유 식물이다.

자연자원. 스쿠텔라리아 리트위노위는 우리나라에서 희귀한 식물에 속한다. 약용 원료는 충분하지 않다. 재배를 권유한다. 순트-하사르다그, 코페트다그 국립보호림에서 보호한다.

약용자원. 약용 목적으로 스쿠텔라리아 리트위노위의 뿌리, 풀, 잎과 꽃을 장만한다. 뿌리는 이른 봄(3월)이나 가을(9월)에 풀, 잎과 꽃은 개화기(4~6월)에 채취한다. 실외, 차양 밑이나 공기가 잘 통하는 곳에서 건조 작업을 한다. 완성된 뿌리, 풀과 잎은 헝겊 자루에 꽃은 종이 상자에 포장한다. 건조하고 어두운 곳에서 보관한다. 뿌리 보관 기간은 2~3년, 풀, 잎과 꽃은 1~2년이다.

화학성분. 식물의 지하 부분은 플라보노이드, 잎은 정유, 플라보노이드: 7% 스쿠텔라린을 함유. 꽃은 정유를 함유한다.

효능. 투르크메니야의 일부 지방의 민간요법에서 해열제, 말라리아 예방제, 진정제, 이뇨제, 수렴제, 지혈제, 가래 제거제로 사용한다. 뿌리를 달인 약은 잦은맥박, 심장병, 빈혈, 간질병에 쓰인다. 풀은 간질병, 말라리아, 후두염, 소화 불량에 사용한다. 달인 약은 진통제, 탕액은 고혈압에 쓰인다. 잎과 꽃을 달인 약은 코피, 감기, 류머티즘, 불면, 경련에 사용한다.

장식용, 양봉용, 사료용, 염색용 식물이다.

용법용량:

말려서 잘게 썬 뿌리 1큰 스푼(15g)을 에나멜 용기에 담아 끓는 물 1컵(200ml)을 부어 작은 불에 10분 끓인다. 짜낸다. 달인 약을 1일 3~4회 1큰 스푼(15ml)씩 복용한다.

말린 풀 1큰 스푼(15g)에 끓는 물 1컵(200ml)을 부어 우린다. 짜낸다. 탕액을 1일 3회 식전에 1/4컵(50ml)씩 복용한다.

말린 풀과 꽃 1큰 스푼(15g)을 0.5l의 보온병에 담아 30분 우린다. 걸러낸다. 탕액을 1일 3~4회 식전에 1/4컵(50ml)씩 복용한다.

스테르베르기아 루테아
Nargyz
Sternbergia lutea

개요. 산악 지대에 자라는 약용 식물이다. 투르크메니스탄에 1종이 잇다.

스테르베르기아 루테아는 높이가 10~20cm에 달하는 수선화과에 속하는 다년생초본 식물이다. 구근은 달걀 모양이고 굵기가 4~5cm, 밑에서 줄기를 감싼다. 줄기는 밑에서 잎과 함께 잎이 없는 잎집으로 간싸고 있다. 잎은 넓은 선형, 폭이 8~10mm, 뭉툭하다. 화개는 길이가 약 5cm 외부 잎이 달걀 모양, 내부열 수술은 1.5배 외부열은 화개 잎에 비해 2배 짧다.

식물특징. 해발 800~1600m에서 돌 사이에 돌이 많고 미립성 토양의 산기슭에서 자란다. 구근, 1개 꽃 식물이다. 꽃은 밝은 노란색. 9~10월에 꽃이 피며 열매가 맺는다. 구근으로 번식한다. 겨울에 잎은 시들지 않고 녹색으로 남아 있는다.

분포 · 산지. 식물은 서남 코페트다그에서 분포한다.

자연자원. 스테르베르기아 루테아는 우리나라에서 희귀한 식물에 속하지 않는다. 약용 원료는 충분하지 않다. 재배를 한다. 아쉬하바드 식물원과 순트-하사르다그, 코페트다그 국립보호림에서 재배한다. 순트-하사르다그 국립보호림에서 보호한다. 투르크메니스탄 적색 목록에 기입됐다(1999, 2011년).

약용자원. 약용 목적으로 스테르베르기아 루테아의 구근과 꽃을 장만한다. 구근은 이른 봄(3월)에 꽃은 가을(9월)에 채취한다. 실외, 차양 밑이나 공기가 잘 통하는 곳에서 건조 작업을 한다. 완성된 구근은 헝겊 자루에 꽃은 종이 상자에 포장한다. 건조하고 서늘한 곳에서 보관한다. 구근 보관 기간은 2~3년, 꽃은 1~2년이다.

화학성분. 스테르베르기아 루테아의 화학성분은 잘 연구되지 않았다. 구근은 탄수화물과 비타민 C를 함유한다.

효능. 민간요법에서 변비에 강한 완하제로 사용한다.

장식용, 양봉용, 염색용 식물이다.

용법용량:

말린 구근 1큰 스푼(15g)을 에나멜 용기에 담아 끓는 물 1컵(200ml)을 부어 작은 불에 5분 끓인다. 식혀서 짜낸다. 달인 약을 1일 3회 1/2컵(100ml)씩 복용한다.

말린 꽃 2큰 스푼(30g)을 에나멜 용기에 담아 물 1리터를 부어 작은 불에 15분 끓인다. 식혀서 짜낸다. 달인 약을 1일 3회 식전 1/4컵(50ml)씩 복용한다.

알세아 니키티니
Nikitiniň gülhatmasy
Alcea nikitinii

개요. 산 밑에서 자라는 약용 식물이다. 세계적으로 약 60종이 있는데 투르크메니스탄에 11종이 있다. 알세아 니키티니는 높이가 120~140cm에 달하는 아욱과에 속하는 두해살이 초본 풀이다. 줄기 밑부분은 원통 모양으로 나체형이다. 잎은 5~7개로 손바닥 모양으로 잎은 타원형, 달걀 모양, 대부분 뭉툭하다. 모든 잎 양면은 푸른색이고 윗면은 나체형이고 밑면은 털이 약간 있다. 중간 및 밑부분 잎 자루는 거의 엽신과 같다. 꽃은 짧은 자루에 총상 꽃차례를 이룬다. 꽃부리는 보통 빨간 보라색이다.

식물특징. 산밑 평지, 골짜기, 관개용 토지에서 서식한다. 6~7월에 꽃이 피며 7~8월에 열매가 맺는다. 씨앗으로 번식한다.

분포 · 산지. 큐렌다그, 중앙 코페트다그에서 분포한다.

자연자원. 알세아 니키티니는 우리나라에서 희귀한 식물에 속하지 않는다. 약용 원료는 충분하지 않다.

약용자원. 약용 목적으로 알세아 니키티니의 뿌리, 잎과 꽃을 장만한다. 뿌리는 이른 봄(3월)이나 가을(9월)에 풀, 잎과 꽃은 개화기(5~7월)에 채취한다. 실외, 차양 밑이나 공기가 잘 통하는 곳에서 건조 작업을 한다. 뿌리는 털어서 씻고 말린다. 완성된 뿌리, 잎은 헝겊 자루에 꽃은 종이 상자에 포장한다. 건조하고 직사 광선이 안 들어 오는 곳에서 보관한다. 뿌리와 근경 보관 기간은 2~3년, 잎과 꽃은 1~2년이다.

화학성분. 식물의 성분에는 점액이 들어 있다. 뿌리, 줄기, 잎, 꽃, 열매는 탄수화물을 함유한다.

효능. 민간요법에서 달인 약을 감기. 장염, 편도선, 피부염, 습진에 사용한다. 의학에서 잎과 꽃 추출물의 항균 효과가 발견됐다.

장식용, 사료용, 기술용, 염색용 식물이다.

용법용량:

말린 뿌리, 잎과 꽃 2큰 스푼(30g)을 에나멜 용기에 담아 끓은 물 2.5컵(500ml)을 부어 작은 불에 5분 끓인다. 1시간 식힌다. 짜낸다. 날인 약으로 장염에 관장을 한다.

잘게 썬 뿌리 1티 스푼(5g)에 끓은 물 1/2컵(100ml)을 부어 1시간 우린다. 걸러낸다. 탕액을 하루동안 2시간 마다 1큰 스푼(15ml)씩 복용한다.

말린 꽃 2티 스푼(10g)에 끓는 물 1리터를 부어 1~2시간 우린다. 걸러낸다. 탕액을 1일 3회 식전 30분전에 2큰 스푼(30ml)씩 복용한다.

말려서 잘게 썬 잎 1큰 스푼(15g)에 끓는 물 1컵(200ml)을 부어 1시간 우린다. 걸러낸다. 탕액을 1일 3~4회 1/4컵(50ml)씩 복용한다.

알세아 리티카르파
Torly gülhatma
Alcea rhyticarpa

개요. 산악 지대에 자라는 약용 식물이다. 알세아 리티카르파는 높이가 50~150cm에 달하는 아욱과에 속하는 두해살이나 여러해살이 초본 풀이다. 몇 개의 가지가 있으며 솜털이 밀접하게 붙어 있다. 잎은 심장 모양, 기부에 거의 잘라졌거나 둥그스름하다. 윗부분 잎은 작으며 둥그스름한 달걀 모양이며 전엽이다.

꽃은 길죽한 총상화서에 배열. 기부에 6~9개 잎으로 결부된 악상 총포는 꽃받침에 비해 2배 짧다. 꽃받침에 비해 2~2.5배 긴 꽃부리는 빨간 연보라색이다. 열매는 25~30개 작은 열매로 구성, 폭이 16~18mm이다. 씨앗은 붉은-갈색이다.

식물특징. 해발 400~1200m에서 산기슭과 계곡에서 자란다. 5~7월에 꽃이 피며 6~8월에 열매가 맺는다. 씨앗으로 번식한다.

분포 · 산지. 식물은 큐렌다그, 서남 코페트다그, 중앙 코페트다그, 동 코페트다그, 받희즈, 코이텐다그, 프리코페트다그 오아시스에서 분포한다.

자연자원. 알세아 리티카르파는 우리나라에서 희귀한 식물에 속하지 않는다. 약용 원료는 충분하다

약용자원. 약용 목적으로 알세아 리티카르파의 뿌리와 근경을 장만한다. 원료는 이른 봄(3월)이나 가을(9월) 채취한다. 실외, 차양 밑이나 공기가 잘 통하는 곳에서 건조 작업을 한다. 뿌리는 털어서 씻고 말린다. 완성된 원료는 헝겊 자루에 포장한다. 건조하고 직사 광선이 안 들어 오는 곳에서 보관한다. 뿌리와 근경 보관 기간은 2~3년이다.

화학성분. 식물의 성분에 점액이 들어 있다. 뿌리는 사포닌을 함유한다. 지상 부분은 쿠마린, 줄기는 탄수화물, 다당류 2.4%를 함유한다.

효능. 민간요법에서 뿌리와 근경의 달인 약과 탕액은 감기, 피부 질환, 장염, 잇몸염, 편도선에 사용한다.

의학에서 지상 부분의 알코올 추출물의 항균 효과가 발견했다.

꽃은 직물 공업에서 이용한다.

장식용, 사료용, 기술용, 염색용 식물이다.

용법용량:

말린 뿌리 2큰 스푼(30g)을 에나멜 용기에 담아 더운 물 0.5l를 부어 작은 불에 5분 끓인다. 1시간 식힌다. 짜낸다. 날인 약으로 장염에 관장을 한다.

잘게 썬 뿌리 1티 스푼(5g)에 끓은 물 1/2컵(100ml)을 부어 1시간 우린다. 걸러낸다. 탕액을 하루동안 2시간 마다 1큰 스푼(15ml)씩 복용한다.

알세아 안굴라타
Burçly gülhatma
Alcea angulata

개요. 산악 지대에 자라는 약용 식물이다. 알세아 안굴라타는 높이가 60~150cm에 달하는 아욱과에 속하는 두해살이나 여러해살이 초본 풀이다. 줄기는 높고 밀접히 솜털이 덮였으며 밑에서 가지가 많이 있다. 중간 및 밑부분 엽신은 둥그스름하거나 심장 모양, 윗부분 잎은 기부가 둥글하거나 잘라진 모양이다.

꽃은 총상 꽃차례를 이룬다. 6~9개 잎 1/3~1/4분의 길이까지 결부된 악상 총포는 꽃받침과 같거나 조금 짧다. 꽃부리는 꽃받침에 비해 2.5배 길며 흰색이다. 열매는 25~32개의 작은 열매로 구성, 폭은 16~20mm이다. 씨앗은 윤기가 없는 회색이다.

식물특징. 해발 400~1600m에서 산기슭과 계곡에서 자란다. 5~7월에 꽃이 피며 6~8월에 열매가 맺는다. 씨앗으로 번식한다.

분포 · 산지. 큐렌다그, 서남 코페트다그에서 분포한다. 고유 식물이다.

자연자원. 알세아 안굴라타는 우리나라에서 희귀한 식물에 속하지 않는다. 약용 원료는 충분하다. 재배를 권유한다. 순트-하사르다그 국립보호림에서 보호한다.

약용자원. 약용 목적으로 알세아 안굴라타의 뿌리와 근경을 장만한다. 원료는 이른 봄(3월)이나 가을(9월)에 채취한다. 실외, 차양 밑이나 공기가 잘 통하는 곳에서 건조 작업을 한다. 뿌리는 털어서 씻고 말린다. 완성된 원료는 헝겊 자루에 포장한다. 건조하고 직사 광선이 안 들어 오는 곳에서 보관한다. 뿌리와 근경 보관 기간은 2~3년이다.

화학성분. 알세아 안굴라타의 화학성분은 잘 연구되지 않았다. 식물의 성분에는 점액이 들어 있다. 지상 부분은 쿠마린을 함유한다.

효능. 투르크메니스탄의 일부 지방 민간용법에서 뿌리와 근경은 항염제, 가래 제거제로 사용한다. 외용약으로 골절, 탈골, 피부 질환에 쓰인다.

장식용, 양봉용, 사료용, 염색용 식물이다.

용법용량:

말린 뿌리 2큰 스푼(30g)을 에나멜 용기에 담아 더운 물 0,5리터를 부어 작은 불에 5분 끓인다. 1시간 식힌다. 짜낸다. 달인 약으로 장염에 관장을 한다.

잘게 썬 뿌리 1티 스푼(5g)에 끓은 물 1/2컵(100ml)을 부어 1시간 우린다. 걸러낸다. 탕액을 하루동안 2시간 마다 1큰 스푼(15ml)씩 복용한다.

에레무루스 코페트다겐시스
Köpetday çyrşy
Eremurus kopetdaghensis

개요. 산악 지대에 자라는 약용 식물이다. 에레무루스 코페트다겐시스는 높이가 40~66cm에 달하는 백합과에 속하는 여

러해살이 초본 풀이다. 잎과 줄기의 기부는 높은 얇은 건막질의 잎집으로 둘러쌓였다. 줄기는 둥글며 나체형, 높이가 약 60cm. 잎은 광택이 나며 좁은 선형이며 폭이 3~4mm이다.

총상화서는 특히 꽃이 다 핀 다음 약해진다. 포엽의 가장자리는 피침형-선형 모양이며 과경에 비해 짧다. 열매의 과경은 수평이며 길이가 2~3cm이다. 꽃은 확 열렸으며 장미색이고 굵다. 화개의 잎들은 길이가 15~17mm이다. 꼬투리는 타원형이며 길이가 약 15mm이다.

식물특징. 해발 800~1200m, 숨바르강의 점토 기슭에서 자란다. 4~5월에 꽃이 피며 5~6월에 열매가 맺는다. 씨앗으로 번식하며 영양 번식한다.

분포 · 산지. 큐렌다그에서 분포한다. 고유 식물이다.

자연자원. 에레무루스 코페트다겐시스는 우리 나라에서 희귀한 식물에 속한다. 약용 원료는 충분하지 않다. 재배를 한다. 아쉬하바드 식물원에서 재배한다. 순트-하사르다그 국립보호림에서 보호한다. 투르크메니스탄의 적색 목록에 기입됐다(1990, 2011년).

약용자원. 약용 목적으로 에레무루스 코페트다겐시스의 뿌리, 풀, 꽃과 열매를 장만한다. 뿌리는 이른 봄(3월)이나 가을(9월)에 풀과 꽃은 개화기(4~5월)에 열매는 결실기(6월)에 채취한다. 실외, 차양 밑이나 공기가 잘 통하는 곳에서 건조 작업을 한다. 뿌리는 털어서 씻고 말린다. 완성된 뿌리와 풀은 헝겊 자루에 열매와 꽃은 종이 상자나 유리병에 포장한다. 건조하고 직사 광선이 안 들어 오는 곳에서 보관한다. 뿌리와 열매 보관 기간은 2~3년, 풀과 꽃은 2년까지이다.

화학성분. 에레무루스 코페트다겐시스의 화학성분은 연구하지 않았다. 잎과 어린 가지는 카로틴과 비타민 C를 함유한다.

효능. 민간요법에서 관절통, 기침, 독사벌레에 물린 상처에 사용하며 일반 강장제, 정력제로 쓰인다. 외용약으로 피부상처, 고름 화상에 사용한다.

투르크멘 민간용법에서 뿌리를 달인 약은 진정제, 감기에 사용하며 풀을 달인 약과 탕액은 목구멍 암에 항암제로 쓰인다.

장식용, 식용, 염색용 식물이다.

용법용량:

잘게 썬 뿌리 1큰 스푼(15g)을 에나멜 용기에 담아 끓은 물 1컵(200ml)을 부어 작은 불에 20~30분 끓인다. 걸러낸다. 달인 약을 1일 3회 식전 20~30분전에 1/2컵(100ml)씩 복용한다.

말린 꽃과 열매 2큰 스푼(30g)에 와인 1컵(200ml)을 부어 유리병에 담아 어두운 곳에서 7~10일 우려낸다. 정기적으로 흔들어 준다. 탕액을 1일 3회 1티 스푼(5ml)씩 복용한다.

말러스 투르크메노럼
Türkmenleriň almasy
Malus turkmenorum

개요. 산악 지대에 자라는 약용 식물이다. 세계적으로 30종이 있는데 투르크메니스탄에 2종이 있다. 말러스 투르크메노럼는 높이가 2~3m에 달하는 장미과에 속하는 관목이다. 새 가지들이 무성하며 새 싹은 흰색의 펠트로 덮였다. 잎은 길이가 6~8cm, 폭이 3.2~3.8cm, 타원형 또는 피침형 모양이다. 잎자루는 길이가 2.0~2.5cm, 털이 덮였다.

꽃은 크지 않고 지름이 약 2.5~3.0cm. 꽃자루와 악편은 털이 무성하게 덮였다. 열매는 작으며 지름이 약 2.5cm, 둥글며 노란색-녹색이다. 꽃자루는 길이가 1.5~3.0cm. 씨는 길며 얕은 모양이다.

식물특징. 해발 1600~2000m, 북쪽 미립성-쇄석, 돌이 많은 기슭, 계곡에서 자란다. 더위 및 가뭄을 잘 견디어 낸다. 4~5월에 꽃이 피며 8월에 열매가 맺는다. 뿌리 곁가지로 번식한다. 한 개한 관목은 600개의 곁가지를 낸다. 낡은 나무의 연령은 30~50년이다.

분포 · 산지. 식물은 서남 코페트다그, 중앙 코페트다그에서 분포한다. 고유 식물이다.

자연자원. 말러스 투르크메노럼는 우리 나라에서 희귀한 식물에 속한다. 약용 원료는 충분하지 않다. 재배를 한다. 아쉬하바드 식물원에서 재배한다. 순트-하사르다그 및 코페트다그 국립보호림에서 보호한다. 투르크메니스탄의 적색 목록에 기입됐다(1999, 2011년).

약용자원. 약용 목적으로 말러스 투르크메노럼의 껍질, 잎, 열매를 장만한다. 껍질은 이른 봄(3월)에 잎은 개화기(4~5월)에 열매는 결실기(8월)에 채취한다. 실외, 차양 밑이나 공기가 잘 통하는 곳에서 건조 작업을 한다. 완성된 원료는 강한 냄새가 나며 향기가 있으며 열매는 신맛이다. 완성된 원료는 헝겊이나 종이 자루에 포장한다. 건조하고 직사 광선이 안 들어 오는 곳에서 보관한다. 껍질 보관 기간은 2~3년, 잎은 1~2년, 열매는 3-4년이다.

화학성분. 식물의 성분에는 당류, 유기산, 펙틴 물질, 비타민, 철이 들어 있다. 목질은 트리테르페노이드, 스테로이드, 플라보노이드를 함유한다. 화학 성분은 잘 연구돼지 않았다.

효능. 투르크메니야 일부 지방 민간요법에서 잎과 꽃의 탕액은 빈혈, 당뇨에 열매를 달인 약과 탕액은 신진대사 장애, 식욕 부진, 급성 및 만성 위염, 고혈압, 심장맥관계, 관절, 소장염, 만성 변비에 사용한다. 씨앗은 갑상선에 쓰이며 열매 즙은 고혈압, 빈혈, 류머티즘, 당뇨, 간 질환, 신장 결석에 사용한다.

의학에서 어린 가지 껍질의 알코올 추출물의 상화 방지제, 항바이러스 효과를 발견했다.

장식용, 식용, 양봉용, 기술용, 염색용 식물이다.

용법용량:

중간 크기의 열매 2개를 잘게 썰어 뜨거운 우유 1컵(200ml)과 더운 물 1/2컵(100ml)을 부어 에나멜 용기에서 작은 불에 5분 끓인다. 달인 약을 한꺼번에 마신다. 노화 변비에 복용한다.

사과 1개, 감자 1개, 양파 1개에 찬물 1l를 부어 에나멜 용기에 담아 작은 불에 0.5l까지 줄게 작은 불에 끓인다. 달인 약을 1일 3회 1티 스푼(5ml)씩 복용한다.

잘게 썬 잎과 꽃 1큰 스푼(15g)에 끓는 물 1컵(200ml)을 부어 1시간 우린다. 걸러낸다. 달인 약을 1일 3회 식전에 2큰 스푼(30ml)씩 복용한다.

말린 잎 1큰 스푼(15)에 끓는 물 1컵(200)을 부어 1시간 우린다. 걸러낸다. 달인 약을 꿀과 같이 1일 3회 식후 1컵(200)씩 복용한다.

열매 즙 3컵(600)에 물 1컵(200)을 부어 하루에 4번 1컵(200)씩 마신다.

말냉이
Meýdan ýemşik
Thlaspi arvense

개요. 산악 지대에 자라는 약용 식물이다. 세계적으로 60여종이 있는데 투르크메니스탄에는 1종이 있다.

말냉이는 높이가 15~30cm, 십자화과에 속하는 한해살이 풀이다. 줄기는 식물 전체와 마찬가지로 털이 없다. 근생엽은 길죽한 도란형 모양, 줄기 밑 부분 잎은 약간 길며 자루가 있다. 줄기 윗부분 잎은 길죽한 피침형이다.

꽃차례는 산형화서 모양이다. 악편은 흰색이며 길죽한 도란형 모양, 길이가 5~7mm이다. 단각과는 크기가 10~15mm, 넓은 타원형, 거의 둥그스름하다.

식물특징. 해발 1200~1800m의 계곡 샘물, 쇄석 미립성 토지에서 서식한다. 5~7월에 꽃이 피며 열매가 맺는다. 씨앗으로 번식한다.

분포 · 산지. 중앙 코페트다그, 동 코페트다그, 받희즈, 코이텐다그에서 분포한다.

자연자원. 말냉이는 우리 나라에서 희귀한 식물에 속한다. 약용 원료는 충분하지 않다. 재배를 권유한다. 코페트다그, 받희즈, 코이텐다그 국립보호림에서 보호한다.

약용자원. 약용 목적으로 말냉이의 풀과 씨를 장만한다. 풀은 개화기(5~6월)에 씨앗은 결실기(7월)에 채취한다. 실외, 차양 밑이나 공기가 잘 통하는 곳에서 건조 작업을 한다. 완성된 풀은 헝겊 자루, 씨앗은 종이 상자나 유리병에 포장한다. 건조하고 직사 광선이 안 들어 오는 곳에서 보관한다. 풀 보관 기간은 1~2년, 씨는 3~4년이다.

화학성분. 뿌리는 비타민 C를 함유. 지상 부분은 비타민 C, 플라보노이드, 겨자유, 티오글리코시드를 함유. 줄기는 사포닌, 비타민 C를 함유. 잎은 사포닌, 알칼로이드, 비타민 C, 플라보노이드를 함유. 꽃은 사포닌, 플라보노이드를 함유. 열매는 알칼로이드, 비타민 C, 카로틴을 함유한다. 씨앗은 정유 20~33%, 요오드 수치 111.5~148.0, 겨자유, 티오글리코시드를 함유한다.

효능. 민간요법에서 식물의 초본을 항괴혈병제, 이뇨제, 정력제, 수렴제, 지혈제, 항균제로 사용한다. 외용약으로 목구멍을 양치질, 고름 상처에 쓰인다. 지상 부분의 즙을 사마귀, 요도염에 쓰인다. 씨는 전염병에 사용한다.

투르크메니야의 일부 지방 민간요법에서 풀을 사용하여 부인병을 치료한다.

장식용, 식용, 양봉용, 기술용 식물이다.

용법용량:

말려서 잘게 썬 풀 1큰 스푼(15g)을 에나멜 용기에 담아 끓은 물 1컵(200ml)을 부어 작은 불에 5~7분 끓인다. 식혀서 걸러낸다. 달인 약을 1일 3회 식전에 1/4컵(50ml)씩 복용한다.

말린 풀 2큰 스푼(30g)을 0.5l의 보온병에 담아 뜨거운 물을 부어 우려낸다. 탕액을 1일 3~4회 식전에 1/2컵(100ml)씩 복용한다. 또한 목구멍을 양치질한다.

찧은 씨 1티 스푼(5g)에 끓는 물 1컵(200ml)을 부어 30~40분 우린다. 걸러낸다. 탕액을 1일 3회 1큰 스푼(15ml)씩 복용한다.

미크로슬라스피 페르폴리아텀
Ýemşijek
Microthlaspi perfoliatum

개요. 산악 지대에 자라는 약용 식물이다. 투르크메니스탄에 1종이 있다.

미크로슬라스피 페르폴리아텀는 높이가 5~25cm, 십자화과에 속하는 한해살이 풀이다. 높이가 작고 줄기는 분기가 거의 없다. 근생엽은 노란형 모양이며 자루가 길다. 줄기잎은 달걀-피침형 모양, 무병엽이다. 악편은 좁은 타원형, 길이가 약 1.0~1.5mm이다. 단각과는 길이가 5~6mm, 폭이 4~5mm이다. 씨앗은 둥지에 2~4개씩 짧은 타원형 모양이며 노란색으로 길이가 약 1mm이다.

식물특징. 해발 400~1600m의 쇄석, 돌이 많은 미립성 토양, 계곡에서 서식한다. 3~6월에 꽃이 피며 열매가 맺는다. 씨앗으로 번식한다

분포 · 산지. 큐렌다그, 서남 코페트다그, 중앙 코페트다그, 동 코페트다그, 프리코페트다그 오아시스에서 분포한다.

자연자원. 미크로슬라스피 페르폴리아텀는 우리 나라에서 희귀한 식물에 속하지 않는다. 약용 원료는 충분하다. 매년 채취량은 적어도 20톤에 달할 수 있다.

약용자원. 약용 목적으로 미크로슬라스피 페르폴리아텀의 풀을 장만한다. 풀은 개화기(3~4월)에 채취하며 실외, 차양 밑에서 건조 작업을 한다. 완성된 원료는 헝겊 자루에 포장한다. 건조하고 직사 광선이 안 들어 오는 곳에서 보관한다. 풀 보관 기간은 1~2년이다.

화학성분. 미크로슬라스피 페르폴리아텀의 화학성분은 잘 연구돼지 않았다. 씨앗은 마늘유를 함유.

효능. 민간요법에서 풀을 달인 약과 탕액을 복부 팽만, 좌골, 류머티즘에 사용한다.

장식용, 식용, 양봉용 식물이다.

용법용량:

말려서 잘게 썬 풀 1큰 스푼(15g)을 에나멜 용기에 담아 끓은 물 1컵(200ml)을 부어 작은 불에 5~7분 끓인다. 식혀서 걸러낸다. 달인 약을 1일 3회 식전에 1/4컵(50ml)씩 복용한다.

말린 풀 2큰 스푼(30g)을 0.5l의 보온병에 담아 뜨거운 물을 부어 우려낸다. 탕액을 1일 3~4회 식전에 1/2컵(100ml)씩 복용한다. 또한 목구멍을 양치질한다.

아스퍼룰라 투르코마니카
Türkmen asperulasy
Asperula turcomanica

개요. 산악 지대에 자라는 약용 식물이다. 세계적으로 200종이 있는데 투르크메니스탄에는 3종이 있다.

아스퍼룰라 투르코마니카는 높이가 20~40cm에 달하며 회색-녹색이고 굵으며 주리가 많으며 꼭두서니과에 속하는 다년초 초본 식물이다. 줄기는 사각형으로 곱슬곱슬한 길지 않은 털로 덮였다. 선형 모양의 잎(길이 8~10mm) 6개씩 윤생 엽서에 붙어 있다.

송이 3~5개로 이루어진 두상꽃차례에 20~25개 꽃이 있다. 각 꽃턱잎에 꽃이 한쌍이 배치. 포엽은 피침형 또는 좁은 피침형이다. 꽃은 푸르스름한 노란색이며 길이가 8~12mm이다. 열매는 갈색이며 거칠하고 둥글한 한쌍의 씨앗이 있다.

식물특징. 해발 400~1600m의 쇄석, 돌이 많은 기슭에서 서식한다. 5~7월에 꽃이 피며 열매가 맺는다. 씨앗으로 번식한다.

분포 · 산지. 큐렌다그, 서남 코페트다그, 중앙 코페트다그, 동 코페트다그에서 분포한다.

자연자원. 아스퍼룰라 투르코마니카는 희귀한 식물에 속하지 않는다. 약용 원료는 충분하다. 매년 원료 채취량은 약 10~20톤에 달할 수 있다.

약용자원. 약용 목적으로 아스퍼룰라 투르코마니카의 줄기, 잎, 꽃, 씨를 장만한다. 줄기, 잎, 꽃은 개화기(5~6월)에 씨는 결실기(7월)에 채취한다. 실외, 차양 밑에서 건조 작업을 한다. 줄기와 잎 원료는 헝겊 자루에 씨 원료는 종이 상자나 유리병에 포장한다. 건조하고 서늘한 곳에서 보관한다. 줄기. 잎, 꽃 보관 기간은 1~2년, 씨는 3~4년이다.

화학성분. 식물의 지상 부분은 이리도이드, 페놀카르본산과 그의 유도체, 쿠마린, 플라보노이드, 붉은 물감을 함유한다.

효능. 투르크메니야 일부 지방의 민간요법에서 말려서 잘게 썬 풀은 상처에 쓰이며 줄기, 잎, 꽃을 달인 약은 황달에 사용한다.

장식용, 염색용 식물이다.

용법용량:

잘게 썬 줄기와 잎 1큰 스푼(15g)을 에나멜 용기에 담아 끓은 물 1컵(200ml)을 부어 작은 불에 5분 끓인다. 식혀서 짜낸다. 달인 약을 1일 3회 식전에 1큰 스푼(15ml)씩 복용한다.

말린 꽃 1티 스푼(5g)을 에나멜 용기에 담아 끓은 물 1컵(200ml)을 부어 작은 불에 8~10분 끓인다. 30분 식혀서 걸러낸다. 달인 약을 1일 3회 식전에 1큰 스푼(15ml)씩 복용한다.

아스퍼룰라 세토사
Tüýlek asperula
Asperula setosa

개요. 산악 지대에 자라는 약용 식물이다. 아스퍼룰라 세토사는 높이가 5~40cm에 달하며 녹색이고 사각형 줄기들이 있는 꼭두서니과에 속하는 1년초 초본 식물이다. 잎 8개씩 윤생 엽서에 붙어 있으며 밑부분 잎은 도란형 피침형 모양이며 빨리 시들어진다. 윗부분 잎은 좁은 피침형이며 잎끝은 뭉툭하다.

원추형 산방꽃차례는 6~10개 꽃이 붙었다. 포엽은 선형-도란형피침형이며 뭉툭하고 가장자리는 흰 눈썹 모양이다. 꽃은 감청색-푸른색, 나체형이며 길이가 7~8mm이다. 열매는 달걀-공모양이며 쌍의 씨앗(길이 1.5~2.5mm)이 잇다.

식물특징. 해발 800~1200m의 쇄석, 돌이 많은 기슭에서 서식한다. 4~6월에 꽃이 피며 열매가 맺는다. 씨앗으로 번식한다.

분포 · 산지. 볼쇼이 발한, 큐렌다그, 서남 코페트다그, 중앙 코페트다그, 동 코페트다그, 코이텐다그에서 분포한다.

자연자원. 아스퍼룰라 세토사는 우리나라에서 희귀한 식물에 속하지 않는다. 약용 원료는 충분하다. 매년 원료 채취량은 약 10~15톤에 달할 수 있다.

약용자원. 약용 목적으로 아스퍼룰라 세토사의 줄기, 잎, 꽃, 씨를 장만한다. 줄기, 잎, 꽃은 개화기(4~5월)에 씨는 결실기(5~6월)에 채취한다. 실외, 차양 밑에서 건조 작업을 한다. 줄기와 잎 원료는 헝겊 자루에 꽃과 씨 원료는 종이 상자나 유리병에 포장한다. 건조하고 직사 광선이 안 들어 오는 곳에서 보관한다. 줄기. 잎, 꽃 보관 기간은 1~2년, 씨는 2~3년이다.

화학성분. 식물의 지상 부분은 이리도이드, 페놀카르본산과 그의 유도체를 함유한다.

효능. 민간요법에서 줄기, 잎, 꽃을 달인 약과 탕액은 천식, 복수병, 간경화, 비뇨생식기에 이뇨제, 발한제, 완하제, 가래 제거제로 사용한다.

장식용, 염색용 식물이다.

용법용량:

잘게 썬 줄기와 잎 1큰 스푼(15g)을 에나멜 용기에 담아 끓은 물 1컵(200ml)을 부어 작은 불에 5분 끓인다. 식혀서 짜낸다. 달인 약을 1일 3회 식전에 1큰 스푼(15ml)씩 복용한다.

말린 꽃 1티 스푼(5g)을 에나멜 용기에 담아 끓은 물 1컵(200ml)을 부어 작은 불에 8~10분 끓인다. 30분 식혀서 걸러낸다. 달인 약을 1일 3회 식전에 1큰 스푼(15ml)씩 복용한다.

말린 풀 2큰 스푼(30g)에 끓는 물 2컵(400ml)을 부어 1시간 우린다. 걸러낸다. 탕액을 1일 4회 1/4컵(50ml)씩 복용한다.

오르키스 시미아
Maýmyn orhisi
Orchis simia

개요. 산악 지대에 자라는 약용 식물이다. 세계적으로 100여종이 있는데 투르크메니스탄에는 4종이 있다. 원수이 난초는 높이가 20~30cm, 난초과에 속하는 다년초 초본 식물이다. 구근은 타원형, 길이가 2.0~2.5cm, 지름은 1.0~1.5cm이다. 줄기는 높고 밑부분은 잎이 많이 달렸으며 윗부분은 잎이 없다. 잎은 약간 길거나 달걀-길죽한 모야이며 길이가 10~11cm, 폭은 3.0~3.5cm 뾰족 또는 거의 뭉툭하다.

꽃차례는 무성하며 타원형 또는 길죽하며 길이가 5(8)cm 이다. 포엽은 건막질 같으며 직립이고 피침형 모양이다. 꽃은 파리한 장미색이며 화개 조각은 달걀-피침형, 뾰족하고 길이가 12mm이다. 입술은 모자보다 길며 길이는 1.8cm이다.

식물특징. 해발 800~1600m, 그늘진, 습기가 있는 북쪽 기슭에서 서식한다. 4~5월에 꽃이 피며 열매가 맺는다. 씨앗으로 번식한다.

분포 · 산지. 서남 코페트다그, 중앙 코페트다그에서 분포한다. 고유 식물이다.

자연자원. 원숭이 난초는 우리 나라에서 희귀한 식물에 속한다. 약용 원료는 충분하지 않다. 재배를 권유한다. 순트-하사르다그 국립보호림에서 보호한다. 투르크메니스탄의 적색 목록에 기입됐다(1999, 2011년).

약용자원. 약용 목적으로 원숭이 난초의 구근뿌리를 장만한다. 원료는 이른 봄(3월)이나 가을(9월)에 채취한다. 실외, 차양 밑이나 공기가 잘 통하는 곳에서 건조 작업을 한다. 구근뿌리는 털어서 씻고 말린다. 완성된 원료는 헝겊 또는 종이 자루에 포장한다. 건조하고 직사 광선이 안 들어 오는 곳에서 보관한다. 구근뿌리 보관 기간은 2~3년이다.

화학성분. 원숭이 난초의 화학성분 분석은 하지 않았다. 구근뿌리는 약 50%의 다량의 점액, 30% 전분, 탄수화물, 펙틴 물질, 광물염 정유를 함유한다.

효능. 민간요법에서 말린 구근을 위장병, 중독, 위염, 경련, 위 및 십이장 궤양에 사용하며 완화제, 일반 강장제, 항염제로 쓰인다.

투르크메니야 일부 지방 민간요법에서 구근뿌리의 점액은 감기, 일부 중독, 치질에 관장으로 사용한다.

장식용, 전분용, 염색용 식물이다.

용법용량:

말려서 잘게 썬 구근뿌리 1티 스푼(5g)을 에나멜 용기에 담아 끓은 물 2컵(400ml)을 부어 작은 불에 10분 끓인다. 식혀서 걸러낸다. 달인 약을 1일 3회 1큰 스푼(15ml)씩 복용한다.

말려서 잘게 썬 구근뿌리 1티 스푼(5g)에 찬물 1/2컵(100ml)을 부어 저어주고 끓이면서 액체를 2컵(400ml)까지 첨가한다. 점액을 1일 3~4회 식전에 1~2큰 스푼(15~30ml)씩 복용한다.

제 II 부
약용식물 목록

식물의 약용 성분 안내서(목록)

신경 진정 효과 식물

Berberis iberica
Pimpinella litvinovii
Cirsium vulgare
Cirsium incanum
Chaerophyllum bulbosum
Valeriana chionophila
Centaurea androssovii
Vitis vinifera
Vitis sylvestris
Cerasus pseudoprostrata

Bupleurum gerardii
Hyacinthus transcaspica
Sinapis arvensis
Pyrus boissieriana
Filago arvensis
Seseli cuneifolium
Nasturtium officinale
Erodium malacoides
Siebera nana
Atropa komarovii
Mandragora turcomanica
Carthamus turkestanicus
Ungernia spiralis
Handelia trichophylla
Corydalis popovii
Stachys turcomanica
Malus turkmenorum

혈관 확장 및 혈압 저하 작용 식물

Berberis iberica
Valeriana chionophila
Vitis vinifera
Vitis sylvestris
Sinapis arvensis
Sisymbrium loeselii
Inula oculus-christi
Filago arvensis
Nasturtium officinale
Lonicera nummulariifolia
Lonicera bracteolaris
Lagochilus gypsaceus
Ziziphora clinopodioides
Lycopus exaltatus
Johreniopsis seselioides
Lactuca serriola
Allium vavilovii
Linaria popovii
Sorbus graeca
Nitraria sibirica
Scabiosa songarica
Scutellaria litwinowii
Malus turkmenorum

자궁에 효과를 내는(작용하는) 식물

Althaea cannabina
Ammi majus
Ligustrum vulgare
Cirsium incanum
Valeriana chionophila
Centaurea androssovii
Bupleurum gerardii
Convolvulus hamadae
Convolvulus subhirsutus
Geranium divaricatum
Hyacinthus transcaspica
Saussurea salsa
Tamarix bungei
Filago arvensis
Nasturtium officinale
Lactuca serriola
Mandragora turcomanica
Silene czopandagensis
Corydalis popovii
Thlaspi arvense

최면 작용 식물

Valeriana chionophila
Convolvulus persicus
Convolvulus hamadae
Diarthron vesiculosum
Mandragora turcomanica
Silene czopandagensis
Corydalis popovii

진통(무통) 효과 식물

Ammi majus
Andrachne rotundifolia
Centaurea iljinii
Centaurea kopetdaghensis
Lithospermum arvense
Dipsacus strigosus
Convolvulus subhirsutus
Geranium rotundifolium
Sinapis arvensis
Punica granatum
Tamarix hispida
Datura tatula
Rorippa palustris
Loniceria bracteolaris
Rhamnus coriacea
Lagochilus gypsaceus
Ziziphora clinopodioides
Lycopus exaltatus
Carlina vulgaris
Atropa komarovii
Lactuca serriola
Linaria popovii
Mandragora turcomanica
Sorbus graeca
Nitraria sibirica
Siella erecta
Silene czopandagensis
Stachys turcomanica
Scutellaria litwinowii

항독성 작용 식물

Berberis iberica
Cirsium vulgare
Valeriana chionophila
Dipsacus strigosus
Convolvulus subhirsutus
Geranium rotundifolium
Pyrus boissieriana
Inula caspica
Inula macrophylla
Inula aspera
Xanthium spinosum
Atropa komarovii
Lactuca serriola
Mandragora turcomanica
Chondrilla juncea
Haplophyllum bungei
Eremurus kopetdaghensis

간 및 담낭 질환에 효과를 내는 식물

Ammi majus
Berberis iberica
Pimpinella litvinovii
Cirsium incanum
Valeriana chionophila
Centaurea androssovii
Centaurea iberica
Centaurea kopetdaghensis
Centaurea depressa
Vitis vinifera
Bupleurum gerardii
Bupleurum semicompositum
Lithospermum officinale
Lithospermum arvense
Convolvulus persicus
Convolvulus hamadae
Hyacinthus transcaspica
Sinapis arvensis
Punica granatum
Tamarix meyeri
Tamarix laxa
Inula rhizocephala
Inula oculus-christi
Inula aspera
Lycium kopetdaghi
Lycium ruthenicum
Nasturtium officinale
Rhamnus coriacea
Zosima orientalis
Verbascum thapcus
Atropa komarovii
Cousinia microcarpa
Cousinia umbrosa
Lactuca serriola
Allium vavilovii
Linaria popovii
Pseudohandelia umbellifera
Sorbus graeca
Sorbus persica
Sorbus turkestanica
Carthamus turkestanicus
Equisetum ramosissimum
Salvia kopetdaghensis
Malus turkmenorum
Asperula turcomanica
Asperula setosa
Orchis simian

신장 및 요도 치료에 효과 내는 식물

Althaea cannabina
Ammi majus
Berberis iberica
Pimpinella litvinovii
Pulicaria vulgaris
Pulicaria gnaphalodes
Centaurea androssovii
Centaurea iberica
Centaurea iljinii
Centaurea kopetdaghensis
Centaurea depressa
Vitis vinifera
Cerasus pseudoprostrata
Lithospermum officinale
Lithospermum arvense
Convolvulus hamadae
Turritis glabra
Punica granatum
Tamarix laxa
Pyrus boissieriana
Inula caspica
Inula macrophylla
Inula oculus-christi
Xanthium spinosum
Seseli cuneifolium
Nasturtium officinale
Lonicera nummulariifolia
Ziziphora clinopodioides
Zosima orientalis
Abutilon theophrasti
Carlina vulgaris
Atropa komarovii
Cressa cretica
Cousinia microcarpa
Lallemantia iberica
Allium vavilovii
Linaria popovii
Pseudohandelia umbellifera
Rindera tetraspis
Sorbus persica
Sorbus turkestanica
Carthamus turkestanicus
Siella erecta
Ungernia spiralis
Equisetum ramosissimum
Salvia kopetdaghensis
Scutellaria litwinowii
Malus turkmenorum
Thlaspi arvense
Asperula setosa

발한 및 가래제거 효과 식물

Althaea cannabina
Centaurea depressa
Vitis vinifera
Cerasus microcarpa
Convolvulus persicus
Convolvulus hamadae
Tamarix hispida
Sisymbrium altissimum
Sisymbrium irio

Inula caspica
Inula macrophylla
Xanthium spinosum
Ziziphora tenuior
Abutilon theophrasti
Carlina vulgaris
Verbascum Thapsus
Lactuca serriola
Linaria popovii
Pseudohandelia umbellifera
Rindera tetraspis
Carthamus turkestanicus
Salvia kopetdaghensis
Scutellaria litwinowii
Alcea angulata

감기에 효과가 있는 식물

Andrachne rotundifolia
Berberis iberica
Centaurea iberica
Centaurea iljinii
Centaurea depressa
Vitis sylvestris
Cerasus pseudoprostrata
Turritis glabra
Sinapis arvensis
Sisymbrium altissimum
Nasturtium officinale
Rhamnus coriacea
Erodium malacoides
Zosima orientalis
Verbascum Thapsus
Lactuca serriola
Lallemantia iberica
Linaria popovii
Pseudohandelia umbellifera
Rindera tetraspis
Sorbus persica
Scabiosa songarica
Scutellaria litwinowii
Alcea nikitinii
Alcea rhyticarpa
Alcea angulata
Orchis simia

심장혈관에 치료 효과를 내는 식물

Andrachne rotundifolia
Berberis iberica
Ligustrum vulgare
Valeriana chionophila
Centaurea iberica
Vitis vinifera
Hyacinthus transcaspica
Punica granatum
Pyrus boissieriana
Sisymbrium loeselii
Inula caspica
Datura tatula
Filago arvensis
Erysimum hieracifolium
Ziziphora clinopodioides
Ziziphora tenuior
Lycopus exaltatus
Johreniopsis seselioides
Koelpinia linearis
Atropa komarovii
Lactuca serriola
Pseudohandelia umbellifera
Sorbus graeca
Scabiosa songarica
Silene czopandagensis
Equisetum ramosissimum
Haplophyllum bungei
Stachys turcomanica
Scutellaria litwinowii
Malus turkmenorum

종양 예방에 사용하는 식물

Althaea cannabina
Ammi majus
Cirsium vulgare
Hyacinthus transcaspica
Saussurea salsa
Punica granatum
Haplophyllum bungei
Sisymbrium irio
Inula oculus-christi
Inula aspera
Xanthium spinosum
Seseli cuneifolium
Nasturtium officinale
Zosima orientalis
Cotoneaster nummularioides
Lactuca serriola
Carthamus turkestanicus
Silene czopandagensis
Equisetum ramosissimum
Haplophyllum versicolor
Eremurus kopetdaghensis

발기 부전에 사용하는 식물

Scutellaria litwinowii
Vitis vinifera
Geranium regelii
Hyacinthus transcaspica
Hyacinthus litwinowii
Tamarix meyeri
Tamarix ramosissima
Tamarix laxa
Pyrus boissieriana
Inula caspica
Ziziphora tenuior
Cousinia microcarpa
Lactuca serriola
Allium vavilovii
Mandragora turcomanica
Eremurus kopetdaghensis
Thlaspi arvense

호흡 기관 치료에 효과 있는 식물

Althaea cannabina
Scutellaria litwinowii
Hyoscyamus pusillus
Ligustrum vulgare
Cirsium incanum
Centaurea androssovii
Physocaulis nodosus
Vitis vinifera
Cerasus pseudoprostrata
Bupleurum semicompositum
Convolvulus persicus
Convolvulus subhirsutus

Hyacinthus transcaspica
Sinapis arvensis
Punica granatum
Pyrus boissieriana
Pyrus turcomanica
Sisymbrium altissimum
Sisymbrium irio
Gundelia tournefortii
Inula caspica
Inula rhizocephala
Inula macrophylla
Inula oculus-christi
Lycium kopetdaghi
Lycium ruthenicum
Datura tatula
Xanthium spinosum
Jasminum fruticans
Nasturtium officinale
Rorippa palustris
Erodium malacoides
Lycopus exaltatus
Johreniopsis seselioides
Caccinia macranthera
Acanthophyllum glandulosum
Verbascum thapsus
Atropa komarovii
Lactuca serriola
Allium vavilovii
Sorbus persica
Echium vulgare
Ungernia spiralis
Equisetum ramosissimum
Corydalis popovii
Salvia kopetdaghensis

당뇨에 사용하는 식물

Berberis iberica
Cerasus microcarpa
Punica granatum
Pyrus boissieriana
Inula oculus-christi
Nasturtium officinale
Cousinia microcarpa
Cousinia umbrosa

Sorbus persica
Malus turkmenorum

방부제 효과가 있는 식물

Vitis sylvestris
Cerasus microcarpa
Pyrus turcomanica

상처를 치유하는 식물

Andrachne rotundsifolia
Pulicaria gnaphalodes
Cirsium vulgare
Chaerophyllum bulbosum
Centaurea androssovii
Centaurea depressa
Vitis vinifera
Vitis sylvestris
Cerasus microcarpa
Bupleurum gerardii
Convolvulus persicus
Convolvulus hamadae
Geranium regelii
Punica granatum
Sisymbrium altissimum
Inula oculus-christi
Xanthium spinosum
Ziziphora clinopodioides
Abutilon theophrasti
Acanthophyllum glandulosum
Verbascum thapsus
Lactuca serriola
Mandragora turcomanica
Echium biebersteinii
Scabiosa songarica
Equisetum ramosissimum
Corydalis popovii
Haplophyllum bungei
Stachys turcomanica
Eremurus kopetdaghensis
Asperula turcomanica

눈 및 귀 질환 치료 효과가 있는 식물

Althaea cannabina
Pimpinella litvinovii
Pulicaria vulgaris
Centaurea androssovii
Centaurea iberica
Centaurea kopetdaghensis
Centaurea depressa
Geranium rotundifolium
Punica granatum
Tamarix bungei
Inula aspera
Abutilon theophrasti
Verbascum thapsus
Atropa komarovii
Allium vavilovii
Mandragora turcomanica
Scabiosa songarica
Silene czopandagensis
Tulipa hoogiana
Haplophyllum bungei
Eremurus kopetdaghensis

치통 치료 효과가 있는 식물

Althaea cannabina
Hyoscyamus pusillus
Pulicaria vulgaris
Sinapis arvensis
Punica granatum
Tamarix bungei
Tamarix hispida
Inula aspera
Xanthium spinosum
Seseli cuneifolium
Lonicera nummulariifolia
Lagochilus gypsaceus
Siella erecta
Scabiosa songarica
Silene czopandagensis
Haplophyllum bungei
Salvia kopetdaghensis
Alcea nikitinii
Alcea rhyticarpa

위장 질환에 치료 효과 있는 식물

Althaea cannabina
Andrachne rotundsifolia
Berberis iberica
Hyoscyamus pusillus
Cirsium vulgare
Cirsium incanum
Valeriana chionophila
Centaurea androssovii
Centaurea iberica
Centaurea kopetdaghensis
Centaurea solstitialis
Vitis vinifera
Convolvulus hamadae
Convolvulus subhirsutus
Geranium regelii
Hyacinthus transcaspica
Sinapis arvensis
Punica granatum
Tamarix meyeri
Tamarix ramosissima
Tamarix laxa
Pyrus turcomanica
Diarthron vesiculosum
Inula rhizocephala
Inula oculus-christi
Inula aspera
Lycium kopetdaghi
Lycium ruthenicum
Datura tatula
Filago arvensis
Seseli cuneifolium
Lonicera nummulariifolia
Lonicera bracteolaris
Rhamnus coriacea
Lagochilus gypsaceus
Ziziphora clinopodioides
Ziziphora tenuior
Zosima orientalis
Abutilon theophrasti
Carlina vulgaris
Verbascum thapsus
Atropa komarovii
Lactuca serriola
Lallemantia iberica
Allium vavilovii
Linaria popovii
Colutea atabajevii
Sorbus persica
Sorbus turkestanica
Ungernia spiralis
Handelia trichophylla
Chondrilla juncea
Corydalis popovii
Chrozophora gracilis
Haplophyllum bungei
Haplophyllum versicolor
Malus turkmenorum
Asperula setosa
Orchis simian

피부 질환에 치료 효과가 있는 식물

Althaea cannabina
Ammi majus
Andrachne rotundsifolia
Arceuthobium oxycedri
Pimpinella litvinovii
Hyoscyamus pusillus
Cirsium incanum
Chaerophyllum bulbosum
Centaurea androssovii
Centaurea iberica
Centaurea kopetdaghensis
Centaurea depressa
Physocaulis nodosus
Vitis vinifera
Bupleurum gerardii
Bupleurum semicompositum
Geranium rotundifolium
Geranium divaricatum
Hyacinthus litwinowii
Acroptilon repens
Punica granatum
Tamarix ramosissima
Gundelia tournefortii
Inula oculus-christi
Xanthium spinosum
Filago arvensis

Nasturtium officinale
Lonicera nummulariifolia
Lonicera bracteolaris
Rhamnus coriacea
Lagochilus gypsaceus
Siebera nana
Ziziphora clinopodioides
Zosima orientalis
Johreniopsis seselioides
Abutilon theophrasti
Cotoneaster nummularioides
Verbascum thapsus
Allium vavilovii
Linaria popovii
Mandragora turcomanica
Rindera tetraspis
Sorbus graeca
Nitraria komarovii
Nitraria sibirica
Scabiosa songarica
Handelia trichophylla
Chondrilla juncea
Haplophyllum bungei
Haplophyllum versicolor
Salvia kopetdaghensis
Lachnophyllum gossypinum
Alcea nikitinii
Alcea rhyticarpa
Alcea angulata
Asperula setosa

구충 효과가 있는 식물

Valeriana chionophila
Acroptilon repens
Punica granatum
Pyrus boissieriana
Nasturtium officinale
Rorippa palustris
Koelpinia linearis
Allium vavilovii
Linaria popovii
Pseudohandelia umbellifera
Corydalis popovii
Haplophyllum bungei

화상 치유 효과 식물

Lonicera nummulariifolia
Verbascum thapsus
Allium vavilovii
Salvia kopetdaghensis

비만 치료 효과 식물

Pyrus boissieriana

강장 효과 있는 식물

Centaurea kopetdaghensis
Centaurea solstitialis
Sorbus graeca
Siella erecta
Tulipa hoogiana
Equisetum ramosissimum
Scutellaria litwinowii
Eremurus kopetdaghensis

지혈 효과가 있는 식물

Berberis iberica
Chaerophyllum bulbosum
Centaurea iberica
Vitis silvestris
Cerasus microcarpa
Convolvulus persicus
Geranium rotundifolium
Geranium regelii
Punica granatum
Tamarix bungei
Tamarix meyeri
Sisymbrium altissimum
Nasturtium officinale
Lonicera nummulariifolia
Lonicera bracteolaris
Erodium malacoides
Lagochilus gypsaceus
Lallemantia iberica
Mandragora turcomanica
Sorbus graeca
Sorbus persica
Tulipa hoogiana

전염병 치료하는 식물

Althaea cannabina
Amberboa amderboi
Amberboa turanica
Pulicaria ulignosa
Pulicaria vulgaris
Pulicaria gnapahalodes
Centaurea iberica
Centaurea androssovii
Vitis silvestris
Convolvulus hamadae
Geranium divaricatum
Acroptilon repens
Saussurea salsa
Punica granatum
Tamarix meyeri
Inula aspera
Xanthium spinosum
Seseli cuneifolium
Ajuga chia
Lycopus exaltatus
Abutilon theophrasti
Cotoneaster nummularioides
Lactuca serriola
Allium vavilovii
Colutea atabajevii
Equisetum ramosissimum
Chondrilla juncea
Scutellaria litwinowii

골절 및 관절 탈골에 사용하는 식물

Althaea cannabina
Punica granatum
Gundelia tournefortii
Lactuca serriola
Corydalis popovii
Alcea angulata

구토를 초래하는 식물

Rhamnus coriacea
Mandragora turcomanica
Colutea atabajevii
Silene czopandagensis
Ungernia spiralis

РУССКО-ЛАТИНО-ТУРКМЕНСКИЙ СЛОВАРЬ НАЗВАНИЙ ЛЕКАРСТВЕННЫХ РАСТЕНИЙ

Адонис персидский – Adonis persica – Eýran ömrüzaýasy

Алтей коноплевидный – Althaea cannabina – Kenepli çerbiýe

Амбербоа обыкновенная – Amberboa amberboi – Pyşdyloty

Амбербоа туранская – Amberboa turanica – Turan pyşdyloty

Амми большая – Ammi majus – Uly ammi

Андрахна круглолистная – Andrachne rotundifolia – Güldere

Арцевтобиум можжевельниковый – Arceuthobium oxycedri – Arça arsewtobiumy

Барбарис иберийский – Berberis iberica – Iberiýa zirki

Бедренец Литвинова – Pimpinella litvinovii – Litwinowyň anisi

Белена маленькая – Hyoscyamus pusillus – Kiçi maňyrsak

Бирючина обыкновенная – Ligustrum vulgare – Adaty birýuçina

Блошница болотная – Pulicaria uliginosa – Batga bürelijesi

Блошница обыкновенная – Pulicaria vulgaris – Adaty bürelije

Блошница сушеницевидная – Pulicaria gnaphalodes – Köpetdag bürelijesi

Бодяк обыкновенный – Cirsium vulgare – Galgan

Бодяк седой – Cirsium incanum – Çal galgan

Бутень клубневой – Chaerophyllum bulbosum – Gültagt

Валериана снеголюбивая – Valeriana chionophila – Saglygoty

Василек Андросова – Centaurea androssovii – Androsowyň daşkekresi

Василек иберийский – Centaurea iberica – Iberiýa daşkekresi

Василек Ильина – Centaurea iljinii – Iliniň daşkekresi

Василек копетдагский – Centaurea kopetdaghensis – Köpetdag daşkekresi

Василек приплюснутый – Centaurea depressa – Ýepbeşik daşkekre

Василек солнечный – Centaurea solstitialis – Şöhleli daşkekre

Василистник султанабадский – Thalitrum sultanabadense – Soltanabat üççüňklüsi

Ветерница байсунская – Anemone baissunensis – Baýsun sonarçasy

Ветерница Черняева – Anemone tschernjaewii – Çernýaýewiň sonarçasy

Вздутостебельник узловатый – Physocaulis nodosus – Tumargül

Виноград культурный – Vitis vinifera – Adaty üzüm

Виноград лесной – Vitis sylvestris – Tokaý üzümi

Вишня ложнопростертая – Cerasus pseudoprostrata – Köpetdag üljesi

Вишня мелкоплодная – Cerasus microcarpa – Ownuk miweli ülje

Водосбор замещающий – Aquilegia vicaria – Şangül

Водяной лютик Риона – Batrachium rionii – Rionyň suw lýutigi

Водяной лютик толстостебельный – Batrachium pachycaulum – Ýogyn baldakly suw lýutigi

Володушка Жерара – Bupleurum gerardii – Žeraryň jigergüli

Володушка полусложная – Bupleurum semicompositum – Gögümtil jigergül

Воробейник лекарственный – Lithospermum officinale – Ýylançöp

Воробейник полевой – Lithospermum arvense – Meýdan ýylançöpi

Ворсянка щетинистая – Dipsacus strigosus – Tüýli guşokara

Вьюнок персидский – Convolvulus persicus – Eýran peçegi

Вьюнок пустынный – Convolvulus hamadae – Çöl peçegi

Вьюнок слабоволосистый – Convolvulus subhirsutus – Çala tüýlüje peçek

Вяжечка голая – Turritis glabra – Pergül

Герань округлолистная – Geranium rotundifolium – Tegelek ýaprakly geran

Герань раскидистая – Geranium divaricatum – Ýaýraň geran

Герань Регеля – Geranium regelii – Regeliň gerany

Гиацинт закаспийский – Hyacinthus transcaspica – Zakaspiý sümmüli

Гиацинт Литвинова – Hyacinthus litwinowii – Litwinowyň sümmüli

Гипекоум мелкоцветковый – Hypecoum parviflorum – Maýda gülli çymylgan

Гипекоум повислый – Hypecoum pendulum – Çüňkli çymylgan

Гипекоум трехлопастный – Hypecoum trilobum – Üç kepçeli çymylgan

Глауциум остролистный – Glaucium oxylobum – Kepçeli gökgülälek

Глауциум рогатый – Glaucium corniculatum – Şahly gökgülälek

Глауциум чешуйеносный – Glaucium squamigerum – Teňňeli gökgülälek

Горчак ползучий – Acroptilon repens – Ajy kekre

Горчица полевая – Sinapis arvensis – Meýdan gyzzyrgyjy

Горькуша солончаковая – Saussurea salsa – Ajyja

Гранат обыкновенный – Punica granatum – Adaty nar

Гребенщик Бунге – Tamarix bungei – Bungeniň ýylgyny

Гребенщик Мейера – Tamarix meyeri – Meýeriň ýylgyny

Гребенщик многоветвистый – Tamarix ramosissima – Köp şahaly ýylgyn

Гребенщик рыхлый – Tamarix laxa – Ýumşak ýylgyn

Гребенщик щетинистоволосый – Tamarix hispida – Tüýlek ýylgyn

Груша Буассье – Pyrus boissieriana – Buassýeniň armydy

Груша туркменская – Pyrus turcomanica – Türkmen armydy

Гулявник высочайший – Sisymbrium altissimum – Beýik kertikli

Гулявник ирио – Sisymbrium irio – Irio kertikli

Гулявник Лёзеля – Sisymbrium loeselii – Lýozeliň kertiklisi

Гунделия Турнефора – Gundelia tournefortii – Turneforyň kengary

Двучленник пузырчатый – Diarthron vesiculosum – Sowdagan

Девясил каспийский – Inula caspica – Hazar akargüli

Девясил корнеглавый – Inula rhizocephala – Kelle kökli akargül

Девясил крупнолистный – Inula macrophylla – Iri ýaprakly akargül

Девясил Христово око – Inula oculus-christi – Ala gözli akargül

Девясил шероховатый – Inula aspera – Büdür-südür akargül

Дереза копетдагская – Lycium kopetdaghi – Köpetdag gyzgany

Дереза русская – Lycium ruthenicum – Adaty gyzgan

Дурман фиолетовый – Datura tatula – Gögümtil dänegerçek

Дурнишник колючий – Xanthium spinosum – Tikenli bürmek

Дымянка бесчащелистниковая – Fumaria asepala – Okara ýapraksyz şaterne

Жабник полевой – Filago arvensis – Siňňiloty

Жабрица клинолистная – Seseli cuneifolium – Şine ýaprakly seseli

Жасмин кустарниковый – Jasminum fruticans – Gyrymsy hemeşe

Желтушник ястребинколистный – Erysimum hieracifolium – Gyrgy ýaprak saryjaot

Жеруха лекарственная – Nasturtium officinale – Kenarot

Жерушник болотный – Rorippa palustris – Batga oty

Живокость дваждытройчатая – Delphinium biternatum – Sarymtyl saryçöp

Живокость длинноцветножковая – Delphinium longipedunculatum – Uzyn sapakly saryçöp

Живокость тройчатая – Delphinium ternatum – Üçem saryçöp

Живучка хиоская – Ajuga chia – Ýalan murt

Жимолость монетолистная – Lonicera nummulariifolia – Eýran üçgaty

Жимолость прицветничковая – Lonicera bracteolaris – Gülýanly üçgat

Жостер кожистолистный – Rhamnus coriacea – Galyň ýaprakly garatiken

Журавельник мальвовидный – Erodium malacoides – Mamamçörek temenlik

Зайцегуб гипсовый – Lagochilus gypsaceus – Zylçaly towşandodak

Зибера карликовая – Siebera nana – Kiçijik zibera

Зизифора клинолистная – Ziziphora clinopodioides – Süýri ýaprakly keýikot

Зизифора тонкая – Ziziphora tenuior – Inçejik keýikot

Зозима восточная – Zosima orientalis – Gündogar zozimasy

Зюзник высокий – Lycopus exaltatus – Uzyn möjekaýak

Иорениовидка жабрицевидная – Johreniopsis seselioides – Köpetdag tümmüljesi

Канатник Теофраста – Abutilon theophrasti – Başbugdaý

Каччиния крупнопыльниковая – Caccinia macranthera – Garadennan

Кизильник монетовидный – Cotoneaster nummularioides – Iri ýaprakly ýylgaý

Клен пушистый – Acer pubescens – Zereň

Клен туркменский – Acer turcomanicum – Kerkaw

Коельпиния линейная – Koelpinia linearis – Adaty atýelmik

Колючелистник железистый – Acanthophyllum glandulosum – Berk bugratiken

Колючник обыкновенный – Carlina vulgaris – Adaty karlina

Коровяк обыкновенный – Verbascum thapsus – Adaty sygyrguýruk

Котовник копетдагский – Nepeta kopetdaghensis – Köpetdag pişikoty

Красавка Комарова – Atropa komarovii – Komarowyň melegi

Кресса критская – Cressa cretica – Adaty torumgaldyran

Кузиния мелкоплодная – Cousinia microcarpa – Ownuk tohumly pakyr

Кузиния теневая – Cousinia umbrosa – Kölegeli pakyr

Лактук дикий – Lactuca serriola – Ýabany süýtleňňiç

Ляллеманция грузинская – Lallemantia iberica – Gruziýa narpyzagy

Ляллеманция щитковидная – Lallemantia peltata – Germewli narpyzak

Леонтице сомнительная – Leontice incerta – Şübheli doňuzgataňňyr

Ломонос исфаганский – Clematis isphaganica – Isfagan deltegi

Лох узколистный – Elaeagnus angustifolia – Inçe ýaprakly igde

Лук Вавилова – Allium vavilovii – Wawilowyň sogany

Льнянка Попова – Linaria popovii – Popowyň zygyrbaldagy

Лютик бальджуанский – Ranunculus baldshuanicus – Baljuan çerrigi

Лютик линейнолопастный – Ranunculus linearilobus – Kepçeli çerrik

Лютик остроплодный – Ranunculus oxyspermus – Ýiti tohumly çerrik

Лютик полевой – Ranunculus arvensis – Meýdan çerrigi

Мак гибридный – Papaver hibridum – Dürek gülälek

Мак крупнотычиночный – Papaver macrostomum – Iri tyçinkaly gülälek

Мак Литвинова – Papaver litvinowii – Litwinowyň gülälegi

Мандрагора туркменская – Mandragora turcomanica – Türkmen selmelegi

Маргаритка многолетняя – Bellis perennis – Dagdagan

Марена красильная – Rubia tinctorum – Çöpboýa

Мелколепестник хорасанский – Erigeron khorassanicus – Horasan derwüşoty

Миндаль туркменский – Amygdalus turcomanica – Türkmen badamy

Млечник морской – Glaux maritima – Deňiz süýtçegi

Молочай Буассье – Euphorbia boissieriana – Buassýeniň seudegi

Молочай копетдагский – Euphorbia kopetdaghi – Köpetdag seudegi

Молочай неравнолепестный – Euphorbia anisopetala – Nädogry gülli seudek

Молочай низкорослый – Euphorbia humilis – Pes boýly seudek

Молочай одностолбиковый – Euphorbia monostyla – Bir sütünjikli seudek

Молочай Сегюэров – Euphorbia seguierana – Segýuerowyň seudegi

Молочай сереющий – Euphorbia canescens – Çalarýan seudek

Молочай серповидный – Euphorbia falcata – Orak görnüşli seudek

Молочай солнцегляд – Euphorbia helioscopia – Günebakar seudek

Молочай Турчанинова – Euphorbia turczaninowii – Turçaninowyň seudegi

Мышехвостник маленький – Myosurus minimus – Syçanguýruk

Огуречная трава лекарственная – Borago officinalis – Hyýaroty

Осот огородный – Sonchus oleraceus – Bakja sarygalgany

Осот шероховатый – Sonchus asper – Ýiti sarygalgan

Очный цвет полевой – Anagalis arvensis – Meýdan anagalisi

Переступень однодомный – Bryonia monoica – Bir öýli andyz

Песколюб седоватый – Psammogeton canescens – Keýikburça

Пиретрум девичьелистный – Pyrethrum parthenifolium – Dere topbaşy

Подмаренник распростертый – Galium humifusum – Ýazylagan tilkisumaý

Полынь ферганская – Artemisia ferganensis – Fergana ýowşany

Полынь эстрагон – Artemisia dracunculus – Tarhun

Посконник коноплевидный – Eupatorium cannabinum – Ykrykça

Прангос двойчатый – Prangos didyma – Goşa pragnos

Проломник большой – Androsace maxima – Galkanoty

Просвирник мавританский – Malva mauritiana – Mawritan mamamçöregi

Просвирник мелкоцветковый – Malva parviflora – Maýda güllüje mamamçörek

Просвирник ниццкий – Malva nicaeensis – Nis mamamçöregi

Псевдоханделия зонтичная – Pseudohandelia umbellifera – Saýawanly psewdohandeliýa

Псоралея костянковая – Psoralea drupacea – Gandyrýar

Пузырник Атабаева – Colutea atabajevii – Atabaýewiň haramçybygy

Пупавка высочайшая – Anthemis altissima – Beýik erkek çopantelpek

Пупырник полевой – Torilis arvensis – Meýdan torilisi

Пупырник тонколистный – Torilis leptophylla – Inçe ýaprakly torilis

Пупырник узловатый – Torilis nodosa – Bogunly torilis

Резеда желтая – Reseda lutea – Sary rezeda

Резеда желтоватая – Reseda luteola – Sarymtyl rezeda

Реомюрия амударьинская – Reaumuria oxiana – Amyderýa porsyoduny

Риндера четырехщитковая – Rindera tetraspis – Dörtdiş rindera

Рябина греческая – Sorbus graeca – Grek gyzylagajy

Рябина персидская – Sorbus persica – Eýran gyzylagajy

Рябина туркестанская – Sorbus turkestanica – Türküstan gyzylagajy

Рябчик Радде – Fritillaria raddeana – Alwan

Сафлор туркестанский – Carthamus turkestanicus – Türküstan guşgonmazy

Селитрянка Комарова – Nitraria komarovii – Komorowyň aktikeni

Селитрянка сибирская – Nitraria sibirica – Sibir aktikeni

Сиелла прямая – Siella erecta – Dogry siella

Синяк Биберштейна – Echium biebersteinii – Biberşteýniň ýylangüli

Синяк обыкновенный – Echium vulgare – Adaty ýylangül

Скабиоза джунгарская – Scabiosa songarica – Jungar goturoty

Смирния сердцелистная – Smyrnium cordifolium – Bathyz smirniumy

Смолевка чопандагская – Silene czopandagensis – Çopandag aýgüli

Смородина темноцветная – Ribes melananthum – Garamtyl garagat

Сокирки согнутоплодная – Consolida camptocarpa – Egri tohumly gelinçek

Сокирки Стокса – Consolida stocksiana – Stoksuň gelinçegi

Сферофиза солонцовая – Sphaerophysa salsula – Şildirbaş

Тмин обыкновенный – Carum carvi – Adaty tmin

Тополь евфратский – Populus euphratica – Toraňňy

Тополь сизолистный – Populus pruinosa – Pette

Тордилиум наибольший – Tordylium maximum – Ullakan tordilium

Тургения широколистная – Turgenia latifolia – Giň ýaprakly turgeniýa

Тюльпан Вильсона – Tulipa wilsoniana – Wilsonyň çigildemi

Тюльпан Гуга – Tulipa hoogiana – Guguň çigildemi

Тюльпан Лемана – Tulipa lehmanniana – Lemanyň çigildemi

Тюльпан Михеля – Tulipa micheliana – Miheliň çigildemi

Унгерния спиральная – Ungernia spiralis – Spirally gaýraç

Ферула Карелина – Ferula karelinii – Kareliniň çomujy

Ферула овечья – Ferula ovina – Goýun çomujy

Франкения жестковолосистая – Frankenia hirsuta – Tüýlek frankeniýa

Франкения порошистая – Frankenia pulverulenta – Birýyllyk frankeniýa

Ханделия волосистая – Handelia trichophylla – Tüýli handeliýa

Хвощ ветвистый – Equisetum ramosissimum – Pürli atguýruk

Хондрилла ситниковидная – Chondrilla juncea – Ülen görnüşli ýersakgyç

Хохлатка Попова – Corydalis popovii – Popowyň üpüklijesi

Хохлатка Эчисона – Corydalis aitchisonii – Eçisonyň üpüklijesi

Хрозофора изящная – Chrozophora gracilis – Gelşikli eşekselme

Цельнолистник Бунге – Haplophyllum bungei – Bungeniň porsykerti

Цельнолистник разноцветный – Haplophyllum versicolor – Dürli reňkli porsykert

Чистотел большой – Chelidonium majus – Gançöp

Чистец туркменский – Stachys turcomanica – Türkmen tilkiçaýy

Чистяк пучковатый – Facaria fascicularis – Intizargül

Шалфей копетдагский – Salvia kopetdaghensis – Köpetdag bidenegi

– Acinos rotundifolius – Dänelije

Шерстолистник хлопчатниковый – Lachnophyllum gossypinum – Ýüň ýapraklyja

Шлемник Литвинова – Scutellaria litwinowii – Litwinowyň tuwulgalyjasy

Штернбергия желтая – Sternbergia lutea – Nargyz

Шток-роза Никитина – Alcea nikitinii – Nikitiniň gülhatmasy

Шток-роза сетчатоплодная – Alcea rhyticarpa – Torly gülhatma

Шток-роза угловатая – Alcea angulata – Burçly gülhatma

Эремурус копетдагский – Eremurus kopetdaghensis – Köpetdag çyrşy

Яблоня туркменов – Malus turkmenorum – Türkmenleriň almasy

Ярутка полевая – Thlaspi arvense – Meýdan ýemşik

Яруточка пронзеннолистная – Microthlaspi perfoliatum – Ýemşijek

Ясменник туркменский – Asperula turcomanica – Türkmen asperulasy

Ясменник щетинистый – Asperula setosa – Tüýlek asperula

Ятрышник обезьяний – Orchis simia – Maýmyn orhisi

약용식물 수확 기간 표

식물명칭	3월	4월	5월	6월	7월	8월	9월	10월	11월
Althea cannabina	뿌리,근경						뿌리,근경		
Amberboa amberboi		풀	풀						
Amberboa turanica		풀	풀						
Ammi majus				풀	풀	풀, 열매	열매		
Andrachne rotundifolia		잎, 즙	잎, 즙						
Arceuthobium oxycedri					풀	풀			
Berberis iberica	뿌리	잎	잎		열매		뿌리		
Pimpinella litvinovii	뿌리			풀	풀, 열매	열매	뿌리		
Hyoscyamus pusillus		잎, 꽃							
Ligustrum vulgare		잎, 꽃					열매	열매	
Pulicaria uliginosa				잎, 꽃	잎, 꽃				
Pulicaria vulgaris					풀	풀			
Pulicaria gnaphalodes						풀	풀		
Cirsium vulgare	뿌리			풀	풀		뿌리		
Cirsium incanum	뿌리	풀,잎,꽃	풀,잎,꽃		열매	열매	뿌리		
Chaerophyllum bulbosum	뿌리		풀	풀, 씨	씨		뿌리		
Valeriana chionophila	풀	풀					뿌리,근경		
Centaurea androssovii			잎, 꽃	잎, 꽃					
Centaurea iberica	뿌리		풀, 잎	풀, 잎	열매	열매	뿌리		
Centaurea iljinii			풀, 꽃						
Centaurea kopetdaghensis			풀	풀					
Centaurea depressa			풀, 꽃	풀, 꽃					

식물명칭	3월	4월	5월	6월	7월	8월	9월	10월	11월
Centaurea solstitialis	뿌리		잎, 꽃	잎, 꽃			뿌리		
Physocaulis nodosus			풀	풀, 열매	열매				
Vitis vinifera		잎	잎			열매	열매		
Vitis sylvestris			잎	잎		열매	열매		
Cerasus pseudoprostrata	껍질	잎	잎	잎		열매	열매		
Cerasus microcarpa	껍질			열매	열매				
Bupleurum gerardii		풀	풀						
Bupleurum semicompostim			풀, 잎						
Lithospermum officinale		풀	풀, 열매	열매	열매				
Lithospermum arvense		풀	풀, 열매	열매					
Dipsacus strigosus	뿌리			잎, 풀, 꽃차례			뿌리		
Convolvulus persicus	뿌리		풀, 꽃	풀, 꽃	씨	씨	뿌리		
Convolvulus hamadae	뿌리		풀	풀			뿌리		
Convolvulus subhirsutus	뿌리		풀, 꽃	풀, 꽃	씨	씨	뿌리		
Turritis glabra			풀						
Geranium rotundifolia		풀, 잎	풀, 잎						
Geranium divaricatum		풀	풀						
Geranium regelii				풀, 잎	풀, 잎	풀, 잎			
Hyacinthus transcaspica	인경, 꽃	꽃							
Hyacinthus litwinowii	인경, 꽃	꽃							
Acroptilon repens			풀	풀, 열매	풀, 열매	풀, 열매	열매	열매	
Sinapis arvensis				씨					
Saussurea salsa	뿌리			풀	풀		뿌리		

식물명칭	3월	4월	5월	6월	7월	8월	9월	10월	11월
Punica granatum	껍질		줄기,가지 껍질,자루,꽃	줄기,가지 껍질,자루,꽃	줄기,가지 껍질,자루,꽃	줄기,가지 껍질,자루,꽃	껍질, 열매, 씨	껍질, 열매, 씨	
Tamarix bungei	껍질		잎, 꽃	잎, 꽃	잎, 꽃				
Tamarix meyeri		잎, 꽃	잎,꽃,열매	열매					
Tamarix ramosissima	껍질		줄기,잎,꽃	줄기,잎,꽃	줄기,잎,꽃				
Tamarix laxa	껍질,잎,꽃	잎, 꽃							
Tamarix hispida					잎, 꽃	잎, 꽃	잎, 꽃		
Pyrus boissieriana						열매, 씨	열매, 씨	열매, 씨	
Pyrus turcomanica					열매, 씨	열매, 씨			
Sisymbrium altissimum		풀	풀	씨					
Sisymbrium irio	풀	풀	풀, 씨	씨					
Sisymbrium loeselii		풀	풀	씨					
Gundelia tournefortii			풀	풀					
Diarthron vesiculosum			풀	풀					
Inula caspica	뿌리			잎,꽃차례	잎,꽃차례	잎,꽃차례	뿌리		
Inula rhizocephala	뿌리			잎,꽃차례			뿌리		
Inula macrophylla	뿌리,근경		잎,두상화	잎,두상화			뿌리,근경		
Inula oculus-christi				잎, 꽃	잎, 꽃				
Inula aspera	근경			풀, 잎	풀, 잎	풀, 잎	근경		
Lycium kopetdaghi			잎	잎	열매	열매	열매		
Lycium ruthenicum			열매	열매	열매				
Datura tatula						잎, 꽃	잎, 꽃	열매	열매
Xanthium spinosum	뿌리				풀, 잎	풀, 잎	뿌리,풀,잎	열매	열매
Filago arvensis		풀, 잎	풀, 잎	씨					

식물명칭	3월	4월	5월	6월	7월	8월	9월	10월	11월
Seseli cuneifolium	뿌리					풀	뿌리,풀,열매		
Jasminum fruticans		가지, 잎	가지, 잎					열매	
Erysimum hieracifolium				풀, 꽃					
Nasturtium officinale		풀	풀						
Rorippa palustris				풀					
Ajuga chia		풀	풀						
Lonicera nummulariifolia			잎	잎		열매	열매		
Lonicera bracteolaris	가지 껍질	가지 껍질			열매	열매	열매		
Rhamnus coriacea	껍질						열매	열매	열매
Erodium malacoides			풀, 잎	풀, 잎					
Lagochilus gypsaceus			줄기,잎,꽃	줄기,잎,꽃					
Sibera nana		풀							
Ziziphora clinopodioides			풀,잎,꽃	풀,잎,꽃					
Ziziphora tenuior		풀	풀	풀	열매				
Zosima orientalis	풀, 꽃	풀,꽃,열매	풀,꽃,열매						
Lycopus exaltatus				풀, 잎	풀, 잎				
Johreniopsis seselioides	뿌리			풀	풀		뿌리		
Abutilon theophrasti	뿌리			풀,잎,꽃	풀,잎,꽃	풀,잎,꽃	뿌리		
Caccinia macranthera	뿌리	풀	풀				뿌리		
Cotoneaster nummularioides	뿌리,목질,싹눈	잎, 꽃	잎, 꽃	잎, 꽃			뿌리,싹눈, 열매	열매	
Koelpinia linearis		풀, 꽃	풀, 꽃	풀, 꽃					
Acanthophyllum glandulosum	뿌리						뿌리		
Carlina vulgaris				풀	풀				

식물명칭	3월	4월	5월	6월	7월	8월	9월	10월	11월
Verbascum thapsus				잎, 꽃	잎, 꽃				
Nepeta kopetdaghensis			풀	풀					
Atropa komarovii	뿌리		잎	잎	잎		뿌리		
Cressa cretica			풀	풀	풀	씨			
Cousinia microcarpa	뿌리				열매		뿌리		
Cousinia umbrosa	뿌리			풀			뿌리		
Latuca serriola		풀	풀	풀	풀		씨		
Lallemantia iberica		풀	풀						
Allium vavilovii	인경					씨			
Linaria popovii			풀	풀					
Mandragora turcomanica	뿌리, 잎	잎	열매	열매	열매		뿌리		풀
Pseudohandelia umbelifera			잎, 꽃,꽃차례	잎, 꽃,꽃차례					
Colutea atabajevii		잎	잎	열매, 씨					
Rindera tetraspis		풀							
Sorbus graeca	껍질						열매		
Sorbus persica	껍질						열매		
Sorbus turkestanica	껍질						열매		
Fritillaria raddeana	인경,풀	풀							
Carthamus turkestanicus			잎	잎, 열매	열매	열매			
Nitraria komarovii		풀	풀	풀					
Nitraria sibirica					열매	열매			
Siella erecta	뿌리			잎	잎		뿌리		
Echium biebersteinii	뿌리		풀	풀			뿌리		

식물명칭	3월	4월	5월	6월	7월	8월	9월	10월	11월
Echium vulgare				풀	풀				
Scabiosa songarica	뿌리			풀			뿌리		
Silene czopandagensis					풀				
Tulipa hoogiana	인경	꽃	꽃						
Ungernia spiralis	인경					잎	잎		
Frankenia pulverulenta		풀	풀	풀					
Handelia trichophylla			풀, 꽃						
Equisetum ramosissimum		하계 싹눈	하계 싹눈						
Chondrilla juncea	뿌리				잎	잎	뿌리		
Corydalis popovii	구근. 풀	풀	풀				구근		
Chrozophora gracilis			풀	풀	풀		씨	씨	
Haplophyllum bungei			풀, 잎	풀, 잎					
Haplophyllum versicolor		풀, 잎	풀, 잎						
Stachys turcomanica			풀	풀					
Salvia kopetdaghensis			풀						
Acinos rotundifolius			풀	풀	풀				
Lachnophyllum gossypinum						잎	잎		
Scutellaria litwinowii	뿌리	풀, 잎	풀, 잎	풀, 잎			뿌리		

ЛИТЕРАТУРА

1. Gurbanguly Berdimuhamedow. Türkmenistanda saglygy goraýşy ösdürmegiň ylmy esaslary. – Aşgabat: 2007.

2. Abu Aly ibn Sina. Lukmançylyk ylmynyň kanunlary. – Aşgabat, 2004.

3. Akmyradow A. Badrakema çomujynyň biologiki aýratynlyklary we hojalyk ähmiýeti //Bilim, 2011, №4. S. 78–81.

4. Akmyradow A. Bathyzyň käbir efemeroidleriniň tebigy dermanlyk çig mallarynyň resurslary // Türkmenistanyň lukmançylygy, № 3, 2011. S. 33–38.

5. Akmyradow A., Rustamow I.G. Bathyz efemeroidleriniň mediko-biologiki aýratynlyklary we ähmiýeti // Türkmenistanda saglyk problemasyny formirlemegiň mediki-biologiki we sosial aspektleri (Ylmy işleriň ýygyndysy). – Aşgabat, 1995. S. 166–168.

6. Akmyradow A.A. Çopandag aýgüli (Ýelmeşek) // Türkmenistanyň Gyzyl kitaby. T:1. Ösümlikler we kömelekler. Gaýtadan işlenen we üsti ýetirilen 3-nji neşir. – Aşgabat, 2011. – S. 82–83 .

7. Akmyradow A. Derman otlar. – Aşgabat: Türkmenistan, 1993. 143 s.

8. Akmyradow A. Haşal derman ösümlikler // Türkmenistanyň halk magaryfy, 1992, № 1. S. 26–30.

9. Akmyradow A. Köpetdagyň we Köýtendagyň halk lukmançylygynda peýdalanylýan pteridoflorasy //Türkmen ylmy galkynyş we halkara gatnaşyklar ýolunda (Ylmy makalalar ýygyndysy – 2011-1). – Aşgabat: Ylym, 2011. S. 761–768.

10. Akmyradow A., Gurbanmämmedowa G. Köpetdag goraghanasynyň seýrek we ýitip barýan dermanlyk ösümlikleri //Türkmenistanyň lukmançylygy, № 4, 2011. S. 35–40.

11. Akmyradow A. Lälezar melhemlikler //Saglyk, №3, 2011.

12. Akmyradow A. Mährigöýä syryny açýar... //Saglyk, №2, 2011.

13. Akmyradow A. Nar //Saglyk, №6, 2011.

14. Akmyradow A. Tenekar gadymy daragtlar //Saglyk, №4, 2011.

15. Akmyradow A. Türkmenistnanyň florasyndaky käbir dermanlyk we hoşboý-ysly ösümlikleri öwrenmeklik dogrusynda //Professor-mugallymlar düzüminiň Türkmenistanyň Garaşsyzlyk gününiň 10 ýyllygyna we TDMI-niň 70 ýyllygyna bagyşlanan ylmy-amaly maslahatyndaky çykyşlaryň gysgaça beýanlarynyň ýygyndysy. – Aşgabat, 2001. S. 385–386.

16. Akmyradow A. Türkmenistanyň orta mekdeplerinde dermanlyk we hoşboý-tagam beriji ösümlikleri öwrenmeklik dogrusynda //Ruhnama we bilim. – Türkmenabat, 2001.S. 161–163.

17. Akmyradow A., Gurbanmämmedowa G. Şypaly türkmen armydy //Saglyk, №1, 2010.

18. Akmyradow A. Üzüm – jenneti iýmiş //Saglyk, №5, 2011.

19. Akmyradow A. Ylmy we halk lukmançylygynda peýdalanylýan, Merkezi Köpetdagyň dermanlyk florasynyň sanawy //Türkmenistanyň lukmançylygy, № 2, 2011. S. 36–40.

20. Akyýewa M. Türkmenistanyň peýdaly ösümlikleri. – Aşgabat: Türkmenistan, 1980. 48 s.

21. Ataýew G. Tebigy dermanhana. – Aşgabat: Magaryf, 1993. 40 s.

22. Ataýew G. Türkmenistanyň tebigy derman otlary. – Aşgabat: Türkmenistan, 1998. 44 s.

23. Gurbanmämmedowa G., Akmyradow A. Melhem badamlar //Saglyk, №3, 2010.

24. Gurbanmämmedowa G., Akmyradow A. Merkezi Köpetdagyň dendroflorasynyň ekologiki ähmiýeti we konspekti //«Türkmenistanyň beýik Galkynyş zamanasy we saglygy goraýyş ulgamyndaky özgerişler – 2010» atly halkara ylmy maslahatynyň nutuklarynyň ýygyndysy. – Aşgabat, 2010. S. 177–184.

25. Gurbanmämmedowa G.M., Akmyradow A.A. Merkezi Köpetdagyň käbir ösümlikleriniň çig mallyk resurslary //«Täze Galkynyş eýýamynyň ylmy we bilimi dünýäniň ylym-bilim ulgamynda» halkara ylmy maslahatyň nutuklarynyň gysgaça beýany. – Aşgabat, 2009. S. 514–517.

26. Gurbanmämmedowa G., Akmyradow A. Tenekar türkmen almasy //Saglyk, №5, 2009.

27. Seýit Ysmaýyl Jürjany. Tebipçiligiň ýan kitaby. – Aşgabat, 1995. 279 s.

28. Türkmenistanyň ilatynyň saglygyny goramakda ulanylýan esasy derman serişdeleriniň milli formulýary. – Aşgabat, 2011. 540 s.

29. Аббасов Р.М. Биохимическое изучение полыней Азербайджана: Автореф. дисс... канд. биол. наук. – Баку, 1965. 28 с.

30. Абдуллаев А.Д. Антибиотические свойства растений Ташкентского оазиса: Автореф. дисс... канд. биол. наук. – Ташкент, 1953. 18 с.

31. Абрамова С.Н. Биологические особенности перспективных сортов тюльпанов и ирисов // Интродукция и экология растений. – Ашхабад: Ылым, 1983. Вып. 8. С. 3–17.

32. Абрамова С.Н. Тюльпаны. – Ашхабад: Ылым, 1976. 65 с.

33. Абу Али ибн Сина (Авиценна). Канон врачебной науки. Кн. 2. О простых лекарствах. – Ташкент, АН УзССР, 1956–1966.

34. Абу Рейхан Бируни. Избранные произведения. Т. IV (фармакогнозия в медицине). – Ташкент, Фан, 1973. 1120 с.

35. Агафонов А.Д., Андрист Б.В. Организация заготовок дикорастущих плодов, ягод, грибов и лекарственных трав. – М.: Колос, 1975.

36. Айзиков М.И. Антиатеросклеротическая активность некоторых ротеноидов, терпеноидов и проантоцианидинов из флоры Средней Азии: Автореф. дисс. ... докт. медиц. наук. – Ташкент, 1993. 31 с.

37. Акмурадов А.А. Смолёвка чопандагская // Красная книга Туркменистана. Т.1: Растения и грибы. Изд. 3-е, переработанное и дополненное. – Ашхабад, 2011. – С. 82– 83.

38. Акмурадов А.А. Состояние редких и исчезающих видов растений Копетдагского государственного заповедника. //Материалы научно-практической конференции, посвященной 75-летию Хазарского государственного заповедника. Ашхабад–Туркменбаши, 2008.

39. Акмурадов А. Список лекарственной флоры Центрального Копетдага, применяемой в научной и народной медицине //Türkmenistanyň lukmançylygy, № 2, 2011. С. 36–40.

40. Акмурадов А. Ресурсы природного лекарственного сырья некоторых эфемероидов Бадхыза // Türkmenistanyň lukmançylygy, № 3, 2011. С. 35–38.

41. Акмурадов А.А. Численность и состояние лука Вавилова в ущельях Даштой и Арчабил //Природа Туркменистана в эпоху Великого Возрождения и новых преобразований. – Ашхабад: Ылым, 2008. С. 170–171.

42. Акмурадов А.А., Курбанмамедова Г.М. Редкие и находящиеся под угрозой исчезновения сосудистые растения Центрального Копетдага // Пробл. осв. пустынь, № 3–4, 2009. – Ашхабад. С. 52–56.

43. Акмурадов А., Рахманов О., Курбанназарова Г., Чарыев Х. Лекарственные ресурсы плодово-ягодных и орехоплодных Центрального Копетдага // Сборник тезисов Международной научной конференции «Эпоха великого Возрождения Туркменистана и достижения в здравоохранении – 2010» – Ашхабад, 2010. – Ашхабад, 2010. С. 533–536.

44. Акопов И.Э. Важнейшие отечественные лекарственные растения и их применение. – Ташкент, 1986. 557 с.

45. Акопов И.Э. Кровоостанавливающие растения. – Ташкент: Медицина УзССР, 1981. 296 с.

46. Аксенова Н.А. Клены. М., 1975. 96 с.

47. Алексеев Б.Д. Важнейшие дикорастущие полезные растения Дагестана. – Махачкала, 1967. 141 с.

48. Алексеев Б.Д. Распространение видов Juniperus L. в Дагестане и их химический состав //Растительные ресурсы. – 1980. Т. 16, вып. 2. С. 219–224.

49. Алексеев Г.А., Якимов З.П. Лекарственные растения на территории Чувашии. – Чебоксары, 1975. 229 с.

50. Алексеев Е.Б., Губанов И.А., Тихомиров В.Н. Ботаническая номенклатура. – М.: Изд-во МГУ, 1989. 168 с.

51. Алиев Р.К. и др. Лекарственные растения Азербайджана. – Баку, 1972. 196 с.

52. Алиев Р.К., Применко Л.И., Дамиров И.А. Перспективы использования местных растительных ресурсов для производства лекарственных препаратов в Азербайджане. – Баку, 1961. 227 с.

53. Алимбаева П.К. и др. Лекарства вокруг нас. – Фрунзе, 1987. 135 с.

54. Алимбаева П.К., Гончарова А.В. Дикорастущие лекарственные растения Киргизии. – Фрунзе, 1971. 99 с.

55. Алтымышев А.А. Лекарственные богатства Киргизии (природного происхождения). Фрунзе, 1976.

56. Алтымышев А.А. Природные целебные средства. – Бишкек, 1991. 351 с.

57. Алюкина Л.С. Эфедра – как дубильное растение //Изв. АН КазССР. Сер. биол. наук. – 1955. Вып. 9. С. 55–64.

58. Андросов Н.В. Пряно-пищевые, травянистые, дикие растения Туркмении //Тр. ТФАН СССР. – Ашхабад, 1942, № 2.

59. Анненков Н. Ботанический словарь. Справочная книга для ботаников, сельских хозяев, садоводов, фармацевтов, врачей, путешественников в России и вообще сельских жителей. – СПб., 1878. 645 с.

60. Ареалы лекарственных и родственных им растений СССР. – Л., 1983. 208 с.

61. Артамонов В.И. Редкие и исчезающие растения (По страницам Красной книги СССР): Кн. 1. – М.: Агропромиздат, 1989. 383 с.

62. Асеева Т.А. и др. Лекарствоведение в тибетской медицине /Т.А. Асеева, Д.Б. Дашиев, А.Н. Кудрин, Е.Л. Толмачева, Н.Н. Федотовских, И.С. Хапкин. – Новосибирск, 1989. 192 с.

63. Астафьева Н.Г., Адо В.А., Горячкина Л.А. Растения и аллергия. – Саратов, 1986. 336 с.

64. Атлас ареалов и ресурсов лекарственных растений СССР. – М.: Медицина, 1983.

65. Атлас лекарственных растений СССР. – М., 1962. 703 с.

66. Ахмедов Р.Б. Избранные рецепты из копилки опытных травников и знахарей. – Уфа, 1991. 32 с.

67. Ахмедов Р.Б. В растениях – целебная сила: Из копилки народных врачевателей. Т. 1. – М., 1992. 106 с.

68. Аширова А.А. Лекарственные растения флоры Туркмении, применяемые в народной медицине. – Ашгабат: Магарыф, 1992. 240 с.

69. Бажецкая А.А., Алымбаева Г.Ш. Полезные растения Киргизии (лекарственные). – Фрунзе, 1983. 123 с.

70. Базанов Г.А., Богомолов Р.Г. Целебная флора Верхней Волги. – Тверь, 1990. 136 с.

71. Базнов Г.А. и др. Волшебство трав в народной косметике. – М., 1991. 44 с.

72. Балицкий К.П., Воронцова А.Л. Лекарственные растения и рак. – Киев, 1982. 375 с.

73. Батарчук И.Н., Дзыбов В.И. Лекарственные растения Адыгеи, или 1500 советов исцеления. – Майкоп, 1992. 233 с.

74. Бгажба М.Т. Растительные ресурсы Абхазии и их использование. – Сухуми, 1964. 578 с.

75. Белинская Н.К. Дикие виды винограда и их использование //Вестн. с-х. науки Казахстана. 1983. №10. С. 61–63.

76. Белоусова Л.С., Денисова Л.В. Редкие растения мира. – М.: Лесная промышленность, 1983.

77. Беляева В.А. Пряновкусовые растения, их свойства и применение. – М., 1946. 108 с.

78. Бендер К.И., Гоменюк Г.А., Фрейдман С.Л. Указатель к применению лекарственных растений в научной и народной медицине. – Саратов, 1988. 110 с.

79. Берсон Г.З. Дикорастущие съедобные растения. – Л., 1991. 72 с.

80. Биленко Н., Сахтырьек З., Семенцов М. Народная медицина Адыгеи // Народная медицина – прошлое, настоящее, будущее. – М., 1993. С. 6–7.

81. Блинков И.Л. Лекарственные растения в клинике. – М., 1983. 61 с.

82. Блиновский К.В. Sorbus L. – Рябина //Флора Туркмении. Ашхабад: Изд-во ТФАН СССР, 1949. Т. 4.С. 35–37.

83. Борисенко С.М. Сибирский траволечебник. – Иркутск, 1992. 150 с.

84. Бочанцев В.П., Камелин Р.В., Горелова Т.Г. Сосудистые растения Батхызского заповедника (оперативно-информационный материал). – М., 1990. 56 с.

85. Быкова О.П. Биологические особенности некоторых представителей шток-розы (Alcea L.) в связи с их использованием: Автореф. дисс. … канд. биол. наук. – Л., 1990. 24 с.

86. Вандышева В.И. и др. Лекарственные растения Киргизии и перспективы их использования. – Фрунзе, 1977. 66 с.

87. Ваниорек Л. Ароматерапия. – М.: Интерэкспорт, 1995.

88. Васильченко И.Т. Новые для культуры виды яблони. М.; Л., 1963.

89. Ваша домашняя аптека /Сост. С.П. Кожан. – Петропавловск-Камчатский, 1990. 127 с.

90. Виноградов А.С. Список лекарственных растений, применяемых в народной медицине Средней Азии //Тр. ТГМИ, т. 4. – 1950. С. 338–347.

91. Виноградов Б.В. Растительные индикаторы и их использование при изучении природных ресурсов. – М., 1964. 184 с.

92. Виноградов В.М., Мартынов В.К., Чернакова В.В. Лекарственные растения в лечении заболеваний сердечно-сосудистой системы. – Л., 1991. 142 с.

93. Волкинд И.В., Гуревич И.Я., Урюпов О.Ю. Рецептурный справочник для врачей и фармацевтов. – Л., 1976. 648 с.

94. Востоков В. Секреты целителей Востока. – Ташкент: Узбекистан, 1993.

95. Вострикова Г.Г. Древесные растения в народной медицине аборигенов Приамурья //Тезисы докладов 29-й науч. юбил. сессии /Хабаровск. мед. ин-т. – Хабаровск, 1972. С. 265–266.

96. Вульф Е.В., Малеева О.Ф. Мировые ресурсы полезных растений. – Л., 1969.

97. Габриэлян Э.Ц. Рябины (Sorbus L.)Западной Азии и Гималаев. Ереван: Изд-во АН АрмССР, 1978. 170 с.

98. Гаммерман А.Ф. Обзор лекарственных растений Туркмении //Тр. ТФАН СССР, 1942, вып. 2. С. 55–92.

99. Гаммерман А.Ф. и др. Лекарственные растения научной медицины СССР, не включенные в фармакопею. – Ашхабад: Ылым, 1970. 187 с.

100. Гаммерман А.Ф., Гром И.И. Дикорастущие растения СССР. – М., 1976. 286 с.

101. Гаммерман А.Ф., Кадаев Г.Н., Яценко-Хмелевский А.А. Лекарственные растения (растения-целители). – М.: Высшая школа, 1983. 400 с.

102. Гаммерман А.Ф., Шупинская М.Д., Яценко-Хмелевский А.А. Растения целители. – М., 1963.

103. Гейдеман Т.С. и др. Полезные дикорастущие растения Молдавии // Т.С. Гейдеман, Б.И. Иванова, С.И. Ляликов, Л.П. Николаева, Л.П. Пожарисская, Б.Г. Холодейко, Т.А. Школьникова, Д.А. Шутов и др. – Кишинев, 1962. 416 с.

104. Гелбахиани П.Г. Лекарственные богатства Грузии. – Тбилиси, 1961. 78 с.

105. Георгиевский В.П., Комиссаренко Н.Ф., Дмитрук С.Е. Биологически активные вещества лекарственных растений. – Новосибирск, 1990. 333 с.

106. Герман Э.В., Катин И.А. Растение и наше здоровье. – Алма-Ата, 1987. 224 с.

107. Гиллер А.Г. Полезные растения. – М., 1936. 143 с.

108. Гиппократ. Избранные книги. Пер. с греч. проф. В.И. Руднева. – М., 1936.

109. Гладышев А.И., Камахина Г.Л. Природные растительные ресурсы горной Туркмении и их рациональное использование //Изв. АН ТССР. Сер. биол. наук. – 1991, № 2. С. 3–8.

110. Глухов М.М. Медоносные растения. Изд. 7-е, перараб. и доп. М., «Колос», 1974. 304 с.

111. Головко Д.Н., Рожко Ф.М. Сбор, сушка, хранение и упаковка лекарственного сырья. – М., 1950.

112. Головкин Б.Н., Китаева Л.А., Нетченко Э.П. Декоративные растения СССР. – М.: Мысль, 1986. 320 с.

113. Голышенков П.П. Лекарственные растения и их использование. – Саранск, 1982. 312 с.

114. Городецкий В.Д. Пособие по дендрологии для Средней Азии. – М.; Ташкент, 1934. 323 с.

115. Горяев М.И. Эфирные масла флоры СССР. – Алма-Ата, 1952. 378 с.

116. Государственная фармакопея СССР. Изд. 11, вып. 2. – М.: Медицина, 1990. 400 с.

117. Гринкевич Н.И., Сорокина А.А. Легенды и были о лекарственных растениях. – М., 1988.

118. Губанов А.И., Патудин А.В., Рабинович А.М. Лекарственные растения и грибы, используемые в гомеопатии. Краткий справочник. – М.: Гомеопатический центр, 1995.

119. Губанов И.А., Боцманова М.С. Лекарственные растения Киргизии. – Фрунзе, Киргизиздат, 1968.

120. Губанов И.А., Киселева К.В., Новиков В.С. Дикорастущие полезные растения. – М., 1987. 159 с.

121. Губанов И.А., Крылова И.Л. Дикорастущие полезные растения СССР. – М., 1976. 360 с.

122. Губанов И.А., Либизов Н.И. Лекарственные и технические растения Афганистана //Растительные ресурсы, 1970. Т. 6, вып. 1. – С. 128–137.

123. Гумаров В.З. Башкирская народная медицина. – Уфа, 1985. 144 с.

124. Дадобаева О. Словарь научных и местных названий лекарственных растений Северного Таджикистана. – Душанбе, 1972. 130 с.

125. Дадобаева О.Д. Лекарственные растения Северного Таджикистана: Автореф. дисс… канд. биол. наук. – Душанбе, 1967. 18 с.

126. Дамиров И.А. Лекарственные растения Азербайджана. – Баку, 2005. 24 с.

127. Дамиров И.А. и др. Лекарственные растения Азербайджана / И.А. Дамиров, Л.И. Прилипко, Д.З. Шукюров, Ю.Б. Керимов. 3-е изд. – Баку, 1988. 319 с.

128. Данилевский Н.Ф., Зинченко Т.В., Кодола Н.А. Фитотерапия в стоматологии. – Киев, 1984. 182 с.

129. Дикорастущие полезные растения России. – Санкт-Петербург, 2004.

130. Дикорастущие растения и грибы в медицине и кулинарии / Под. ред. Э.А. Нечаева. – М., 1994.

131. Доброхотова К.В., Чудинов В.В. Лекарственные растения Казахстана. – Алма-Ата, 1961. 120 с.

132. Донцов А.А. и др. Запасы дикорастущих лекарственных растений в юго-восточных районах Свердловской области //Растительные ресурсы, 1984. Т. 20, вып. 2. – С. 177–182.

133. Дубянский В.А. Исследование лекарственной флоры Закаспийской области. – Спб., 1917.

134. Дубянский В.А. Отчёт об исследовании Закаспийской области в отношении лекарственных и технических растений. – Пгр., 1918. 74 с.

135. Дудченко Л.Г., Козьяков А.С., Кривенко В.В. Пряно-ароматические и пряно-вкусовые растения. – Киев, 1989. 304 с.

136. Дьяченко В., Стацевич М. Соки растений и их фармакотерапевтическое действие. – М., 1992. 63 с.

137. Егорова Т.В. О работе и решениях номенклатурной секции XVI Международного ботанического конгресса (Сент-Луис, июль–август 1999 г.) // Ботанический журнал, 2000. Т. 85, № 5. С. 138–147.

138. Егошина Т.Л. Запасы сырья и ресурсная характеристика некоторых лекарственных растений в северо-восточных районах Кировской области //Растительные ресурсы, 1989. Т. 25, вып. 2. – С. 173–180.

139. Епанчинов А.В. Лекарственные растения Урала и Зауралья. – М., 1990. 191 с.

140. Ефимов А.С., Щербак А.В. Фитотерапия ожирения и сахарного диабета. – Киев, 1993. 96 с.

141. Ефремова Н.А. Заветные травы: Дикорастущие и культивируемые растения северо-восточной части России и их лечебные свойства. Петропавловск-Камчатский, 1992. 240 с.

142. Жигар М.П., Николайчук Л.В. Мир целебных корней. – Минск: Урджай, 1991.

143. Жуковский П.М. Культурные растения и их сородичи. – Л.: Колос, 1964.

144. Залиевский И.Л. Декоративные кустарники. Л., 1956.

145. Захаров Ю.А. Фитокосметика: Рецепты, дарующие молодость, здоровье и красоту. – М.: Яуза; ЭКСМО-Пресс, 1999.

146. Землинский С.Е. Лекарственные растения СССР. – М.: Медгиз, 1958. 603 с.

147. Золотницкая С.Я. Лекарственные ресурсы флоры Армении, т. 1–2. – Ереван, 1957, 1965.

148. Ибрагимов Ф.И., Ибрагимова В.С. Основные лекарственные средства китайской медицины. – М., 1960.

149. Иванов В.А. Из мудрости веков (Народные рецепты, в том числе о радиации). – СПб., 1993. 92 с.

150. Иванов В.И. Тайны народной медицины. – М.: Олма-Пресс, 2000.

151. Иванов С.И. Рецепты природы //Применение лекарственных растений (в 2 книгах). – СПб., 1992, книга 1. 347 с.

152. Иванова Р.Г. Дикорастущие съедобные растения Татарии. – Казань, 1987. 199 с.

153. Иванченко В.А. Основные растения в медицине народов Востока. – Ашхабад: Туркменистан, 1985. 112 с.

154. Исаков Ш.И. К употреблению лекарственных растений в народной медицине Иссык-Кульской долины //Сов. здравоохранение Киргизии. – 1964, № 3. С. 3–6.

155. Исаков Ш.И. Материалы к изучению лекарственных растений, применявшихся киргизским народом: Автореф. дисс... канд. биол. наук. – Ашхабад, 1969. 29 с.

156. Камахина Г.Л. Флора и растительность Центрального Копетдага (настоящее, прошлое и будущее). – Ашхабад, 2005. 245 с.

157. Камелин Р.В. Розоцветные (Rosaceae). – Барнаул: Алтайские страницы, 2006. – 100 с.

158. Капранов В., Хашим Р. Мудрость веков (Древняя таджикская медицина о сохранении здоровья). – Душанбе: Ирфон, 1981. 216 с.

159. Каррыев М.О. Лекарственные растения Туркменистана в научной и народной медицине. – Ашхабад, 1988.

160. Каррыев М.О. Лекарственные растения Туркменистана. – Ашхабад, 1996.

161. Каррыев М.О. Фармакохимия некоторых эфирномасличных растений флоры Туркмении. – Ашхабад: Ылым, 1973. 152 с.

162. Картамбаев Дж. Эфедры Киргизии и вопросы их охраны. – Фрунзе, 1980. 15 с.

163. Катц К.В. Декоративные кустарники. М., 1959.

164. Кербабаев Б.Б. Народные и научные туркменские названия растений. – Ашгабат: Ылым, 1992. 192 с.

165. Кербабаев Б.Б., Мещеряков А.А. Лекарственные растения Туркмении. – Ашхабад: Ылым, 1975.

166. Кернер Э. Жизнь растений. Том II. – СПб, 1908.

167. Киселева А.В. Травяной чай: теория и практика //Химия и жизнь, № 3, 2002. – Москва. С. 46–47.

168. Киселева Т.М., Шабалина И.А. Запасы сырья лекарственных растений в западных и центральных районах Кировской области //Растительные ресурсы, 1986. Т. 22, вып. 1. – С. 45–49.

169. Кит С.М. и др. Распространение и запасы некоторых дикорастущих лекарственных растений Ивано-Франковской области //Растительные ресурсы, 1982. Т. 18, вып. 1. – С. 24–29.

170. Кит С.М., Турчин И.С. Лекарственные растения в эндокринологии. – Киев, 1986. 80 с.

171. Кондратенко Н.Т., Кур С.Д., Рожко Ф.М. Заготовка, выращивание и обработка лекарственных растений. – М., 1965.

172. Коренюк С.В., Томенко С.М. Чудеса натуротерапии. – СПб.: Комплект, 1997.

173. Корсун В.Ф., Клинцевич Н.Н., Волчкевич А.Ф. Лекарственные растения в дерматологии. – Минск, 1991. 40 с.

174. Корхов В.В., Мац М.Н., Хамидов М.Х. Растительные препараты в акушерстве и гинекологии. – Ташкент, 1987. 127 с.

175. Кос Ю.И. Лекарственные растения Кабардино-Балкарии. – Нальчик, 1963. 136 с.

176. Кочкарева Т.Ф., Чукавина А.П. Дикорастущие пищевые растения Ховалингского района (Центральный Таджикистан) //Растительные ресурсы, 1985. Т. 21, вып. 2. – С. 140–149.

177. Кощеев А.К. Дикорастущие съедобные растения в нашем питании. – М., 1981. 255 с.

178. Красиков С.П. Легенды о цветах. – М.: Мол. гвардия, 1990. 303 с.

179. Красная книга Туркменистана. – Ашхабад: Туркменистан, т. 1: Растения и грибы. 2011. 288 с.

180. Красная книга Туркменистана. – Ашхабад: Туркменистан, т. 2, 1999. 263 с.

181. Красная книга Туркменской ССР. – Ашхабад: Туркменистан, 1985. 413 с.

182. Кузнецова М.А. Лекарственное растительное сырье. – М.: Высшая школа, 1984.

183. Кукенов М.К. Ботаническое ресурсоведение Казахстана. – Алматы, 1999.

184. Кукенов М.К. Эфирномасличные растения Казахстана и их рациональное использование. – Алма-Ата, 1990. 143 с.

185. Кукенов М.К. и др. Лекарственные растения Казахстана. – Алматы, 1996.

186. Курамысова И.И., Аксенова В.Ф., Татимова Н.Г. Лекарственные растения: Заготовка, хранение, переработка, применение. Изд. 3-е. – Алма-Ата, 1988. 304 с.

187. Курбанмамедова Г.М., Акмурадов А.А. Дикие плодовые дендрофлоры Копетдагского государственного заповедника //Природа Туркменистана в эпоху Великого Возрождения и новых преобразований. – Ашхабад: Ылым, 2008. С. 239–241.

188. Курбанмамедова Г.М., Акмурадов А.А. Дикорастущая груша туркменская в Центральном Копетдаге //Пробл. осв. пустынь, № 4, 2008. – Ашхабад. С. 31–33.

189. Курбанмамедова Г.М., Акмурадов А.А. Дикорастущая яблоня в Центральном Копетдаге //Пробл. осв. пустынь, № 1–2, 2009. – Ашхабад. С. 68–70.

190. Курбанмамедова Г.М., Акмурадов А.А. Конспект и экологическое значение лекарственной дендрофлоры Центрального Копетдага //Сборник тезисов Международной научной конференции «Эпоха великого Возрождения Туркменистана и достижения в здравоохранении – 2010» – Ашхабад, 2010. С. 525–533.

191. Курбанмамедова Г.М., Акмурадов А.А. Популяция рябины персидской в Центральном Копетдаге //Пробл. осв. пустынь, № 3, 2008. – Ашхабад. С. 43–45.

192. Курбанов Д. Анализ флоры Северо-Западного Копетдага. – Ашхабад: Ылым, 1992.

193. Курбанов Д.К., Власенко Г.П., Сахатова М.О. Важные сырьевые растения Большого Балхана //Пробл. осв. пустынь, № 1–2, 2009. – Ашхабад. С. 38–43.

194. Курбанов Дж. Конспект флоры западных низкогорий и среднегорий Копетдага (Северо-Западный Копетдаг и другие низкогорья Западной Туркмении). – Ашхабад: Ылым, 1988. 260 с.

195. Курбанов Дж., Власенко Г.П. Дикорастущие полезные растения Туркменистана //Пробл. осв. пустынь, № 2, 2006. – Ашхабад. С. 9–12.

196. Курбанов Дж., Власенко Г.П. Семейство молочайные во флоре Туркменистана //Пробл. осв. пустынь, № 2, 2008. – Ашхабад. С. 24–26.

197. Куреннов И.П. Энциклопедия лекарственных растений. Изд. 2-е, испр. и доп. М: Мартин, 2010. 384.

198. Куренков П.М. Русский народный лечебник. – СПб.: Комплект, 1996.

199. Кьосев П.А. Лекарственные растения: самый польный справочник. – М.: Эксмо, 2011. – 944 с.

200. Ладынина Е.А., Морозова Р.С. Фитотерапия. 2–е изд., доп. – Л.: Медицина, 1990. – 304 с.

201. Лазерев А.И. Дары щедрого леса. – Алма-Ата.: Кайнар, 1990.

202. Лангенфельд В.Т. Яблоня: Морфологическая эволюция, филогения, география, систематика. Рига: Зинатие, 1991.

203. Лебеда А.Ф., Джуренко Н.И. и др. Лекарственные растения. Самая полная энциклопедия. – М.: АСТ-ПРЕСС КНИГА, 2009. – 496 с.

204. Левин Г.М. Дикий гранат (Punica granatum L.) в Туркменистане //Изв. АН ТССР. Сер. Биол. Наук. 1981. №2. С. 60–63 .

205. Лекарственное растительное сырье. Фармакогнозия /Под. ред. Яковлева Г.П., Блиновой К.О. – СПб, 2004.

206. Лекарственные растения Сибири для лечения сердечно-сосудистых заболеваний /Н.В. Казарипова, М.И. Ломоносова, В.М. Триль и др. – Новосибирск: Наука, Сиб. Отд-ние, 1991. 240 с.

207. Линчевский И.А. Мандрагора //Флора СССР, т. 22. – М.–Л., 1955. С. 75–77.

208. Ломакина М.И., Ломакин Э.Н. Химический состав диких плодовых растений западного Копетдага //Растит. ресурсы, 1973, т. 9, вып. 4. – С. 573–577.

209. Мазнев Н.И. Золотая книга лекарственных растений. – 15-е изд., доп. – М.: ООО «ИД РИПОЛ классик», ООО Издательство «ДОМ. XXI век», 2009. – 621 с.

210. Мазнев Н.И. 2000 рецептов народной медицины. М.: Мартин, 1999.

211. Максимов О.Б., Горовой П.Г., Чумак Г.Н. Содержание антиоксидантов в семенах некоторых видов флоры Приморского края //Растительные ресурсы. 1990. Т. 26, вып. 4. – С. 487–498.

212. Маркова А.В. Большая книга народной медицины. Уникальное собрание самых лучших рецептов. – М: АСТ; СПб.: Сова, 2009.–1184 с.

213. Мацку Я., Крейча И. Атлас лекарственных растений. Издательство Словацкой Академии Наук. – Братислава, 1972. 464 с.

214. Машанов В.И., Покровский А.А. Пряноароматические растения. – М.: Агропромиздат, 1991. 287 с.

215. Международный кодекс ботанической номенклатуры (Сент-Луисский кодекс), принятый шестнадцатым Международным конгрессом, Сент-Луис, Миссури, июль–август 1999 г. /Перевод с английского. – СПб.: Изд-во СПХФА, 2001. 210 с.

216. Меньшикова З.А., Меньшикова И.Б., Попова В.Б. Лекарственные растения в каждом доме. М., 1993. 376 с.

217. Меньшикова Н.И., Чистякова А.М. Фитотерапия в педиатрии. – М., 1990. 64 с.

218. Мизгирева О.Ф. Мандрагора туркменская // Проблемы ботаники. Вып. II. – 1955. С. 167–205.

219. Мизгирева О.Ф. Новый вид мандрагоры в Туркмении //Труды Туркм. фил. АН СССР, 2. – 1942. С. 165–170.

220. Минеджян Г.З. Сборник по медицине и нетрадиционным способам лечения. М.: Самоцвет, 1994.

221. Михайленко Е.Г., Радзинский В.Е., Захаров К.А. Лекарственные растения в акушерстве и гинекологии. – Киев: Здоровье, 1987. 191 с.

222. Мухитдинов Н.М., Паршина Г.Н. Лекарственные растения. – Алматы, 2002.

223. Мякушко Т.Я., Зинченко Т.В. Определитель лекарственных растений Украины: Справочное пособие. Киев, 1982.

224. Назаров М.Н. О лекарственной флоре Таджикистана, применяемой при лечении сердечно-сосудистых заболеваний //Современные методы профилактики и лечения в практической медицине. – Душанбе, 1991. С. 119–120.

225. Национальный формуляр основных лекарственных средств Туркменистана. Ашхабад, 2011. 540 с.

226. Некрасова В.Л. История изучения дикорастущих сырьевых растений в СССР. – М.–Л.: Изд-во АН СССР, 1958.

227. Никитин В.В., Гельдиханов А.М. Определитель растений Туркменистана. – Л.: Наука, 1988. 680 с.

228. Никитин В.В., Кербабаев Б.Б. Народные и научные туркменские названия растений. – Изд. АН ТССР, 1962.

229. Никитина Т.И., Насыров Х.М. Фитология: Лекарственные растения в научной медицине. Уфа, 1993. 255 с.

230. Никифоров Ю.В. Алтайские травы-целители. – Горно-Алтайск, 1992. 207 с.

231. Никифоров Ю.В. Заветные травы Алтая. – Барнаул, 1989. 205 с.

232. Николаева А.Г. Фитохимическая исследование лоха узколистного: Автореф. дис. … канд. фармац. наук. Харков, 1971. 24 с.

233. Носульчак В.А., Минаков Н.М. Atropa komarovii Blin. et Shal. – редкий эндемик Тукмении //Растит. ресурсы, 1976, т. 12, вып. 4.

234. Нуралиев Ю.Н. Фитотерапия импотенции (из опыта народной, древневосточной и современной медицины). – Душанбе, 1993. 40 с.

235. Одо из Мена. О свойствах трав. – М., 1976.

236. Оголовец Г.С. Энциклопедический словарь лекарственных, эфирномасличных и ядовитых растений. – М.: Сельхозлитература, 1951.

237. Олешко Г.И. и др. Запасы сырья дикорастущих лекарственных растений в восточных и юго-восточных районах Пермской области //Растительные ресурсы, 1987. Т. 23, вып. 3. – С. 319–325.

238. Определитель растений Средней Азии. Том I–VII. – Ташкент: Фан, 1968–1983.

239. Определитель растений Туркменистана. Т. II–III. – Ашхабад: Ылым, 1980–1985.

240. Определитель хвощеобразных, папоротникообразных, голосеменных и однодольных растений Туркменистана. – Ашхабад: Ылым, 1978. 328 с.

241. Орлов Б.Н., Гелашвили Д.Б., Ибрагимов А.К. Ядовитые животные и растения СССР. – М.: Высш. шк., 1990. 272 с.

242. Павлов Н.В. Дикие полезные и технические растения СССР. – М., 1942. 640 с.

243. Петков В. Современная фитотерапия. Медицина и физкультура. – София, 1988.

244. Петров В.А. Растительные красители Азербайджана. – Баку, 1940. 48 с.

245. Плотников Д.А., Шмидт А.С. Запасы дикорастущих лекарственных, ягодных и плодовых

растений в Парабельском районе Томской области // Растительные ресурсы, 1988. Т. 24, вып. 2. – С. 177–182.

246. Полуденный Л.В., Сотник В.Ф., Хлапцев Е.Е. Эфирномасличные и лекарственные растения. – М.: Колос, 1979. 286 с.

247. Поляковска М. Лесные лекарственные растения.– Варшава, 1986. 252 с.

248. Попов К.П., Нешатаева Г.Ю. Новое и редкие виды орхидных //Изв. АН ТССР. Сер. Биол. Наук. 1982. №4. С. 15–19 .

249. Правила сбора и сушка лекарственных растений (сборник инструкции). – М.: Медицина, 1985. 328 с.

250. Рабинович А.М. Лекарственные травы и рецепты древных времен. М.: Росагропромиздат, 1991.

251. Раздинский В.Е., Аннаев Х.А., Аннаева О.М. Лекарственные растения Туркменистана в педиатрии и гинекологии. – Ашгабат, 1993. 176 с.

252. Растения для нас. Справочное издание /Под. Ред. Г.П. Яковлева и К.Ф. Блиновой. – СПб.: Учебная книга, 1996.

253. Растительные ресурсы России и сопредельных государств. Т. 8. Сем. Butomaceae – Typhaceae. – СПб., 1994.

254. Растительные ресурсы России и сопредельных государств. Т. 9. – СПб., 1996.

255. Растительные ресурсы СССР: Цветковые растения, их химический состав, использование. Т. I–VII. – Л.: Наука, 1984–1993.

256. Рахимов К.Д. и др. Руководство по работе с лекарственными растениями. – Алматы, 1999.

257. Редкие и исчезающие виды природной флоры СССР, культивируемые в ботанических садах и других интродукционных центрах страны. М.: Наука, 1983.

258. Рекомендации по охране лекарственных и родственных им растений. – М., 1984. 51 с.

259. Рубцов Н.И. Дикорастущие лекарственные, технические и пищевые растения Западного Казахстана. Алма-Ата; Москва, 1934. 31 с.

260. Русанов Ф.И. Среднеазатские тамариксы. Ташкент, 1949. 159 с.

261. Рустамов И.Г., Сухова Г.В., Акмурадов А. Особенности строения и распределения подземных органов некоторых эфемероидов Бадхыза //Известия Академии наук Туркменистана. Сер. биол. наук., № 6, 1996. – Ашхабад: Ылым. С. 8–14.

262. Рыбицкий Н.А., Гаврилов И.С. Дикорастущие плоды и ягоды. – Лениздат, 1969.

263. Савельев А.Т., Шиманюк А.П. Дикорастущие плодовые, ягодные и орехоплодные растения наших лесов. – М., 1970.

264. Самойлов А.Ф. Витаминоносители флоры Туркмении //Тр. ТФАН СССР, 1942, вып. 4. – С. 24–26.

265. Сахобиддинов С.С. Дикорастущие лекарственные растения Средней Азии. – Ташкент, 1948. 276 с.

266. Сахобиддинов С.С. Дикорастущие лекарственные растения Узбекистана. – Ташкент, 1955. 46 с.

267. Сахобиддинов С.С. Словарь местных и научных названий полезных и вредных растений Средней Азии. – Ташкент, 1953.

268. Свиридонов Г. Полезные растения Горного Алтая. – Горно-Алтайск, 1978. 231 с.

269. Свиридонов Г.М. Напитки здоровья. – М., 1990.

270. Середин Р.М. Лекарственные растения Дагестана. – Махачкала, 1961.

271. Синельников Н.А. Лекарственное растение яндак или верблюжья колючка и её врачебное применение. – Ашхабад: Туркменистан, 1965.

272. Скляровский Л.Я., Губанов И.А. Лекарственные растения в быту. – М., 1968.

273. Скляровский Л.Я. Целебные свойства пищевых растений. – М., 1972.

274. Скляровский Л.Я. Ядовитые растения. – М.: Медицина, 1967.

275. Соколов В.С. Алкалоидоносные растения СССР. – М.–Л., 1952. 380 с.

276. Соколов С.Я., Замотаев И.П. Справочник по лекарственным растениям. Фитотерапия. – М.: Металлургия, 1989.

277. Солнцева Л. Лекарственные плоды, овощи, фрукты, орехи и ягоды. Челябинск: Аркаим, 2004. - 431 с.

278. Солодухин Е.Д. Аптека в лесу. – М.: Агропромиздат, 1989. 351 с.

279. Сотник В.Ф. Кладовая здоровья: Альбом о лекарственных растениях, их использовании и охране. – М.: Лесн. пром-сть, 1985. 64 с.

280. Станков С.С. Дикорастущие полезные растения СССР. – М., 1951. 316 с.

281. Стрижев А.Н. Лесные травы. – М.: Лесная промышленность, 1979. 192 с.

282. Суворов Ю.П., Сахарова Н.А., Сутормина Н.В. Ресурсы лекарственного и плодово-ягодного сырья в Горном Алтае. – Томск: Изд-во Том. ун-та, 1981. 242 с.

283. Сырьевые ресурсы Туркмении и их промышленное использование. – Ашхабад, 1943. 140 с.

284. Тавлинова Г.К., Гладкий Н.П. Декоративные многолетники. Л., 1958.

285. Тайс Б., Тайс П. Лекарственные травы – путь к здоровью. – СПб., 1993. 328 с.

286. Тахмазов Ф.А. Материалы к изучению некоторых представителей семейства Крестоцветных из флоры Азербайджана: Автореф. дисс. … канд. фармац. наук. – Баку, 1965. 24 с.

287. Токин Б.П. Целебные яды растений. – Л.: Изд-во ЛГУ, 1980.

288. Тотров В.К. Советы народной медицины. – Владикавказ, 1992. 255 с.

289. Турова А.Д. Лекарственные растения СССР и их применение. – М.: Медицина, 1974. 424 с.

290. Улуханов Б.Г. Лекарственные растительные ресурсы северо-восточного склона Большого Кавказа (в пределах Азербайджана): Автореф. дисс… канд. биол. наук. – Махачкала, 1975. 21 с.

291. Ушбаева К.У., Курамысова И.И., Аксенова В.Ф. Целебные травы. – Алма-Ата: Кайнар, 1975. 200 с.

292. Федосеенко В.М. Новая энциклопедия растений: мифы, целебные свойства, гороскопы, растительный календарь. – М., 2003. 736 с.

293. Федченко Б.А. Изучение лекарственных растений Южного Туркестана. – Спб., 1917.

294. Федченко Б.А. Растительность Туркестана. – Пгр., 1915. 824 с.

295. Феофраст. Исследование о растениях. – Л.: Изд. АН СССР, 1951.

296. Флора Туркмении. Т. I–VII. – М., Л., Ашхабад, 1932–1960.

297. Хазанович Р.Л. Изучение лекарственных растений Узбекистана слабительного и вяжущего действия: Автореф. дисс. … докт. фармац. наук. – Ташкент, 1954. 23 с.

298. Хайдаров К.Х. Лечебные растения Таджикистана. – Душанбе, 1988. 86 с.

299. Халматов Х.Х. Дикорастущие лекарственные растения Узбекистана. – Ташкент, 1964. 279 с.

300. Халматов Х.Х. Растения Узбекистана с диуретическим действием. – Ташкент, 1979. 180 с.

301. Харкевич С.С., Качура Н.Н. Редкие виды растений советского Дальнего Востока и их охрана. – М., 1981. 232 с.

302. Хархарова С.Г. Лекарственные растения Дагестана и их рациональное применение. – Махачкала, 1981. 84 с.

303. Хлопин И.Н. Мандрагора туркменская в истории народов Востока //Известия АН ТССР, Сер. биол. наук. – 1979. С. 70–75.

304. Ходжиматов М. Дикорастущие лекарственные растения Таджикистана. – Душанбе, 1989. 368 с.

305. Чарыева Г.А. История изучения и использования лекарственных растений Туркменистана. – Ашхабад: Ылым, 1988. 160 с.

306. Черепанов С.К. Сосудистые растения России и сопредельных государств. – СПб.: Мир и семья, 1995. 990 с.

307. Черепанов С.К. Сосудистые растения СССР. – Л.: Наука, 1981. 510 с.

308. Черепнин В.Л. Пищевые растения Сибири. – Новосибирск, 1987. 188 с.

309. Чиков П.С. Лекарственные растения. – М.: Лесная промышленность, 1987. 383 с.

310. Чиков П.С., Лаптев Ю.П. Витаминные и лекарственные растения. – М.: Колос, 1976.

311. Чиков П.С., Павлов М.И. Наука и лекарственные растения. – М.: Знание, 1981. 160 с.

312. Чопик В.И., Дудченко Л.Г., Краснова А.Н. Дикорастущие полезные растения Украины. – Киев, 1983. 398 с.

313. Чхве Тхэсоп. Лекарственные растения. – М., 1987. 606 с.

314. Шалыт М.С. Дикорастущие полезные растения Туркменской ССР. – М., 1951. 222 с.

315. Шемитов В.Ф. Лечение растительными средствами детей. – Смоленск, 1992. 111 с.

316. Шмерко Е., Мазан И. Лечение и профилактика растительными средствами: Болезни дыхательной системы. – Минск, 1993. 255 с.

317. Шмерко Е.П., Мазан И.Ф. Лечение и профилактика растительными средствами: Болезни пищеварительной системы. – Баку, 1992. 315 с.

318. Шпиления С.Е., Иванов С.И. Азбука природы (Лекарственные растения). – М.: Знание, 1989. 224 с.

319. Шретер А.И. и др. Лекарственная флора Кавказа. – М., 1979. 368 с.

320. Шретер А.И., Крылова И.Л. Как находят лекарственные растения. – М.: Медицина, 1962.

321. Шретер Г.К. Лекарственные растения и растительное сырье, включенные в отечественные фармакопеи. – М., 1972. 119 с.

322. Шульга Т.П. Как собирать, хранить и применять лекарственные растения. – М., 1991. 96 с.

323. Энден О.А. Дикорастущие дубильные растения Туркмении. – Тр. Туркм. фил. /АН СССР, Ашхабад, 1942, вып. 2, с. 19–36.

324. Энден О.А. Красильные растения Туркмении. – Тр. Туркм. фил. /АН СССР, Ашхабад, 1944, вып. 5, с.60–116.

325. Юнусов С.Ю. Алкалоиды. – Ташкент: Фан, 1981.

326. Юхананов Д.Х. Род колючелистник Acanthophyllum C. A. M. во флоре Средней Азии как источник гликозидов гипсогенина: Автореф. дисс. … канд. биол. наук. – Томск, 1972. 27 с.

327. Ягодка В.С. Фитотерапия в дерматологии и косметике. – Киев, 1987. 136 с.

328. Ягодка В.С. Лекарственные растения в дерматологии и косметике. – Киев, 1991. 268 с.

329. Akhani H., Ghorbani A.-B. Mandragora turcomanica (Solanaceae) in Iran: a species new distribution record for an endangered //Systematics and Biodiversity. – 2003, 1(2).

330. Akmyradow A.A. Silena czopandagensis //The Red Data Book of Turkmenistan. Vol.1: Plants and Fungi. Ed. 3 rd, Revised and updated – Ashgabat, 2011. P. 82–83.

331. Akmyradov A. List of medicinal of the Central Kopetdag used in scientific and folk medicine // Türkmenistanyň lukmançylygy, № 2, 2011. P. 36–40.

332. Akmyradov A. Resources of natural medicinal raw material of some efemeroids of the Bathyz //Türkmenistanyň lukmançylygy, № 3, 2011. P. 33–38.

333. Akmyradov A., Gurbanmamedova G. Rare and disappearing medicinal plants of the Kopetdag reserve // Türkmenistanyň lukmançylygy, № 3, 2011. P. 35–40.

334. Dymock William. Pharmacographia indica. A history of the principal drugs of vegetable origin, 1890. Reprinted by Hamdard. The journal of the Institute of Health and. Tbbi (Medical) Research, Pakistan, Karachi, 1972. Vol. XV. – 546 pages.

335. Encyclopedie des Plantes Medicinales. – Laronsse, Milan, 1997.

336. Geylan A. Tibbi bitkiler I. – Bornova /Izmir, 1995. 140 y.

337. Hocking G.M. Pakistan medicanal plants //Qual. plant. et mater. veg. 1958. Vol. 5, № 1–2. – P. 145–153.

338. Nadkarni K.M. Indian materia medica. – Bombay, 1954. Vol. 1, 2. 1319 p.

339. Newall C.A., Anderson L.A., Philipson Y.D. Herbal medicines. A Guide for Health-care Professional. – London, 1996.

340. Parsa A. Medicinal plants and drugs of plant origin in Iran //Qual. plant. et mater. veg. 1959. Vol. 6, № 1. – P. 71–137; 1960. Vol. 7, № 2. P. 137–156.

341. Read B. E. Chinese medicinal plants. – Peking, 1936. 389 p.

투르크메니스탄 약용식물 총람 Ⅲ권

주후 2015년 04월 02일 초판발행
주후 2015년 04월 02일 1판 인쇄

엮은이 : 구르반굴리 베르디무하메도프
(현: 투르크메니스탄 대통령)
번역자 : 김 성 조, 현 원 숙
펴낸이 : 이 옥 련
펴낸곳 : 사) 중앙아시아 인문사회연구소

출판사 : (주) 베델컴
주 소 : 서울 중구 퇴계로 217,
(진양상가 5층 671호)
전 화 : 02) 2265-9992
F A X : 02) 2269-8917
이메일 : bede0671@hanmail.net
등록일 : 1988년 04월 20일(제2-547호)
ISBN 978-89-8845-116-8 96480 (양장)